高等工科院校精品教材

板 壳 理 论

曹彩芹　王春玲　主编

中国建材工业出版社

图书在版编目（CIP）数据

板壳理论/曹彩芹，王春玲主编 . --北京：中国
建材工业出版社，2022. 5
高等工科院校精品教材
ISBN 978-7-5160-3402-6

Ⅰ.①板…　Ⅱ.①曹…　②王…　Ⅲ.①壳体（结构）–
理论–高等学校–教材　Ⅳ.①TU33

中国版本图书馆 CIP 数据核字（2021）第 247805 号

板壳理论

Banqiao Lilun

曹彩芹　王春玲　主编

出版发行：中国建材工业出版社
地　　址：北京市海淀区三里河路 1 号
邮　　编：100044
经　　销：全国各地新华书店
印　　刷：北京雁林吉兆印刷有限公司
开　　本：787mm×1092mm　1/16
印　　张：14. 5
字　　数：340 千字
版　　次：2022 年 5 月第 1 版
印　　次：2022 年 5 月第 1 次
定　　价：**49. 80 元**

_____

本社网址：www. jccbs. com，微信公众号：zgjcgycbs
请选用正版图书，采购、销售盗版图书属违法行为

前　　言

板壳理论是弹性力学基本理论具体应用到板壳结构中的一种工程简化理论，可将其归入应用弹性力学的范围。板壳理论是以弹性力学与基尔霍夫假设（Kirchhoff假设）为基础，研究工程中的板壳结构在外力作用下的应力分布、变形规律和稳定性的学科。板壳理论不仅具有理论价值，而且有着直接的实用意义。它提供了现代工程结构静动力响应计算的最基本的力学模型和方法。

由于学科的发展、教学方式的转变、工程实践及科研的需要，教材也急需与时俱进地推陈出新。传统的板壳理论教学内容主要注重的是在力学知识的基础上对基础理论的介绍，忽视了近年来在板壳理论方面的新理论、新方法、新成果，跟不上学科前沿的发展。本书是在西安建筑科技大学多年使用的讲义基础上，吸收国内外现有教材的优点，增添紧跟学科发展的新内容、新成果编写而成，以适应新时期的发展和需要，从而开拓读者视野，有效地提高读者综合分析问题及解决实际问题的能力。

党的十九大报告指出，教育的首要目标是"立德树人"。教育部提出思想政治教育要融入高校课堂教学。本书在编写的过程中，每一章都增加了人物篇，精心筛选了在板壳理论发展过程中起到决定性作用的中外科学家，让学生学习和领会科学家的探索精神和家国情怀。在培养造就专业人才的同时，加强思想教育，培养担当民族复兴大任的时代新人。

本书除绪论外，内容共分9章：第1章，经典薄板小挠度弯曲理论；第2章，变分法解薄板小挠度弯曲问题；第3章，薄板的振动问题；第4章，薄板的稳定问题；第5章，各向异性矩形薄板；第6章，壳体的一般理论；第7章，壳体的无矩理论；第8章，圆柱壳的弯曲理论；第9章，旋转壳。

本书由曹彩芹和王春玲主编，其中第1章和第3章主要由孙莹编写；第4章和第9章主要由郭春霞编写；第2章和第5章由王春玲编写，此外还编写了1.8节、3.4节、4.5节；绪论、第6章、第7章、第8章以及全书的人物篇由曹彩芹编写；各章习题由郭春霞负责。感谢硕士研究生宋永超在公式、文字录入和绘图方面做的大量工作。本书作者在编写过程中，参考、借鉴和引用了部分国内外教材、公开发表的专著和期刊文献等研究资料，在此对所有参考文献的作者表示衷心的感谢。

本书可作为工程力学、土木工程、道路桥梁、岩土工程、机械工程、船舶工程等专业高年级本科生及研究生教材，也可作为上述相关专业工程领域科技人员的学习和参考用书。

另外，本书在西安建筑科技大学教务处、西安建筑科技大学理学院力学系等多方面的大力支持下完成并出版，在此一并致谢。

限于编者水平问题，书中难免存在一些不妥之处，恳请读者和专家批评指正。

编　者

2022 年 4 月于西安建筑科技大学

目　　录

0 绪 论

板壳理论是固体力学的一个分支，是弹性力学基本理论具体应用到板壳结构中的一种工程简化理论。板壳理论是以弹性力学与若干工程假设为基础，研究工程中的板壳结构在外力作用下的应力分布、变形规律和稳定性的学科，在工程实际中有着广泛的应用。

本章主要介绍板壳的概念、分类和板壳的特点，以及研究板壳理论的目的，同时介绍板壳理论的发展历史。从 1766 年莱昂哈德·欧拉（Leonhard Euler）研究薄膜的振动开始，板壳理论发展历经两百多年，取得了辉煌的成果，为解决土木建筑、道路桥梁、航空、航天、航海等领域工程问题提供了理论和技术的支持。

我国科研工作者在板壳理论的研究领域做出了巨大的贡献。钱伟长和他的学生叶开沅合著的科学专著《弹性圆薄板大挠度问题》，在国际上第一次成功运用系统摄动法处理了非线性方程，"钱伟长法"被力学界公认为是最经典、最接近实际而又最简单的解法。钱伟长先生也是国际上第一次把张量分析用于弹性板壳问题上富有成效的一位学者，而他用内禀理论建立的方程式，则被世界公认为"钱伟长方程"。钱学森先生创立了薄板壳体非线性稳定理论，完成《关于薄壳体稳定性的研究》，并在美国航空学会年会上宣读了这篇论文，引起国际力学界的广泛关注。张维在环壳方面做出了系统的开创性的研究工作，首次求得环壳在旋转对称荷载下的应力状态的渐近解。叶开沅和刘人怀一起提出了"修正迭代法"，为板壳非线性弯曲的求解提供了一种高精度的有效分析方法。郑晓静解决了大挠度圆薄板精确求解和近似解析求解的收敛性证明等难题，实现了从圆薄板小挠度线性变形过渡到大挠度非线性变形的卡门方程的全域解析求解。张福范采用双重三角级数与力法相结合的方法，求解了固定边矩形板的平衡、稳定和振动问题。严宗达构造了带有补充项的双重正弦傅氏级数通解去研究薄板的弯曲、振动和稳定等问题，王春玲和曹彩芹在严宗达方法的基础上，给出了各向异性板、各向异性层合板弯曲、稳定和振动的通解，丰富和发展了板理论。

0.1 板壳的概念和分类

板壳是平板结构和壳体结构的总称，它们是日常生活和工程结构中最常见的结构，与每个人的生活休戚相关，与人类的生存紧密相连。板壳既然在人类生活中占有如此突出的地位，所以，它是值得我们去认识、去研究的。

尽管物体结构千变万化，具有各种各样的形式，但是相当多的物体都属于杆件、平板和壳体。杆件是指一个方向的尺寸远远大于另外两个方向尺寸的物体，是材料力学研究的对象。

平板和壳体要比杆件复杂一些，若它的厚度比其他方向几何尺寸小得多，这种工程构件统称为薄壁构件，平板和壳体就是薄壁构件的一种。薄板壳是由两个十分靠近的表面所围成的物体，两个表面间的垂直距离称为厚度。薄板壳体内平分厚度的面称为中面。平板的中面是平面，壳体的中面为曲面，可见平板是壳体的特例。

为了研究方便，我们通常会对板壳结构进行分类。按照板壳厚度尺寸的大小，可以将板壳分为两大类，即薄板壳和厚板壳。

平板的厚度用 δ 表示，若中面的特征尺寸（例如，直径、边长）为 l，则当 $\delta/l \ll 1$ 时称为薄板，否则称为厚板。对于一般的计算精度要求，当 δ/l 不超过大约 1/5 时，可以按薄板计算。

若以 R 为壳体中面的曲率半径，t 为壳体的厚度，则当 t/R 与 1 相比可以忽略时，就可以认为这个壳体就是薄壳，反之称为中厚壳或厚壳。

薄壳和厚壳之间没有明确的界限，主要取决于计算上所能容许的误差大小。在工程计算中所容许的相对误差为 5%，所以可以认为当 $t/R < 1/20$ 时就属于薄壳。在工程实际问题中所遇到的绝大多数壳体都在下列范围内：

$$\frac{1}{1000} \leqslant \frac{t}{R} \leqslant \frac{1}{50}$$

因而工程中的壳体大部分都属于薄壳。对于薄壳，可以在壳体的基本方程和边界条件中略去某些很小的量，使得这些基本方程可以在边界条件下求解，从而得到一些近似的但在工程上应用已经够精确的解答。

除了按照上述方法分类，还可以按照中面的形状来分类。对于平板，可分为圆形平板、矩形平板、杂形平板；对于壳体，可以分为柱形壳、旋转壳和具有任意形状的壳体。

设在空间有一条直线 L，它上面的一点沿一条给定的平面曲线 C 移动并且不改变该直线的方向，这样所形成的曲面称为柱形壳，如图 0-1（a）所示。以柱形面为中面的壳体称为柱形壳，那条动直线称为母线。如果曲线 C 是一条闭合曲线则称为闭口柱形壳，如图 0-1（b）所示；反之称为开口柱形壳，如图 0-1（c）所示。若曲线 C 是一个圆或圆弧，则称为开口圆柱壳或闭口圆柱壳。

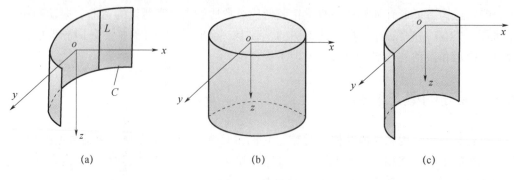

| (a) | (b) | (c) |

图 0-1　柱形壳

一条平面曲线 C 绕该平面内某一旋转轴旋转一周，由此形成的曲面称为旋转面，如图 0-2（a）所示。以旋转面为中曲面的壳体称为旋转壳，平面曲线 C 称为母线或子午线。旋转壳以其形状又可分为锥壳［图 0-2（b）］、球壳［图 0-2（c）］、椭球壳［图 0-2

（d）］。如果母线是一条闭合曲线而不与旋转轴相交，由此而形成的旋转壳则称为环壳
［图 0-2（e）］。

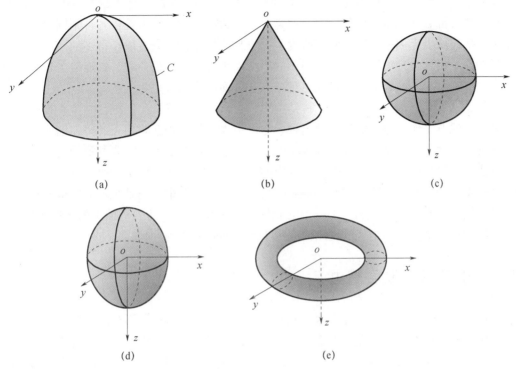

图 0-2　旋转壳

　　不属于上述两类的壳体，在建筑工程中常用的壳体是扁壳，它由开口的中面所组
成，该曲面覆盖的底面是矩形或圆形，壳顶到底面之间的距离称为矢高 f，如矢高 f 和
底面特征尺寸 a 之比 f/a 远小于 1，则该壳体称为扁壳（图 0-3）。

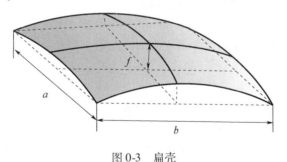

图 0-3　扁壳

0.2　板壳的特点和应用

　　由材料力学可知，梁主要受弯矩作用。一般情况下，以板作为承载结构时，板内将
受到弯矩和扭矩的作用；而以壳体作为承载结构时，则主要靠曲面内的内力（双向法向
力和剪力）来承载弯矩和扭矩的作用。

由于板壳固有的二维结构（梁是一维结构）的特性，质量轻，耗材少，因而是优良的结构构件。当壳为承载结构时，在一定的支承条件下，使壳内的弯矩和扭矩很小，甚至使壳内弯矩为零，或者壳内弯矩虽较大但只作用在局部区域（如壳的边缘附近），而在壳的大部分区域弯矩仍然很小，这是由于壳边缘上的支座可提供各种不同分布的支承力，从而减少壳内的弯矩。和同跨度、同材料的板相比，它能以小得多的厚度承受同样的荷载。设计合理的薄壳，可以很小的厚度而承受相当大的荷载，它能覆盖较大跨度面积，节约材料，减轻质量，形式美观，在这方面远比平板更为优越。

板壳结构广泛地应用在各种工程结构里，在自然界和日常生活中也常常存在。在自然界中早就有了像鸟卵、蚌壳、植物种子等以很少的材料构造封闭壳的坚强结构，这是经过长期自然选择形成的。工程上却是在 20 世纪以后由于各种工业发展的需要才开始设计建造壳体结构的。例如，航天工程中的火箭、人造卫星、宇宙飞船，海洋工程中用圆球形壳体制造的深水潜水器和小潜艇的艇身，土建结构中为满足大跨度要求而建造的圆球形屋顶，石油、化学及核工程中的壳体容器和反应塔，动力机械中的水轮机蜗壳，这些结构都是基于壳体结构的优点而应用于工程的壳体实例。

0.3 板的理论发展简史

在固体力学中，梁的研究起因与航海、建筑等工程应用是分不开的，但是板的工程应用比较晚，最早激起研究板理论热情的，不是工程应用的要求，而是人们的好奇心。

关于板方面的理论研究，一般认为是从 1766 年欧拉（Leonhard Euler）研究薄膜的振动开始的，欧拉认为薄膜是由互相垂直并张紧的弦线组成的，从而得到薄膜横向振动微分方程式最古老的形式

$$\frac{\mathrm{d}^2 w}{\mathrm{d}t^2} = ee\frac{\mathrm{d}^2 w}{\mathrm{d}x^2} + ff\frac{\mathrm{d}^2 w}{\mathrm{d}y^2} \qquad (0\text{-}1)$$

式中，w 为挠度；ee、ff 为常数；t 为时间。

1789 年，詹姆斯·伯努力（James Berolli）向彼得堡科学院提交并发表了论文《矩形弹性板的自由振动》，他将板看作两个方向弯曲梁，得到板的振动方程

$$\frac{\mathrm{d}^2 w}{\mathrm{d}x^2} + \frac{\mathrm{d}^2 w}{\mathrm{d}y^2} = c^4\frac{\mathrm{d}^2 w}{\mathrm{d}t^2} \qquad (0\text{-}2)$$

显然，式（0-2）没有考虑到板的扭曲，所以方程是不正确的，因此对后来研究的影响也比较小。

据记载，在 1680 年 7 月 8 日英国物理学家罗伯特·胡克（Robert Hooke）曾做了一个实验，在玻璃板上面铺一层细沙粒，用小提琴的弓子拉一块玻璃板的边缘，结果就看到细沙粒往某些线上集中，形成不同的花纹。1809 年，德国的声学家恩斯特·克拉尼（Ernst Chladni）重复了胡克的实验，对板的振动进行了研究，并且详细地记录了不同支承条件、不同摩擦部位、不同形状的板的实验所得到的花纹，这些花纹显示的沙粒集中的地方板的振幅为零，即所谓的节线，通过这些实验，得到了平板各阶振型的节线和相应的频率。著名的科学家皮埃尔-西蒙·拉普拉斯（Pierre-Simon Laplace）等一批学者观看了克拉克的演示，当时的法国皇帝拿破伦一世（Napoléon Bonaparte）也亲临参加并对

这次实验留下了深刻的印象，但是没有学者能够做出比较合理的解释。为了解开克拉克花纹的秘密，巴黎科学院悬赏，希望有人能够在数学上对于弹性板的克拉克节线给出与实验相符合的解释。这大概就是我们现在研究者认为的弹性薄板理论研究的开始。

响应这项悬赏的是法国的女科学家索菲·热尔曼（Sophie Germain），热尔曼熟悉欧拉在梁的弹性曲线方面的工作，即由弯曲应变能的积分式通过变分原理导出挠曲线的微分方程式，热尔曼决定以同样的方式假设平板弯曲应变能的积分式为

$$U = A \iint \left(\frac{1}{\rho_1} + \frac{1}{\rho_2} \right)^2 ds \tag{0-3}$$

式中，ρ_1、ρ_2 为挠曲面的两个主曲率半径。由于没有考虑板扭曲的应变能，计算结果有误。当时作为评审人的拉格朗日（J. L. Lagrange）指出她的错误并做了修改，得出了正确的板自由振动的微分方程

$$k\left(\frac{\partial^4 w}{\partial x^4} + 2 \frac{\partial^4 w}{\partial x^2 \partial y^2} + \frac{\partial^4 w}{\partial y^4} \right) + \frac{\partial^2 w}{\partial t^2} = 0 \tag{0-4}$$

式中，k 为常数。

板弯曲的第一个令人满意的理论应归属于法国科学家纳维叶（C. L. Navier），纳维叶在 1823 年发表的论文《弹性板挠曲研究摘要》，同样认为平板由许多质点组成，但假定质点分布在板的厚度内。弯曲时，质点的位移与板的中面平行，且与该平面间的距离成正比，由此得到在任意横向荷载作用下板弯曲的正确微分方程

$$D\left(\frac{d^4 w}{dx^4} + 2 \frac{d^4 w}{dx^2 y^2} + \frac{d^4 w}{dy^4} \right) = q \tag{0-5}$$

由于纳维叶认为质点之间相互作用力只与它们之间的距离改变成正比而与方向无关，他的结果只包含一个弹性常数。如果令泊松比等于 0.25，则由式（0-5）得出的弯曲刚度 D 与正确值相同。纳维叶用式（0-5）求解简支矩形板，提出了正确的边界条件，并用重三角级数得到在均布荷载和集中力作用下的解，这是板弯曲问题中首次得到的正确解。

法国数学家柯西（A. Cauchy）和泊松（S. D. Poisson）指出，如果将板的所有位移和应力展成 z（从板中面到点的距离）的级数，若在这种级数中保留尽可能少的项，就可得式（0-4）；若保留较多的项就能随之得到较精确的平板理论；若在级数中保留无穷大项，就会得到精确解。柯西和泊松的方法是平板理论的一般方法。

在 1829 年，泊松讨论了薄板的边界条件，对于简支和固定边，他提出的条件与现在应用的条件完全一致。对于边界受已知分布力的情况，他要求有 3 个条件，即横向剪力、弯矩和扭矩与作用在该边上的所有外力相平衡。由泊松提出的边界条件的数目和形式，引起了当时学者的热烈争论，成为以后一段时间内研究的主要课题，直至德国物理学家基尔霍夫（G. R. Kirchhoff）的著名论文发表以后，这个问题才得到了澄清。

基尔霍夫在 1850 年发表的一篇关于平板弯曲理论的重要论文《弹性圆板的平衡与运动》，是人们最早见到的一个完善的板弯曲理论。论文提到热尔曼企图导出板弯曲的微分方程以及拉格朗日修正她的错误，基尔霍夫同时讨论了泊松的工作，并指出泊松的3 个边界条件一般是不可能同时满足的。泊松之所以能正确地解出圆形板的振动问题，只是由于圆板振动的对称形式自然地满足了 3 个边界条件中的一个。

基尔霍夫对平板弯曲理论提出了两个重要的假设，即（1）原来垂直于平板中面的直线，变形后仍保持为直线且垂直于弯曲后的中面，即直法线假设。（2）在横向荷载作用下板产生微弯时，板的中面并不伸长。这两个假设对薄板理论的发展起到了重要的推动作用，基尔霍夫根据这两个假设列出板弯曲应变能的正确算式，并应用虚功原理进行变分运算，导出了著名的平板弯曲微分方程。并给出圆板的自由振动解，同时比较完整地给出了振动时节线表达式，从而较好地回答了克拉尼的问题。同时，他指出边界上只存在两个边界条件，而不像泊松提出的 3 个条件。

随后，英国科学家开尔文勋爵（Lord Kelvin）对边界条件的减少做出了物理解释。他应用圣维南原理，将板边的分布扭矩用一组静力相当的分布剪力来代替，因此在边界上只有等效横向剪力和弯矩这两个边界条件。

基尔霍夫提出的板模型比柯西和泊松的计算模型优越，因它有更大的直观性和明确的物理概念：理论的基础是一种简化，这种简化具有明确的物理意义，并且十分明显地继承了经实验所验证的弯曲理论，引进了内力和内矩的概念，使平板理论和梁的理论更加接近，并且最后明确了平板的边界条件问题。

1820 年，纳维叶发表了关于周边简支的矩形板解的研究论文，提出了正确的边界条件，他以重三角级数的形式作为简支板的解答，为板壳问题的解析法奠定了基础。此法数学推导简单明了，但是只适合求解四边简支的矩形板并且边界上没有分布力矩的作用，而且级数的收敛相当慢，特别是挠度函数经过两次微分后，求得的弯矩和扭矩函数及经过三次微分后求得的横向力函数收敛更慢。

1899 年，莱维（M. Levy）利用单三角级数求解两对边简支，而另外两个边界是自由的矩形板，这对薄板的解析解法做了很大的发展。如果说纳维叶解法是解析法的基础，那么莱维解法可以认为是纳维叶解法的进一步推广，因为他的解答收敛性好，对边界的适应性广。工程师们根据莱维解法研究了多种特殊的荷载情况，并积累了最大挠度和最大弯矩的数据表格，这个解具有很大的工程实际价值。虽然这种解法比纳维叶解法收敛速度快，但是此法必须有两对边是简支的，因此也存在一定的局限性。

1883 年，克莱布希（A. Clebsch）在其著作中研究了包括在中面受双向均布拉力 F_T 作用下板的弯曲方程

$$D \nabla^4 w - F_T \nabla^2 w = f(x, y) \tag{0-6}$$

在该著作的注解中，圣维南（Saint-Venant）概括了过去对薄板理论的研究，并给出了考虑中面力时完整的板弯曲的微分方程

$$D \nabla^4 w = f(x, y) + F_{Tx}\frac{\partial^2 w}{\partial x^2} + 2F_{Txy}\frac{\partial^2 w}{\partial x \partial y} + F_{Ty}\frac{\partial^2 w}{\partial y^2} \tag{0-7}$$

式（0-7）就是单向和双向受压板的稳定问题的微分方程。圣维南认为 F_{Tx}、F_{Ty}、F_{Txy} 与挠度 w 无关。这类方程在 1890—1895 年曾被布瑞安（G. H. Bryan）研究单向和双向受压板的稳定时使用过，铁木辛柯（S. Timoshenko）在 1907 年曾先后用积分法和能量法解过此类问题。

古尔萨在 1898 年用复变函数来表示双调和方程，随后学者便利用复变函数的方法去解决板的问题。复变函数法是利用解析函数与调和函数存在的联系，将薄板的挠曲面方程转换成复平面内的解析函数，并在复平面内研究薄板问题的一种新方法。这种方法

后来逐步为克洛索夫、穆斯赫利什维利和萨文所完善，并用来解决板中有孔洞的应力集中问题。

1877 年，瑞利男爵（Lord Rayleigh）在研究薄板的振动时应用这一方法，1908 年里茨（Ritz. W）又将这一方法加以改进和推广。里茨提出用变分的直接方法来解决薄板的弯曲问题。此后，人们就用求某一函数的极小值问题来代替变分法，于是只要能将板的应变能用式子表示出来，很多矩形板和圆板的弯曲、稳定和振动的问题，就都能用瑞利-里茨（Rayleigh-Ritz）法求得精度较好的近似解。

伽辽金方法（Galerkin Method）是苏联科学院院士伽辽金（Boris Galerkin）在 1915 年所创立的求解偏微分方程边值问题的近似方法。从数学的观点来看，它并不属于变分法，但它在一定的条件下与里茨的变分法又是互相沟通的。伽辽金在里茨方法（Ritz Method）的基础上应用虚功原理提出：如果只知道问题的微分方程，也可以不使用总势能泛函而求得问题的近似解，只不过在选择某个形函数时对其要求稍高些罢了，这时，形函数不仅要满足问题的几何边界条件，还要满足全部力的边界条件。

坎托罗维奇（Kantorovich）对里茨方法和伽辽金方法进行了改进和推广，可以得到比里茨方法更准确的结果，里茨方法的待定系数是常数，而坎托罗维奇方法则为待定函数。

由于数学物理中的微分方程可以用有限差分来表示，于是人们利用有限差分法来研究板的弯曲、振动和稳定问题。有限差分法是对微分方程的离散，是将薄板问题的偏微分方程和边界条件方程用差分方程和差分边界条件方程来代替，建立特定的差分格式，得到一组代数方程，通过求解线性代数方程组，可得各差分点的挠度值。它所得解的精度主要取决于差分网格划分的大小。当采用普通差分法时，收敛速度缓慢，特别是当求内力遇到高阶导数时，收敛速度就更慢。该法的优点是公式简单，不受边界形状的限制，但要想得到高精度值，必须将网格划分得很细，这就使计算工作量成倍地增加。

在 19 世纪末关于薄板弯曲、振动、稳定的微分方程已经基本建立起来，但在工程中运用板的理论是在 20 世纪才开始的，在近代结构中，薄板的广泛使用促进了板理论的发展。

在许多工程问题中，经常遇到四边固定的矩形板问题，但是这个问题在数学上遇到很多困难。柯洛维契（B. M. Куаловнч）首次得到该问题可作数值计算的解。布勃诺夫（I. T. Вубчов）将这个解简化，并对各种大小的板做出在均布荷载下的最大挠度和最大弯矩的数表。在第 5 次国际应用力学会议上，铁木辛柯（S. P. Timoshenko）提出一种更为一般的解法，它能用于包括集中力在内的各种荷载形式，埃文斯（T. H. Evans）以铁木辛柯解为基础，制出关于更详细的板的最大挠度和最大弯矩表格，以方便大家使用。

由一系列等距立柱所支承的板，在土木工程结构中具有很大的实用意义。格拉霍夫（F. Grashof）提出了这个问题的第一个近似解，并由莱威（V. Lewe）做了进一步的研究。

现代航空事业的发展，促使对薄板进行更为深入的分析研究。关于板受到面内外力作用的稳定性、板的后屈曲特性和颤振以及加筋板等问题，在第二次世界大战期间由许多学者和工程师进行了大量的研究。

同样，随着航空工业的兴起，胶合木板等新型材料在工业上日益广泛的应用，推动了对各向异性板的弯曲理论的研究。波兰科学家胡贝尔（M. T. Huber）研究正交各向异性板，得到在非对称分布荷载和边缘弯矩作用下圆板弯曲的解。20 世纪 40 年代中期，苏联学者列赫尼茨基（С. Т. Лехнпцкнн）总结了苏联学者 20 世纪 30 年代对各向异性体平面问题和平板弯曲问题的研究成果。20 世纪 50 年代高分子材料在国防和民用工业中获得应用，到 20 世纪 60 年代进一步发展了纤维增强材料，用各向异性板理论分析新型材料制成的板的强度、刚度，受到各国学者的广泛重视。

在薄板的近似理论中，曾假设挠度远比板厚度小，对于具有较大挠度的板必须考虑板的中面变形。平板大挠度问题的基本微分方程由基尔霍夫和克莱勃许（A. Clebsch）导出，但是由于微分方程是非线性的，很难求解。基尔霍夫解出中面为均匀拉伸的最简单情况，这一领域的进展主要是工程师们在分析船体壁板中的应力时所取得的。铁木辛柯讨论了边界作用均布力偶时的圆板大挠度问题，并研究了线性理论的正确范围。韦（S. Way）从理论和实验两个方面，研究了周边固定的圆板在均布荷载下的弯曲。弗普尔（A. Foppl）应用面内应力的应力函数，将薄板的大挠度方程加以简化，但没有考虑弯曲刚度。

冯·卡门（Von Kármán）在 1910 年将"板很薄"的要求舍弃，补充被弗普尔（A. Foppl）舍弃的弯曲项，获得了圆板大挠度弯曲理论的基本方程。薄板大挠度问题由于非线性方程组在求解中遇到数学上的困难，一般都难以得到精确的解析解，目前最常用的是摄动法和基于变分原理的里茨方法、伽辽金方法等近似解法。20 世纪 40 年代，由钱伟长提出的摄动法，至今仍在国内外被广泛用于求解板大挠度弯曲和后屈曲问题。叶开沅等进一步提出修正迭代法，并对摄动参数的选取和摄动法的收敛性做了细致深入的研究，使该法在理论上更加完善。郑晓静解决了大挠度圆薄板精确求解和近似解析求解的收敛性证明等难题，实现了从圆薄板小挠度线性变形过渡到大挠度非线性变形的卡门方程的全域解析求解。

从 20 世纪 60 年代开始，随着电子计算机的高速发展，有限单元法已广泛应用于力学的所有分支。对于几何形状复杂的板，在任意的荷载分布和支承条件下，有限元法都能简单地予以处理，因而成为薄板分析中最有用的方法之一。早期薄板有限元的主要工作是在近似理论的基础上，寻求具有连续的单元形式。20 世纪 60 年代中期提出的各种保续单元，如 21 个自由度的三角形单元、凝缩的四边形单元和混合单元等，不同程度地满足单元间公共边上转角连续的条件，但是计算都很复杂。

为了采用有限元法来分析板的问题，休斯（T. R. J. Hughes）首先提出双线性四结点四边形单元，该单元考虑横向剪切变形的影响，同时若选择适当的高斯积分点可分析薄板问题。由于位移模式是双线性函数，刚度矩阵的计算非常简单，鉴于这些优点，这个单元模式引起人们极大的兴趣。但是当板极薄时易发生单元闭锁现象以及减少积分点时导致零能模式的出现。近年来提出基于二类变量广义变分原理的四结点通用单元能克服上述缺点，对中厚板和薄板都能得到高精度的解。此外，唐立民提出的拟协调元是使变形方程弱化，而与弱化的平衡方程相匹配，选用适当的内插函数也可以自然地避免发生单元闭锁和零能模式。

上面，我们介绍了薄板的发展历史上的理论研究及一些工程应用，这一介绍远非全面。由于工程技术上经常应用板壳结构，对这类问题的研究一直都受到科技工作者的关注。因而文献浩繁，远非本章所能全面介绍。值得指出的是，我国科学家在这方面也做出了巨大的贡献，其中首推钱伟长教授。他在四十余年前发表的研究成果，不仅当时在世界上处于领先地位，就是在今天，也仍然是经典著作，起着重大的作用。叶开沅和刘人怀一起提出了"修正迭代法"，为板壳非线性弯曲的求解提供了一种高精度的有效分析方法。张福范采用双重三角级数的精确解法研究了在矩形板和连续矩形板的解析解的求解问题。在圆形板方面，钱伟长由于在解决圆板大挠度问题上成绩卓著而荣获我国国家 1956 年自然科学奖，他被波兰科学院选为院士，他的著作被国外翻译并发行。余寿文和黄克智则在前人理论的基础上建立了一种简化的二变量近似理论，研究考虑剪切变形的正交各向异性弹性平板，最后由最小势能原理求得了一组与未知量数目相同的基本方程和边界条件。在厚板方面，曹志远和杨昇田则出版了专著《厚板动力学理论及其应用》，阐述了厚板动力学的基本理论及其有关分析方法。严宗达构造了带有补充项的双重正弦富氏级数通解去研究薄板的弯曲、振动和稳定等问题。王春玲和曹彩芹在严宗达方法的基础上，给出了各向异性板、各向异性层合板弯曲、稳定振动的通解，丰富和发展了板理论。

0.4　壳的理论发展简史

薄壳主要是以沿厚度均匀分布的中面应力而不是以弯曲应力来承受外载。它具有质量轻、强度高的优点，所以在航天、航空、造船、化工、建筑、水利和机械等工业中得到广泛的应用。

以基尔霍夫假定为基础的壳体静力和动力理论最早由德国的阿龙（Hermann Aron）于 1874 年建立，不过阿龙的推导有些不准确，在 1888 年由乐甫（A. love）给予纠正。乐甫做了与梁和板类似的简化，将基尔霍夫假设推广到壳体理论中，导出了在最后形式上与基尔霍夫的平板理论相似的壳体理论，得到了形式上相当简单的壳体方程，形成了至今依然广泛被采用的薄壳理论的经典方程。由于乐甫对壳体理论做出了突出贡献，故经典壳体理论的基本假设便称为基尔霍夫-乐甫假设（K-L 假设）。几乎在同一时期，诺贝尔奖获得者英国科学家瑞利也独立发表了有关壳体理论的论文，并记录在其著名著作《声学理论》（Theory of Sound）中。

自从 1874 年德国的阿龙和 1888 年英国的乐甫建立薄壳理论以来，工程师们就开始将壳体方程用于工程结构。第一次将壳体方程用于土木工程的是 A. Sododa，在 1922 年的一篇论文中，他已经把等厚度锥形壳理论用于穹顶的应力分析了。

随着壳体结构在工程中逐步推广，特别是进入 20 世纪后，各国经济、科技的高速发展，促使理论研究飞速发展。当时主要的研究是针对不同类型的壳体建立各种简化理论，20 世纪 50 年代开始对基尔霍夫-乐甫假设进行修正，使薄壳理论精确化。

在壳体一般理论的研究中，除了阿龙和乐甫外，还有其他的科学家进行了深入的研究。虽然当时的基尔霍夫-乐甫理论一度被人们所追随，但是此理伦存在着许多缺点。这些缺点主要表现在基尔霍夫-乐甫假设的许可范围内对小量的处理前后不一致：一部分小量被保留下来，而另一部分同样的小量却被丢弃掉；在壳体理论中应如何写出内力，力矩与中面变形之间的相互关系没有明确，以致这一理论的方程在很长时间内没有标准写法。1890 年，兰姆（Sir Horace Lamb）使用新的符号改进了基尔霍夫-乐甫壳体有关公式，使得壳体理论可以被工程师们接受。

基尔霍夫-乐甫理论的缺点，后来被拜恩（R. Byrne）、诺伏日洛夫（B. B. Нбовожилов）、瑞斯纳（H. Reissner）、桑德尔（J. L. Sanders）、钱伟长等学者加以修正。其中拜恩、瑞斯纳、钱伟长等人抛弃了乐甫所保留的那些小量，而拜恩、弗留盖等人则补充了那些被乐甫所略去的小量，建立了他们各自的薄壳理论，因而就产生了目前壳体理论中所出现的各种不同形式的基本方程。1959 年，苏联力学家诺沃日洛卡（V. V. Novozhilov）指出，这些改进方程与乐甫方程具有相同的精度水平，都称为一次近似理论。1960 年，荷兰力学家科伊特（W. T. Koiter）提出了相同的看法。

在以后的一个长时期内，力学家们一直在寻找一种既形式简单，又在逻辑上尽可能完美的一次近似薄壳理论，据统计这类理论有 20 多种。1959 年，美国力学家桑德尔给出了一套薄壳方程组，他的理论被称为最好的一次近似理论。

在壳体理论的发展过程中，20 世纪 40 年代出现了一种令人瞩目的理论即壳体的内禀理论。钱伟长以张量分析为工具，首次在壳体理论中引入拖带坐标，并使用壳体薄膜应变张量和中面曲率的变化张量作为基本未知量，系统地建立了壳体的平衡方程和协调条件，由于整个理论不涉及位移，因而叫作板壳的内禀理论。钱伟长的这一工作对壳体理论产生了深远的影响，从此人们认识到张量分析和拖带坐标是研究壳体大挠度理论的强有力的工具。

应当指出，由于壳体的内禀理论不使用位移作为未知量而使用中面拉伸变形和曲率的变化作为未知量，这对于理论分析比较有用，但对于实际问题，因为一般都要计算位移和利用边界条件，内禀理论就很难用中面拉伸变形和曲率的变化来表达边界条件，这也是内禀理论后来没有得到应用的一个原因。

在历史上壳体无矩理论的提出，要比一般壳体理论早。由于壳体具有边缘弯曲的局部效应，在壳体的大部分区域处于无矩状态，加上无矩理论的计算简单，因此在工程计算上具有重要的意义。

早在 19 世纪，压力容器和水箱的计算公式已被广为应用。德国的瑞斯纳在 1912 年首先讨论了非轴对称荷载下旋转壳体的无矩理论。特鲁斯德尔（C. Truesdell）在 1945 年对旋转壳体的无矩理论做了评论性的讨论，而任意荷载作用下圆柱壳的无矩理论由汤马（D. Thoma）首次提出。对于任意形状壳体的薄膜变形盖林（F. T. Geyling）于 1945 年在斯坦福大学发表的论文中做了详细的讨论。

圆柱形薄壳由于制作方便，应用极为广泛。此外，圆柱壳沿母线方向的曲率为零，而其周向曲率又为常数，所以易于进行理论分析。圆柱壳弯曲理论的建立，应当首推弗留盖的工作。他除了应用基尔霍夫-乐甫假设外，没有再做其他的近似，得到的圆柱壳方程的表达式相当复杂。1933 年，唐奈（L. H. Donnell）做了简化，对于较短的圆柱壳，唐奈方程具有一定的精度，但是对于较长的圆柱壳，唐奈方程有显著的误差。1959 年，莫利对 Donnell 方程做了改进，从而提高了 Donnell 方程的精度并且扩大了它的应用范围，形式也得到了简化。1932 年，符拉索夫（Власов）针对周向加筋的长圆柱壳提出了一种简化的半无矩理论，它是在忽略柱体母线方向所有弯矩和周向变形基础上建立的理论，还被推广应用于任意截面形状的长柱形壳体。

对于旋转壳的研究，德国的瑞斯纳（Hans-Reissner）于 1912 年把描述对称变形的微分方程转化为简便的形式，瑞斯纳以旋转壳经线上的横向剪力和纬线方向的主曲率半径的积作为变量，并用经线上切线的转角为另一变量，将壳体基本方程简化成两个互相耦合的二阶常微分方程组，布鲁门塔尔（Blumenthal）利用渐进法求解了瑞斯纳方程。同时，瑞斯纳发现可以用复数变换的方法降低该问题的微分方程的阶次，把受对称荷载的球形壳体的计算归结为积分一个不超过二阶的微分方程。随后，德国科学家迈斯纳（Eric Meissner）把上述结果成功地推广到任意形状（甚至变厚度）的旋转壳体的对称变形上去，但是这些结果不便于实际应用，最终的精确解通常是用超越几何级数表示，在当时计算超越几何级数是件非常困难的事。

旋转壳体对称变形方程的近似积分方法是盖克勒（J. W. Geckeler）于 1926 年提出的，由于壳体弯曲具有边界效应，并且旋转壳体对称变形方程具有渐近性，盖克勒提出叠加无矩方程解，即所谓"边缘效应"方程的解，所以采用渐近积分法求解可得到精度较高的解。

对于工程上常用的拱高较小的扁壳，马格雷（K. Marguerre）于 1938 年根据其几何特点建立了这类壳体的基本方程。1944 年，符拉索夫将这一成果发展成为系统的扁壳近似理论。由于这个近似理论的简化和圆柱壳中的唐奈方程的近似假设相同，扁壳理论应用于零高斯曲率的圆柱壳同唐奈方程完全一致，因此扁壳方程也可以说是唐奈方程的推广。

受非对称荷载的旋转壳体的计算比较复杂，对于球形壳体，什末林（E. Schwerin）在他的学位论文中提出了解决办法，他按照自己的老师迈斯纳和瑞斯纳的方法把微分方程加以变换，获得在给定情况下收敛非常好的超级几何级数形式的解，发现了两个直接积分以及复数变换的可能性。诺沃日洛夫（Novozhilov）把复变量方法推广到任意形状的旋转壳体。

壳体的弹性稳定性问题的研究，首先从 20 世纪初圆柱壳的研究开始。弗留盖等人用壳体变形的小挠度理论求得圆柱壳轴压的临界值。冯·卡门和钱学森在 1939 年发现：薄壳失稳的临界荷载低于用线性理论求得的值，并且指出必须用几何非线性理论来处理这个问题，从此出现了非线性稳定理论。以后，斯坦（M. Stein）在 1962 年以后数年研究了非线性前屈曲性能及其对于临界压力的影响，他的研究成果肯定了小挠度理论的价值。

在 20 世纪 70 年代以前，复合材料的壳体理论建立在基尔霍夫-乐甫假设的基础上，目前这方面的研究日趋精细化，分析中一般考虑横向剪切效应。对于层合壳体，蔡四维提出多层异性圆柱壳体的精化理论，周承倜利用能量法和有限差分法分析多层复合材料圆柱壳的非线性失稳特性，并讨论了横向剪切变形的影响。柯伯杨斯基（S. Kobayashi）等研究纤维-环氧复合圆柱壳的受压屈曲理论，分析了屈曲变形对屈曲荷载的影响。

近代，由于高层建筑、高速运载工具及电子计算机等的发展，薄壳理论数值计算理论分析和数值计算相结合两方面都有着迅速的发展。在各种数值计算方法中，有限元法最适宜分析具有任意曲面形状、复杂的加载和支承型式、不规则加筋和开孔等实际的壳体结构，人们创造性地使用了有限元法来解决大量的板与壳、静力和动力、线性和非线性的数值计算问题。当然，还有其他的一些数值分析方法，如有限条法、边界元法等，它们都是随现代生产的发展而诞生的，从而进一步推动了板壳理论的发展。

我国学者在壳理论的发展过程中同样做出了很大的贡献。钱伟长先生壳体的内禀理论是国际上第一次把张量分析用于弹性板壳问题，这一工作对壳体理论产生了深远的影响，从此人们认识到张量分析和拖带坐标是研究壳体大挠度理论的强有力的工具。钱学森先生创立了壳体非线性稳定理论，完成关于薄壳体稳定性的研究，引起国际力学界的广泛关注。张维在圆环壳方面做了系统开创性的研究工作。张维先生几十年如一日对环壳进行了系统的研究，其研究范围几乎涵盖了环壳的各个方面，包括环壳的线性和非线性应力应变、振动、屈曲、后屈曲、弹塑性、组合环壳以及环壳的工程应用，其研究方法有渐近解析解、精确解、有限元数值解和实验验证，研究结果无论是难度和深度都一直处于世界先进水平，其学术活动一直处于该领域的国际前沿，赢得了国际认可。一般的壳体问题使用位移场作为基本变量是最受欢迎的，其优点是在求得位移场后使用微分就可以求得应变场，微分运算比积分要容易得多，但其缺点是方程组更为复杂，位移场更难求解，黄义和孙博华给出了扁壳的位移场，孙博华同时还给出了抛物旋转壳和细环壳的位移场，为壳体的求解提供了理论基础。

0.5　研究板壳理论的目的

板壳理论是固体力学中最有现实意义的分支之一，是研究平板和壳体在外力作用下所产生的应力和变形的一门科学。

在荷载的作用下，板壳发生变形，但是，板壳不是无限制地变形下去，而且在荷载卸去后，板壳能消除由荷载所引起的变形。这说明，板壳本身具有抵抗荷载的能力，板壳抵抗荷载的能力称为板壳的承载能力。这样，一方面，在荷载的作用下，板壳产生变形，并有使板壳破坏的趋势；另一方面，板壳结构有承载能力，有抵抗变形和破坏的能力。对于板壳结构来说，要安全工作就要满足强度、刚度和稳定性三个方面的要求。

板壳强度的问题是指板壳抵抗破坏的能力，在进行工程设计时，必须保证板壳具有足够的强度。

在荷载作用下，板壳虽然有足够的强度，不致发生破坏，但若变形过大，也会影响正常工作。板壳抵抗变形的能力称为板壳的刚度，在进行工程设计时，必须保证板壳具有足够的刚度，这就是所谓刚度问题。

在荷载作用下，板壳有时会像材料力学中所讨论的压杆一样，突然变弯，丧失保持原来平衡状态的能力，即丧失稳定性。因此，在进行工程设计时，还必须保证板壳具有足够的稳定性，这就是所谓稳定性问题。

同时，在设计板壳的时候应考虑在保证安全的情况下如何最经济地使用材料。安全性和经济性两方面的要求是互相矛盾的，偏重了安全性，势必增加材料，或者采用优质材料，偏重了经济性，则又容易造成板壳破坏，引起人身和财产的损失。板壳理论就是要提供解决这个矛盾的原则和方法。

总结起来，学习板壳理论的目的就是：在处理好荷载与板壳承载能力之间的关系的情况下，进行板壳的强度、刚度和稳定性的安全计算，以使板壳设计得安全又经济。

习题

0-1　《板壳理论》课程研究的主要内容是什么？

0-2　什么是板？什么是壳？

0-3 简述壳的分类。

0-4 简述板理论的发展简史。

0-5 简述壳理论的发展简史。

0-6 研究板壳理论的目的是什么？

人物篇 0

索菲·热尔曼

索菲·热尔曼（1776—1831），法国人，是法国著名的数学、力学家。她是一位富商的女儿，在姊妹三个中排行第二，童年时期，正处于法国大革命时代，由于常常只能待在家中，她大量的时间都泡在父亲的图书馆中，在那里她读到了阿基米德在一个罗马士兵踩坏了他在地上画的图形后被其杀死的故事，热尔曼从此认为几何学是一个值得研究的学科，并决心学习数学。她的父母并不赞同她对数学的兴趣，并想方设法阻挠她，但热尔曼想尽一切办法反抗并坚持学习，这种情况持续到她 18 岁那年即 1794 年。1794年巴黎综合理工学院成立，这里云集了当时众多数学大师，如拉普拉斯、蒙日、拉格朗日等。热尔曼对这个大学非常神往，于是向父母提出想到巴黎综合理工学院深造，父母都支持她这种想法。但是当时的法国大学的门是不允许女性进入的，这使她进不了她渴望进入的巴黎综合理工学院。

但是她没有屈服于命运，她借阅大学生们的笔记，冒用一名男生的名字布朗（M. Leblan）去交读书报告。她读了正在那里执教的数学、力学家拉格朗日的名著《分析力学》后，将读书报告交给拉格朗日。拉格朗日十分欣赏她的才能，最后当他发现她是一位女性后，非常爱护与支持她。拉格朗日十分赞赏热尔曼的能力并成为了她的导师，拉格朗日为热尔曼打开了一扇继续学习和研究数学与力学的大门。

受拉格朗日的影响，热尔曼对数论很感兴趣。她开始着手研究费马大定理，并将论文寄给数学家高斯。因为担心高斯对女性有偏见，她用的还是假名布朗，文中就高斯的论文提出自己的见解，并予以完善。对此，高斯赞赏有加，对于素来为人孤傲的高斯来说，赞扬他人可不是常事，那时，热尔曼才 20 岁。

即使在得知布朗的真实身份并不是先生，而是位小姐时，高斯仍不吝赞美之词："当一个女性成功越过这些障碍，深入其中最艰难的部分时，她毫无疑问是具有最崇高的勇气、非凡的才能和超人一等的天才"。

1808 年秋天，德国人克拉尼做了一个简单实验。他将板边界固定好，在板上撒一些细砂，当用小提琴弓摩擦板的边界使之振动时，沙粒在板上形成各种固定的花纹，花纹随板形状、敲击部位与固定方式而变。

1808—1810 年，克拉尼访问巴黎，他的关于板的振动的演讲引起巴黎科学界的注意，很多科学家观看了他的演示，但是一时无人能做出合理的解释。为了解开克拉尼花纹的秘密，在 1809 年，法国科学院公布了一项资金为 3000 法郎的悬赏研究题目，时限为两年。

这是现代关于弹性薄板研究的开始，而唯一响应这项悬赏的就是索菲·热尔曼。

1811 年，热尔曼以匿名向巴黎科学院投递了她响应悬赏的论文，由于她没有受过正规的教育，而且是初次接触这个问题，她没有得到奖赏，这项奖金因为没有人获得而延后。

但是热尔曼并没有放弃对这个问题的研究，两年以后，1813 年 10 月 1 日，热尔曼再次投递了响应悬赏的论文，这篇论文曾经受到过拉格朗日的帮助，作为评委的拉格朗日指出过文中推导的错误，这一次她虽然没有得到奖赏，但由于论文的高水平，得到评委们的赞赏。此后，她坚持不懈，于 1815 年再次投出了关于薄板振动的论文，终于在 1816 年获得了巴黎科学院的奖励。热尔曼在得到奖励后，并没有停止对板的研究，后来还发表了若干篇关于板振动问题的论文。

热尔曼的另一项重要贡献，是对于费尔马（Fermat）大问题研究的推进。费尔马大定理是证明方程 $x^n + y^n = z^n$，当 $n > 2$ 时，没有 $xyz \neq 0$ 的整数解。1815 年，法国科学院又就这个问题进行悬赏。费尔马 1637 年声称他证明了这一结论，然而人们始终没找到这个证明，只知他给出了 $n = 4$ 的证明。随后 1823 年勒让德给出了 $n = 5$，欧拉给出了 $n = 3$ 的证明。而热尔曼又将热情投入了这个问题，她把这个问题归结为两种情形，并对其中的一种情形给出了 $n < 100$ 的证明。历经三百多年，这个问题最后于 1994 年由居于美国的英国数学家怀尔斯（Sir Andrew John Wiles）解决了，而热尔曼的研究是早期求解这个问题十分重要的一步。

热尔曼是位极有才华的数学家和力学家，她不畏外界的重压，亦不图名利，一生从未停下追逐数学和力学的脚步，她幸运地摘下了数学桂冠上的明珠，因其冒男生之名学习数学的行为，被人们称为"数学花木兰"。然而，在现实中，她的一生却是惨淡的，她终身没有获得任何学位。1831 年，高斯说服哥廷根大学授予她荣誉博士学位，但在典礼安排好之前，热尔曼已与世长辞。

热尔曼生在那样一个对女性充满偏见的年代，这是她的不幸。但是历史是公正的，她在数学和力学上的成就不能被抹杀。对于这位不惜一切与命运抗争的女科学家，我们唯有敬意。

1 经典薄板小挠度弯曲理论

薄板经常被用于土木、建筑、造船、航空等领域。本章主要介绍薄板的小挠度弯曲理论。基于薄板的基本假设，建立了薄板的几何方程、物理方程以及平衡微分方程，并建立薄板的边界条件，最后给出薄板弯曲问题经典解法以及矩形板弯曲的一般解法。

1.1 有关概念及计算假定

在弹性力学里，两个平行面和垂直于这两个平行面的柱面所围成的物体，称为平板，或简称为板，如图 1-1 所示。这两个平行面称为板面，而这个柱面称为侧面或板边。两个板面之间的距离 δ 称为板的厚度，而平分厚度 δ 的平面称为板的中间平面，简称为中面。如果板的厚度 δ 远小于中面的最小尺寸 b（例如，δ 小于 $b/8$ 至 $b/5$），这个板就称为薄板，否则就称为厚板。

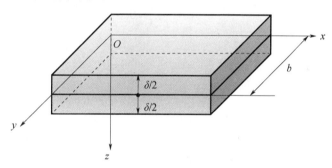

图 1-1 板的示意图

对于薄板的弯曲问题，已经引用一些计算假定从而建立了一套完整的理论，可以用来较简便地计算工程上的问题。对于厚板，虽然也有这样或那样的计算方案被提出来，但还不便应用于工程实际问题。

当薄板受有一般荷载时，总可以把每一个荷载分解为两个分荷载，一个是平行于中面的所谓纵向荷载，另一个是垂直于中面的所谓横向荷载。对于纵向荷载，可以认为它们沿薄板厚度均匀分布，因而它们所引起的应力、应变和位移，可以按平面应力问题进行计算。横向荷载将使薄板弯曲，它们所引起的应力、应变和位移，可以按薄板弯曲问题进行计算。

当薄板弯曲时，中面所弯成的曲面，称为薄板的弹性曲面。而中面内各点在垂直于中面方向的位移，即为横向位移，称为挠度。

本章只讲述薄板的小挠度弯曲理论，也就是只讨论这样的薄板：它虽然很薄，但仍然具有相当的弯曲刚度，因而它的挠度远小于它的厚度。如果薄板的弯曲刚度很低，以致挠度与厚度属于同阶大小，则须另行建立大挠度弯曲理论。

薄板的弯曲问题属于空间问题。为了建立薄板的小挠度弯曲理论，除了引用弹性力学的基本假定外，还补充提出了三个计算假定（这些假定已被大量的实验所证实）。取薄板的中面为 xy 面，如图 1-1 所示，这三个计算假定可以陈述如下：

（1）垂直于中面方向的正应变 ε_z 忽略不计，即 $\varepsilon_z=0$，则由几何方程得 $\frac{\partial w}{\partial z}=0$，从而得

$$w=w(x,\ y) \tag{1-1}$$

这就是说，在板内所有的点，位移分量 w 只是 x 和 y 的函数而与 z 无关。因此，在中面的任一根法线上，薄板沿厚度方向的所有各点都具有相同的位移 w，也就是具有相同的挠度。

由于做出了上述假定，必须放弃如下与 ε_z 有关的物理方程

$$\varepsilon_z=\frac{\sigma_z-\mu(\sigma_x+\sigma_y)}{E}$$

这样才能容许 $\varepsilon_z=0$，而同时又容许 $\sigma_z-\mu(\sigma_x+\sigma_y)\neq0$。

（2）应力分量 τ_{zx}、τ_{zy} 和 σ_z 远小于其余三个应力分量，因而是次要的，它们所引起的应变可以不计（注意：它们本身却是维持平衡所必需的，不能不计）。因为不计 τ_{zx} 及 τ_{zy} 所引起的应变，所以有

$$\gamma_{zx}=0,\ \gamma_{yz}=0$$

于是由几何方程得

$$\frac{\partial u}{\partial z}+\frac{\partial w}{\partial x}=0,\ \frac{\partial w}{\partial y}+\frac{\partial v}{\partial z}=0$$

从而得

$$\frac{\partial u}{\partial z}=-\frac{\partial w}{\partial x},\ \frac{\partial v}{\partial z}=-\frac{\partial w}{\partial y} \tag{1-2}$$

与上相似，必须放弃如下与 γ_{zx} 及 γ_{yz} 有关的物理方程：

$$\gamma_{zx}=\frac{2(1+\mu)}{E}\tau_{xy},\ \gamma_{yz}=\frac{2(1+\mu)}{E}\tau_{yz}$$

这样才能容许 γ_{zx} 及 γ_{yz} 等于零，而又容许 τ_{zx} 及 τ_{zy} 不等于零。

由于 $\varepsilon_z=0$、$\gamma_{zx}=0$、$\gamma_{yz}=0$，可见中面的法线在薄板弯曲时保持不伸缩，依然为直线，并且成为变形后弹性曲面的法线。

因为不计 σ_z 所引起应变，加上必须放弃的物理方程，所以薄板小挠度弯曲问题的物理方程为

$$\varepsilon_x=\frac{1}{E}(\sigma_x-\mu\sigma_y)$$
$$\varepsilon_y=\frac{1}{E}(\sigma_y-\mu\sigma_x) \tag{1-3}$$
$$\gamma_{xy}=\frac{2(1+\mu)}{E}\tau_{xy}$$

这就是说，薄板小挠度弯曲问题中的物理方程和薄板平面应力问题中的物理方程是相同的。

（3）薄板中面内的各点都没有平行于中面的位移，即

$$(u)_{z=0}=0, \quad (v)_{z=0}=0 \tag{1-4}$$

因为 $\varepsilon_x=\dfrac{\partial u}{\partial x}$，$\varepsilon_y=\dfrac{\partial v}{\partial y}$，$(\gamma_{xy})_{z=0}=\dfrac{\partial v}{\partial x}+\dfrac{\partial u}{\partial y}$，所以由式（1-4）得出

$$(\varepsilon_x)_{z=0}=0, \quad (\varepsilon_y)_{z=0}=0, \quad (\gamma_{xy})_{z=0}=0$$

这就是说，中面内无应变发生，中面的任意一部分，虽然弯曲成为弹性曲面的一部分，但它在 xy 面上的投影保持不变。

薄板小挠度弯曲问题所引用的三个计算假定由基尔霍夫首先提出。材料力学研究梁的弯曲问题时，也采用了与上相似的计算假定。

1.2　弹性曲面的微分方程

薄板的小挠度弯曲问题是按位移求解的，取为基本未知函数的是薄板的挠度 $w(x,y)$。因此，要把所有的其他物理量都用挠度来表示，并建立求解 $w(x,y)$ 的微分方程，即所谓弹性曲面微分方程。

首先把应变分量 ε_x、ε_y、γ_{xy} 用 w 来表示。将方程（1-2）对 z 进行积分，积分时注意 w 只是 x 和 y 的函数，而不随 z 改变，即得

$$u=-\frac{\partial w}{\partial x}z+f_1(x,y), \quad v=-\frac{\partial w}{\partial y}z+f_2(x,y)$$

其中的 f_1 和 f_2 是任意函数。应用计算假定得到的方程（1-4），得 $f_1(x,y)=0$，$f_2(x,y)=0$。于是纵向位移

$$u=-\frac{\partial w}{\partial x}z, \quad v=-\frac{\partial w}{\partial y}z$$

上式表明，薄板内在 x 和 y 方向的位移沿板厚方向呈线性分布，在上下板面处最大，在中面处为零。

利用几何方程，把应变分量 ε_x、ε_y、γ_{xy} 用 w 表示为

$$\left.\begin{aligned}
\varepsilon_x &=\frac{\partial u}{\partial x}=-\frac{\partial^2 w}{\partial x^2}z \\[2mm]
\varepsilon_y &=\frac{\partial v}{\partial y}=-\frac{\partial^2 w}{\partial y^2}z \\[2mm]
\gamma_{xy} &=\frac{\partial v}{\partial x}+\frac{\partial u}{\partial y}=-2\frac{\partial^2 w}{\partial x \partial y}z
\end{aligned}\right\} \tag{1-5}$$

由此可见，应变分量 ε_x、ε_y 和 γ_{xy} 也是沿板厚方向按线性分布，在中面上为零，在板面处达到极值。

在这里，由于挠度 w 是微小的，弹性曲面在坐标方向的曲率及扭率可以近似地用 w 表示为

$$\chi_x=-\frac{\partial^2 w}{\partial x^2}, \quad \chi_y=-\frac{\partial^2 w}{\partial y^2}, \quad \chi_{xy}=-2\frac{\partial^2 w}{\partial x \partial y} \tag{a}$$

所以式（1-5）也可以写为

$$\varepsilon_x=\chi_x z, \quad \varepsilon_y=\chi_y z, \quad \gamma_{xy}=2\chi_{xy}z \tag{1-6}$$

因为曲率 χ_x、χ_y 和扭率 χ_{xy} 完全确定了薄板所有各点的应变分量，所以这三者就称为薄板的应变分量。

其次，将应力分量 σ_x、σ_y、τ_{xy} 用 w 来表示。由薄板的物理方程（1-3）求解应力分量，得

$$\left.\begin{aligned} \sigma_x &= \frac{E}{1-\mu^2}(\varepsilon_x + \mu\varepsilon_y) \\ \sigma_y &= \frac{E}{1-\mu^2}(\varepsilon_y + \mu\varepsilon_x) \\ \tau_{xy} &= \frac{E}{2(1+\mu)}\gamma_{xy} \end{aligned}\right\} \tag{b}$$

将式（1-5）代入式（b），即得所需的表达式

$$\left.\begin{aligned} \sigma_x &= -\frac{Ez}{1-\mu^2}\left(\frac{\partial^2 w}{\partial x^2} + \mu\frac{\partial^2 w}{\partial y^2}\right) \\ \sigma_y &= -\frac{Ez}{1-\mu^2}\left(\frac{\partial^2 w}{\partial y^2} + \mu\frac{\partial^2 w}{\partial x^2}\right) \\ \tau_{xy} &= -\frac{Ez}{1+\mu}\frac{\partial^2 w}{\partial x\partial y} \end{aligned}\right\} \tag{1-7}$$

注意 w 不随 z 变化，可见，这三个应力分量都和 z 成正比，即沿板的厚度方向呈线性分布，在中面上为零，在上下板面处达到极值。这与材料力学中梁的弯曲正应力沿梁高方向的变化规律相同。

再其次，将应力分量 τ_{zx} 及 τ_{zy} 用 w 来表示。在这里，因为不存在纵向荷载，所以有 $f_x = f_y = 0$，而空间问题平衡微分方程中的前两式可以写成

$$\frac{\partial \tau_{zx}}{\partial z} = -\frac{\partial \sigma_x}{\partial x} - \frac{\partial \tau_{yx}}{\partial y}, \quad \frac{\partial \tau_{zy}}{\partial z} = -\frac{\partial \sigma_y}{\partial y} - \frac{\partial \tau_{xy}}{\partial x}$$

将表达式（1-7）代入，并注意 $\tau_{yx} = \tau_{xy}$，即得

$$\frac{\partial \tau_{zx}}{\partial z} = \frac{Ez}{1-\mu^2}\left(\frac{\partial^3 w}{\partial x^3} + \frac{\partial^3 w}{\partial x\partial y^2}\right) = \frac{Ez}{1-\mu^2}\frac{\partial}{\partial x}\nabla^2 w$$

$$\frac{\partial \tau_{zy}}{\partial z} = \frac{Ez}{1-\mu^2}\left(\frac{\partial^3 w}{\partial y^3} + \frac{\partial^3 w}{\partial y\partial x^2}\right) = \frac{Ez}{1-\mu^2}\frac{\partial}{\partial y}\nabla^2 w$$

注意 w 不随 z 而变，将上述二式对 z 进行积分，得

$$\tau_{zx} = \frac{Ez^2}{2(1-\mu^2)}\frac{\partial}{\partial x}\nabla^2 w + F_1(x, y)$$

$$\tau_{zy} = \frac{Ez^2}{2(1-\mu^2)}\frac{\partial}{\partial y}\nabla^2 w + F_2(x, y)$$

其中 F_1 及 F_2 是任意函数。但是，在薄板的上下板面，有边界条件

$$(\tau_{zx})_{z=\pm\frac{\delta}{2}} = 0, \quad (\tau_{zy})_{z=\pm\frac{\delta}{2}} = 0$$

应用这些条件求出 $F_1(x, y)$ 及 $F_2(x, y)$ 以后，即得表达式

$$\left\{\begin{aligned} \tau_{zx} &= \frac{E}{2(1-\mu^2)}\left(z^2 - \frac{\delta^2}{4}\right)\frac{\partial}{\partial x}\nabla^2 w \\ \tau_{zy} &= \frac{E}{2(1-\mu^2)}\left(z^2 - \frac{\delta^2}{4}\right)\frac{\partial}{\partial y}\nabla^2 w \end{aligned}\right. \tag{1-8}$$

由式（1-8）可见，这两个切应力沿板厚方向呈抛物线分布，在中面处达到最大，在上下板面处为零。这也与材料力学中梁弯曲时切应力沿梁高方向的分布规律相同。

将应力分量 σ_z 也用 w 表示，取体力分量 $f_z = 0$，则由平衡方程第三式得

$$\frac{\partial \sigma_z}{\partial z} = -\frac{\partial \tau_{xz}}{\partial x} - \frac{\partial \tau_{yz}}{\partial y} \tag{c}$$

如果体力分量 f_z 并不等于零，可以将薄板每单位面积内的体力和面力等效为薄板上面的面力，一并用 q 表示，以沿 z 轴的正向为正，即

$$q = (\bar{f}_z)_{z=-\frac{\delta}{2}} + (\bar{f}_z)_{z=\frac{\delta}{2}} + \int_{-\frac{\delta}{2}}^{\frac{\delta}{2}} f_z \mathrm{d}z \tag{d}$$

注意，$\tau_{xz} = \tau_{zx}$，$\tau_{yz} = \tau_{zy}$，将表达式（1-8）代入式（c），得

$$\frac{\partial \sigma_z}{\partial z} = \frac{E}{2(1-\mu^2)} \left(\frac{\delta^2}{4} - z^2 \right) \nabla^4 w$$

对 z 进行积分，得

$$\sigma_z = \frac{E}{2(1-\mu^2)} \left(\frac{\delta^2}{4}z - \frac{z^3}{3} \right) \nabla^4 w + F_3(x, y) \tag{e}$$

其中 F_3 是任意函数。但是，在薄板的下板面，有边界条件

$$(\sigma_z)_{z=\frac{\delta}{2}} = 0$$

将式（e）代入，求出 $F_3(x, y)$ 得

$$F_3(x, y) = -\frac{E\delta^3}{24(1-\mu^2)} \nabla^4 w$$

再将 $F_3(x, y)$ 回代式（e），即得表达式

$$\sigma_z = \frac{E}{2(1-\mu^2)} \left[\frac{\delta^2}{4} \left(z - \frac{\delta}{2} \right) - \frac{1}{3} \left(z^3 - \frac{\delta^3}{8} \right) \right] \nabla^4 w$$

$$= -\frac{E\delta^3}{6(1-\mu^2)} \left(\frac{1}{2} - \frac{z}{\delta} \right)^2 \left(1 + \frac{z}{\delta} \right) \nabla^4 w \tag{1-9}$$

可见，σ_z 沿板厚方向呈三次抛物线规律分布。

现在来导出求解 w 的微分方程。在薄板的上板面，有边界条件 $(\sigma_z)_{z=-\frac{\delta}{2}} = -q$，将 σ_z 代入得

$$\frac{E\delta^3}{12(1-\mu^2)} \nabla^4 w = q$$

或者

$$D \nabla^4 w = q \tag{1-10}$$

其中

$$D = \frac{E\delta^3}{12(1-\mu^2)} \tag{1-11}$$

称为薄板的弯曲刚度，量纲为 $\mathrm{L}^2 \mathrm{MT}^{-2}$。

方程（1-10）称为薄板的弹性曲面微分方程，它是薄板小挠度弯曲问题的基本微分方程。

从上面的推导可以看出，除了放弃与 ε_z, γ_{zx} 及 γ_{zy} 有关的物理方程外，已经考虑并完全满足了弹性力学空间问题的平衡微分方程、几何方程和物理方程，以及薄板上、下板面的应力边界条件，得到了求解挠度 w 的基本微分方程。这样，在求解薄板的小挠度弯

曲问题时，只需按照薄板侧面（板边）上的边界条件，由基本微分方程（1-10）求出挠度 w，然后就可以按式（1-7）~式（1-9）求得应力分量。

1.3 薄板横截面上的内力及应力

绝大多数情况下，应力分量在薄板侧面（板边）上都很难精确满足应力边界条件，而只能应用圣维南原理，使得薄板全厚度上的应力分量所组成的内力整体地满足边界条件。因此，讨论板边的边界条件之前，先考察这些应力分量所组成的内力。

从薄板内取出一个平行的六面体，它的三边长度分别为 dx、dy 和 δ，如图 1-2 所示。

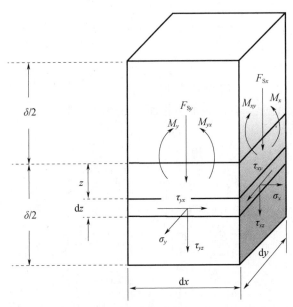

图 1-2 薄板体上的应力和内力分量

在 x 为常量的横截面上，作用着应力分量 σ_x、τ_{xy} 和 τ_{xz}。因为 σ_x 及 τ_{xy} 都和 z 成正比，且在中面上为零，所以它们在薄板全厚度上的主矢量均等于零，分别合成为弯矩和扭矩。

在该横截面的每单位宽度上，应力分量 σ_x 合成为弯矩

$$M_x = \int_{-\frac{\delta}{2}}^{\frac{\delta}{2}} z\sigma_x \mathrm{d}z \qquad\qquad (\text{a})$$

将式（1-7）中的第一式代入，对 z 进行积分，得

$$M_x = -\frac{E}{1-\mu^2}\left(\frac{\partial^2 w}{\partial x^2} + \mu\frac{\partial^2 w}{\partial y^2}\right)\int_{-\frac{\delta}{2}}^{\frac{\delta}{2}} z^2 \mathrm{d}z = -\frac{E\delta^3}{12(1-\mu^2)}\left(\frac{\partial^2 w}{\partial x^2} + \mu\frac{\partial^2 w}{\partial y^2}\right)$$

与此相似，应力分量 τ_{xy} 将合成为扭矩

$$M_{xy} = \int_{-\frac{\delta}{2}}^{\frac{\delta}{2}} z\tau_{xy} \mathrm{d}z \qquad\qquad (\text{b})$$

将（1-7）中的第三式代入，对 z 进行积分，得

$$M_{xy} = -\frac{E}{1+\mu}\frac{\partial^2 w}{\partial x\partial y}\int_{-\frac{\delta}{2}}^{\frac{\delta}{2}} z^2 \mathrm{d}z = -\frac{E\delta^3}{12(1+\mu)}\frac{\partial^2 w}{\partial x\partial y}$$

应力分量 τ_{xz} 只可能合成为横向剪力，在每单位宽度上为

$$F_{Sx} = \int_{-\frac{\delta}{2}}^{\frac{\delta}{2}} \tau_{xz}\mathrm{d}z \tag{c}$$

将式（1-8）中的第一式代入，对 z 进行积分，得

$$F_{Sx} = \frac{E}{2(1-\mu^2)}\frac{\partial}{\partial x}\nabla^2 w\int_{-\frac{\delta}{2}}^{\frac{\delta}{2}}\left(z^2 - \frac{\delta^2}{4}\right)\mathrm{d}z = -\frac{E\delta^3}{12(1-\mu^2)}\frac{\partial}{\partial x}\nabla^2 w$$

同样，在 y 为常量的横截面上，每单位宽度内的 σ_y、τ_{yx} 和 τ_{yz} 也分别合成为弯矩、扭矩和横向剪力

$$M_y = \int_{-\frac{\delta}{2}}^{\frac{\delta}{2}} z\sigma_y\mathrm{d}z = -\frac{E\delta^3}{12(1-\mu^2)}\left(\frac{\partial^2 w}{\partial y^2} + \mu\frac{\partial^2 w}{\partial x^2}\right) \tag{d}$$

$$M_{yx} = \int_{-\frac{\delta}{2}}^{\frac{\delta}{2}} z\tau_{yx}\mathrm{d}z = -\frac{E\delta^3}{12(1+\mu)}\frac{\partial^2 w}{\partial x\partial y} = M_{xy} \tag{e}$$

$$F_{Sy} = \int_{-\frac{\delta}{2}}^{\frac{\delta}{2}} \tau_{yz}\mathrm{d}z = -\frac{E\delta^3}{12(1-\mu^2)}\frac{\partial}{\partial y}\nabla^2 w \tag{f}$$

利用式（1-11），各内力的表达式可以简写为

$$\left.\begin{array}{l} M_x = -D\left(\dfrac{\partial^2 w}{\partial x^2} + \mu\dfrac{\partial^2 w}{\partial y^2}\right) \\[2mm] M_y = -D\left(\dfrac{\partial^2 w}{\partial y^2} + \mu\dfrac{\partial^2 w}{\partial x^2}\right) \\[2mm] M_{xy} = M_{yx} = -D(1-\mu)\dfrac{\partial^2 w}{\partial x\partial y} \\[2mm] F_{Sx} = -D\dfrac{\partial}{\partial x}\nabla^2 w, \quad F_{Sy} = -D\dfrac{\partial}{\partial y}\nabla^2 w \end{array}\right\} \tag{1-12}$$

其中前三式可以改写成

$$\left.\begin{array}{l} M_x = D(\chi_x + \mu\chi_y) \\[1mm] M_y = D(\chi_y + \mu\chi_x) \\[1mm] M_{xy} = M_{yx} = D(1-\mu)\chi_{xy} \end{array}\right\} \tag{1-13}$$

利用本节导出的公式以及式（1-10）和式（1-11），从式（1-7）、式（1-8）、式（1-9）中消去 w，可以得出各个应力分量与弯矩、扭矩、横向剪力或荷载之间的关系如下

$$\left.\begin{array}{l} \sigma_x = \dfrac{12M_x}{\delta^3}z, \quad \sigma_y = \dfrac{12M_y}{\delta^3}z \\[3mm] \tau_{xy} = \tau_{yx} = \dfrac{12M_{xy}}{\delta^3}z \\[3mm] \tau_{xz} = \dfrac{6F_{Sx}}{\delta^3}\left(\dfrac{\delta^2}{4} - z^2\right), \quad \tau_{yz} = \dfrac{6F_{Sy}}{\delta^3}\left(\dfrac{\delta^2}{4} - z^2\right) \\[3mm] \sigma_z = -2q\left(\dfrac{1}{2} - \dfrac{z}{\delta}\right)^2\left(1 + \dfrac{z}{\delta}\right) \end{array}\right\} \tag{1-14}$$

可见，式（1-14）中与薄板横截面内力有关的五个应力分量，其表达式与材料力学中梁的弯曲正应力和切应力的公式相似。

注意：以上所提到的内力，都是作用在薄板每单位宽度上的内力，所以弯矩和扭矩的量纲都是 LMT^{-2}，而不是 L^2MT^{-2}；横向剪力的量纲是 MT^{-2}，而不是 LMT^{-2}。

还须注意：内力 M_x、M_{xy}、F_{Sx}、M_y、M_{yx}、F_{Sy} 的正负号决定于表达式（a）至式（f），而不是另行规定。按照坐标 z 及应力分量的正负号规定，图1-2中所示的内力是正的，相反的内力则是负的。

正应力 σ_x 及 σ_y 分别与弯矩 M_x、M_y 成正比，称为弯应力；切应力 τ_{xy} 与扭矩 M_{xy} 成正比，称为扭应力；切应力 τ_{xz} 及 τ_{yz} 分别与横向剪力 F_{Sx} 及 F_{Sy} 成正比，称为横向切应力；正应力 σ_z 与荷载 q 成正比，称为挤压应力。

在薄板弯曲问题中，一定荷载引起的弯应力和扭应力最大，因而是主要的应力；横向切应力较小，是次要的应力；挤压应力更小，是最次要的应力。因此，在计算薄板的内力时，主要是计算弯矩和扭矩，横向剪力一般无须计算。根据这个理由，在一般的工程手册中，只给出弯矩和扭矩的计算公式和计算图表，而并不提横向剪力。又由于目前在钢筋混凝土建筑结构的设计中，大都按照两向的弯矩来配置两向的钢筋，而并不考虑扭矩的作用，因此，一般的工程手册中也就不给出扭矩的计算公式和计算图表了。

薄板的挠曲微分方程式（1-10）也可以根据"内力与荷载平衡"的条件导出。取薄板的任一微分块，它的中面尺寸为 dx 及 dy，如图1-3所示。为简单起见，图中只画出该微分块的中面，并将荷载及横截面的内力画在中面上。荷载及剪力用力矢表示；弯矩及扭矩，按照右手螺旋定则，用矩矢表示。

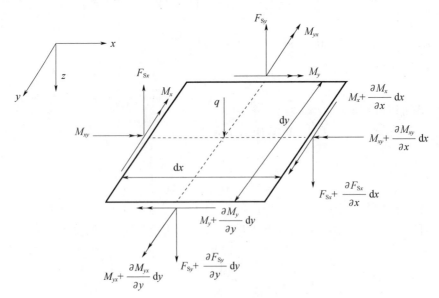

图1-3　薄板中面上的荷载及内力

对于图1-3所示的空间一般力系，x 方向和 y 方向力的平衡以及绕 z 轴的力矩的平衡已经满足。现在，以通过微分块中心而平行于 y 轴及 x 轴的直线为取矩轴，分别写出力矩的平衡方程，略去微量，简化得

$$F_{Sx} = \frac{\partial M_x}{\partial x} + \frac{\partial M_{yx}}{\partial y}, \quad F_{Sy} = \frac{\partial M_y}{\partial y} + \frac{\partial M_{xy}}{\partial x} \qquad (1\text{-}15)$$

同理，写出 z 方向的力的平衡方程

$$\sum F_z = 0: \quad \left(F_{Sx} + \frac{\partial F_{Sx}}{\partial x}dx\right)dy - F_{Sx}dy + \left(F_{Sy} + \frac{\partial F_{Sy}}{\partial y}dy\right)dx - F_{Sy}dx + qdxdy = 0$$

略去微量，简化得

$$\frac{\partial F_{Sx}}{\partial x} + \frac{\partial F_{Sy}}{\partial y} + q = 0 \qquad (g)$$

将式（1-15）代入，注意 $M_{xy} = M_{yx}$，即得用弯矩、扭矩及横向荷载表示的平衡微分方程

$$\frac{\partial^2 M_x}{\partial x^2} + 2\frac{\partial^2 M_{xy}}{\partial x \partial y} + \frac{\partial^2 M_y}{\partial y^2} + q = 0 \qquad (1\text{-}16)$$

将式（1-16）的弯矩及扭矩按照式（1-12）用 w 表示，则又一次得出弹性曲面的微分方程（1-10），即

$$D\nabla^4 w = q$$

这样推导比较简单，同时也能明确表示，弹性曲面微分方程是薄板在横向的平衡方程，即薄板每单位面积所受的弹性力（内力）与荷载（外力）成平衡。但是，由于这样推导时没有把横向剪力用 w 表示，所以得不出横向切应力与横向剪力之间的关系式。

1.4 边界条件 扭矩的等效剪力

在 1.2 节中已经指出，求解薄板的小挠度弯曲问题，首先要在板边的边界条件下由微分方程（1-10）求出挠度 w。

本节以图 1-4 所示的矩形薄板为例，说明板边几种常见的边界条件。假定矩形薄板 $OABC$ 的 OA 边是夹支边，OC 边是简支边，AB 边和 BC 边是自由边。

沿着夹支边 OA（$x=0$），薄板的挠度 w 等于零，弹性曲面在 x 方向的斜率 $\frac{\partial w}{\partial x}$（也就是绕 y 轴的转角）也等于零，所以边界条件是

$$(w)_{x=0} = 0, \quad \left(\frac{\partial w}{\partial x}\right)_{x=0} = 0 \qquad (1\text{-}17)$$

注意：因为前一个边界条件已经保证 $\frac{\partial w}{\partial y}$ 在该边界上等于零，所以 $\left(\frac{\partial w}{\partial y}\right)_{x=0} = 0$ 并不是一个独立的条件。

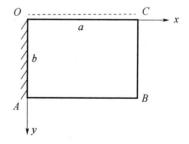

图 1-4 矩形薄板示意图

如果这个夹支边由于支座沉陷而发生挠度及转角，则上列二式的右边将不等于零而分别等于已知的挠度及转角（它们一般是 y 的函数）。

沿着简支边 OC（$y=0$），薄板的挠度 w 等于零，弯矩 M_y 也等于零，所以边界条件是

$$(w)_{y=0} = 0, \quad (M_y)_{y=0} = 0 \qquad (a)$$

利用式（1-12）中的第二式，条件（a）全部用 w 表示为

$$(w)_{y=0} = 0, \quad \left(\frac{\partial^2 w}{\partial y^2} + \mu \frac{\partial^2 w}{\partial x^2}\right)_{y=0} = 0 \qquad (b)$$

如果挠度 w 在整个边界上都等于零，则 $\frac{\partial^2 w}{\partial x^2}$ 也在整个边界上等于零，所以简支边 OC 上的边界条件（b）可以简写为

$$(w)_{y=0} = 0, \quad \left(\frac{\partial^2 w}{\partial y^2}\right)_{y=0} = 0 \qquad (1\text{-}18)$$

如果这个简支边由于支座沉陷而发生挠度，并且受有分布的力矩荷载（它们一般是 x 的函数），则边界条件（a）中二式的右边将不等于零，而分别等于已知挠度和已知力矩荷载。这样，式（b）及式（1-18）都将不适用，但仍然可以通过式（1-12）把边界条件用 w 表示。

沿着自由边，例如 AB 边（$y=b$），薄板的弯矩 M_y 和扭矩 M_{yx} 以及横向剪力 F_{Sy} 都等于零，因而有三个边界条件

$$(M_y)_{y=b} = 0, \quad (M_{yx})_{y=b} = 0, \quad (F_{Sy})_{y=b} = 0 \qquad (c)$$

但是，薄板的挠曲微分方程（1-10）是四阶的椭圆型偏微分方程，根据偏微分方程理论，在每个边界上，只需要两个边界条件。为此，基尔霍夫指出，薄板任一边界上的扭矩都可以变换为等效的横向剪力，和原来的横向剪力合并，因而式（c）的后二式的两个条件可以归并为一个条件，分析如下。

暂时假定 AB 边为任意边界（不一定是自由边），在其一段微小长度 $EF = \mathrm{d}x$ 上面，有扭矩 $M_{yx}\mathrm{d}x$ 作用着，如图 1-5（a）所示。将这个扭矩 $M_{yx}\mathrm{d}x$ 等效为两个力 M_{yx}，一个在 E 点，向下，另一个在 F 点，向上，如图 1-5（b）所示。根据圣维南原理，这样的等效变换，只会显著影响这一小段边界近处的应力，而其余各处的应力不会受到显著的影响。同样，在相邻的微小长度 $FG = \mathrm{d}x$ 上面，扭矩 $\left(M_{yx} + \frac{\partial M_{yx}}{\partial x}\mathrm{d}x\right)\mathrm{d}x$ 也可以变换为两个力 $M_{yx} + \frac{\partial M_{yx}}{\partial x}\mathrm{d}x$，一个在 F 点，向下，另一个在 G 点，向上。这样，在 F 点的两个力合成为向下的 $\frac{\partial M_{yx}}{\partial x}\mathrm{d}x$，从而边界 AB 上的分布扭矩就变换为等效的分布剪力 $\frac{\partial M_{yx}}{\partial x}$。因此，在边界 AB 上（$y=b$），总的分布剪力（也就等于分布反力）是

$$F_{Sy}^{t} = F_{Sy} + \frac{\partial M_{yx}}{\partial x}$$

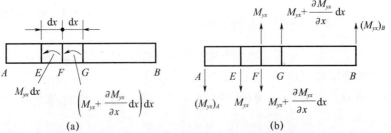

图 1-5 任意边界等效剪力示意图

此外，由图 1-5（b）可见，在 A 点和 B 点，还有未被抵消的集中剪力（也就是有集中反力）

$$F_{SAB} = (M_{yx})_A, \quad F_{SBA} = (M_{yx})_B \tag{d}$$

现在，如果 AB 是自由边，按照以上所述的变换，它的边界条件就可以改写为

$$(M_y)_{y=b} = 0 \quad (F_{Sy}^t)_{y=b} = \left[F_{Sy} + \frac{\partial M_{yx}}{\partial x} \right]_{y=b} = 0 \tag{e}$$

其中前一个条件仍然表示弯矩等于零，而后一个条件则表示总的分布剪力等于零，即分布反力等于零（但 F_{Sy} 和 M_{yz} 并不必分别等于零）。通过式（1-12），自由边 AB 的边界条件（e）可以改用 w 表示成为

$$\left(\frac{\partial^2 w}{\partial y^2} + \mu \frac{\partial^2 w}{\partial x^2} \right)_{y=b} = 0 \qquad \left[\frac{\partial^3 w}{\partial y^3} + (2-\mu) \frac{\partial^3 w}{\partial x^2 \partial y} \right]_{y=b} = 0 \tag{1-19}$$

如果在这个自由边上有分布的力矩荷载 M 和分布的横向荷载 F_v（它们一般是 x 的函数），则式（e）中两式的右边将不等于零，而分别等于 M 和 F_v。这时，边界条件式（1-19）不再适用。但仍可利用式（1-12）导出用 w 表示的边界条件。

同理，沿着边界 BC（$x=a$），扭矩 M_{xy} 也可以变换为等效的分布剪力 $\frac{\partial M_{xy}}{\partial y}$，而总的分布剪力为

$$F_{Sx}^t = F_{Sx} + \frac{\partial M_{xy}}{\partial y} \tag{1-20}$$

此外，在 C、B 两点还有集中剪力（即集中反力）

$$F_{SCB} = (M_{xy})_C, \quad F_{SBC} = (M_{xy})_B \tag{f}$$

因此，如果 BC 是自由边，则边界条件也可以变换为

$$(M_x)_{x=a} = 0 \quad (F_{Sx}^t)_{x=a} = \left(F_{Sx} + \frac{\partial M_{xy}}{\partial y} \right)_{x=a} = 0 \tag{g}$$

或再通过式（1-12）改用挠度 w 表示成为

$$\left(\frac{\partial^2 w}{\partial x^2} + \mu \frac{\partial^2 w}{\partial y^2} \right)_{x=a} = 0 \qquad \left[\frac{\partial^3 w}{\partial x^3} + (2-\mu) \frac{\partial^3 w}{\partial x \partial y^2} \right]_{x=a} = 0 \tag{1-21}$$

当然，如果在这个自由边上有分布的力矩荷载 M 和分布的横向荷载 F_v（它们一般是 y 的函数），则式（g）中两式的右边就不等于零，而分别等于 M 和 F_v。这时，边界条件式（1-21）需做相应的修改。

在两边相交的一点，例如图 1-4 中的 B 点，由式（d）中的第二式及式（f）中的第二式可见，总的集中反力为

$$F_{SB} = F_{SBA} + F_{SBC} = (M_{yx})_B + (M_{xy})_B = 2(M_{xy})_B \tag{h}$$

或通过式（1-12）的第三式改写为

$$F_{SB} = -2D(1-\mu) \left(\frac{\partial^2 w}{\partial x \partial y} \right)_B \tag{1-22}$$

注意：由式（d）、式（f）及式（h）可见，集中剪力或集中反力的正负号决定于角点处的扭矩的正负号，而不能另行规定。据此 F_{SA} 及 F_{SC} 以及沿 z 轴的正向时为正，而 F_{SO} 及 F_{SB} 以沿 z 轴的负向时为正。

现在，假定 B 点是自由边 AB 和自由边 BC 的交点，而在 B 点处也没有支柱对薄板

施以上述集中反力，则 B 点还应有角点条件 $F_{SB}=0$，即

$$\left(\frac{\partial^2 w}{\partial x \partial y}\right)_B = \left(\frac{\partial^2 w}{\partial x \partial y}\right)_{x=a,y=b} = 0 \tag{1-23}$$

读者试证：如果在 B 处有集中荷载 F，沿着 z 轴的正向，则在该角点有角点条件：

$$\left(\frac{\partial^2 w}{\partial x \partial y}\right)_B = \left(\frac{\partial^2 w}{\partial x \partial y}\right)_{x=a,y=b} = \frac{F}{2D(1-\mu)}$$

假定 B 点是自由边 AB、BC 交点，但在 B 点处有支柱承受反力，则在 B 点的角点条件为

$$(w)_B = (w)_{x=a,y=b} = 0 \quad （无沉陷） \tag{1-24}$$

或者为
$$(w)_B = (w)_{x=a,y=b} = \zeta \quad （有沉陷）$$

式中，ζ 为支柱上端的沉陷。在这种情况下，解出 $W(x,y)$ 后，支柱反力可以由式（1-22）求得。

绝大多数的板边，是支承在梁上而且与梁刚连，成为薄板的所谓弹性支承边。显然，如果梁的弯曲刚度和扭转刚度都很大，则板边可以当作固定边；如果两者都很小，则板边可以当作自由边；如果梁的弯曲刚度很大而扭转刚度很小，则板边可以当作简支边。

在有些情况下，梁的扭转刚度很小，但弯曲刚度既不很大也不很小。这时，板的边界条件之一是弯矩等于零，而第二个边界条件是：板边的分布剪力等于梁所受的分布荷载。例如，设图 1-4 中 $x=0$ 的边界是这样一种边界，则上述第二个边界条件是

$$(F_{Sx}^t)_{x=0} = p \tag{i}$$

式中，p 为梁所受的分布荷载，以沿 z 轴的正向为正。

由于板边与梁刚连，梁的挠度就等于薄板的挠度 w，按照材料力学关于梁的理论，有

$$EI\left(\frac{\partial^4 w}{\partial y^4}\right)_{x=0} = p \tag{j}$$

其中 EI 为梁的弯曲刚度，利用式（i）及式（j）可得

$$\left(-F_{Sx}^t + EI\frac{\partial^4 w}{\partial y^4}\right)_{x=0} = 0$$

将式（1-20）代入，再将 F_{Sx} 及 M_{xy} 用 w 表示，即得边界条件

$$\left[\frac{\partial^3 w}{\partial x^3} + (2-\mu)\frac{\partial^3 w}{\partial x \partial y^2} + \frac{EI}{D}\frac{\partial^4 w}{\partial y^4}\right]_{x=0} = 0$$

同理，设图 1-4 中 $x=a$ 的边界也是这样一个边界，则得出边界条件

$$\left[\frac{\partial^3 w}{\partial x^3} + (2-\mu)\frac{\partial^3 w}{\partial x \partial y^2} - \frac{EI}{D}\frac{\partial^4 w}{\partial y^4}\right]_{x=a} = 0$$

1.5 简单例题

例 1-1 设有一边界固定的椭圆形薄板受均布的荷载 q_0，如图 1-6 所示。其边界方程为

$$\frac{x^2}{a^2} + \frac{y^2}{b^2} - 1 = 0 \tag{a}$$

试取挠度表达式为

$$w = m\left(\frac{x^2}{a^2} + \frac{y^2}{b^2} - 1\right)^2 \tag{b}$$

式中，m 为任意常数。

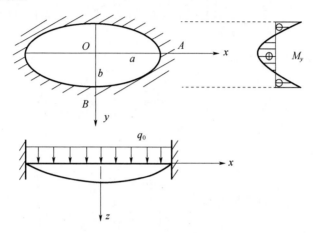

图 1-6　受均布荷载作用的周边固定的椭圆形薄板

由式（a）和式（b）可见，在薄板的边界上有 $w = 0$，同时，在板边又有

$$\frac{\partial w}{\partial x} = \frac{4mx}{a^2}\left(\frac{x^2}{a^2} + \frac{y^2}{b^2} - 1\right) = 0$$

$$\frac{\partial w}{\partial y} = \frac{4my}{b^2}\left(\frac{x^2}{a^2} + \frac{y^2}{b^2} - 1\right) = 0$$

这样，w 对椭圆板边界法线方向的导数在板边的值为

$$\frac{\partial w}{\partial n} = \frac{\partial w}{\partial x}\frac{\partial x}{\partial n} + \frac{\partial w}{\partial y}\frac{\partial y}{\partial n} = 0$$

因此，式（b）给出的挠度能满足问题的全部边界问题。

将式（b）代入弹性曲线的微分方程（1-10），得

$$D\left(\frac{24m}{a^4} + \frac{16m}{a^2 b^2} + \frac{24m}{b^4}\right) = q_0 \tag{c}$$

由（c）求 m 得

$$m = \frac{q_0}{8D\left(\dfrac{3}{a^4} + \dfrac{2}{a^2 b^2} + \dfrac{3}{b^4}\right)}$$

再将 m 代入式（b），得

$$w = \frac{q_0\left(\dfrac{x^2}{a^2} + \dfrac{y^2}{b^2} - 1\right)^2}{8D\left(\dfrac{3}{a^4} + \dfrac{2}{a^2 b^2} + \dfrac{3}{b^4}\right)} \tag{d}$$

这就是固定边椭圆薄板受均布荷载 q_0 作用下的挠度表达式，它已经满足了基本的微分方程和边界条件，因而是正确答案。

有了挠度表达式（d），就可以按照式（1-12）求得内力。例如，按照式（1-12）

中的前两式，由式（d）得到弯矩

$$M_x = -D\left(\frac{\partial^2 w}{\partial x^2} + \mu \frac{\partial^2 w}{\partial y^2}\right)$$

$$= -\frac{q_0}{2\left(\frac{3}{a^4} + \frac{2}{a^2 b^2} + \frac{3}{b^4}\right)}\left[\left(\frac{3x^2}{a^4} + \frac{y^2}{a^2 b^2} - \frac{1}{a^2}\right) + \mu\left(\frac{3y^2}{b^4} + \frac{x^2}{a^2 b^2} - \frac{1}{b^2}\right)\right] \quad (e)$$

$$M_y = -D\left(\frac{\partial^2 w}{\partial y^2} + \mu \frac{\partial^2 w}{\partial x^2}\right)$$

$$= -\frac{q_0}{2\left(\frac{3}{a^4} + \frac{2}{a^2 b^2} + \frac{3}{b^4}\right)}\left[\left(\frac{3y^2}{b^4} + \frac{x^2}{a^2 b^2} - \frac{1}{b^2}\right) + \mu\left(\frac{3x^2}{a^4} + \frac{y^2}{a^2 b^2} - \frac{1}{a^2}\right)\right] \quad (f)$$

在板的中心点 O，得到

$$(M_x)_{x=0, y=0} = \frac{q_0 a^2 \left(1 + \mu \frac{a^2}{b^2}\right)}{2\left(3 + 2\frac{a^2}{b^2} + 3\frac{a^4}{b^4}\right)} \quad (g)$$

$$(M_y)_{x=0, y=0} = \frac{q_0 b^2 \left(1 + \mu \frac{b^2}{a^2}\right)}{2\left(3 + 2\frac{b^2}{a^2} + 3\frac{b^4}{a^4}\right)} \quad (h)$$

在椭圆板长轴的端点 A，得到

$$(M_x)_{x=a, y=0} = -\frac{q_0 a^2}{\left(3 + 2\frac{a^2}{b^2} + 3\frac{a^4}{b^4}\right)} \quad (i)$$

在椭圆板长轴的端点 B，得到

$$(M_y)_{x=0, y=b} = -\frac{q_0 b^2}{\left(3 + 2\frac{b^2}{a^2} + 3\frac{b^4}{a^4}\right)} \quad (j)$$

假定 a 大于 b，则式（h）及式（j）所示的弯矩就是薄板中最大及最小的弯矩，而 M_y 沿 y 轴的变化大致如图1-6所示。

命 a 趋于无限大，则椭圆形薄板成为跨度为 $2b$ 的平面应变情况下的固端梁。在式（f）中命 a 趋于无限大，则得这一固端梁的弯矩表达式

$$M_y = -\frac{q_0 b^2}{6}\left(\frac{3y^2}{b^2} - 1\right)$$

在梁的中央及两端，弯矩分别为

$$\begin{cases} (M_y)_{y=0} = \frac{q_0 b^2}{6} = \frac{q_0 (2b)^2}{24} \\ (M_y)_{y=\pm b} = -\frac{q_0 b^2}{3} = -\frac{q_0 (2b)^2}{12} \end{cases}$$

和材料力学中的解答相同。

读者试证，在圆形薄板中（$b = a$），弯矩、扭矩及横向剪力的最大绝对值分别为

$$\frac{q_0 a^4}{8}, \quad \frac{(1-\mu)q_0 a^2}{16}, \quad \frac{q_0 a}{2}$$

而应力分量的最大绝对值为

$$\left| (\sigma_x)_{\max} \right| = \left| (\sigma_y)_{\max} \right| = \frac{3}{4} q_0 \frac{a^2}{\delta^2}$$

$$\left| (\tau_{xy})_{\max} \right| = \left| (\tau_{xy})_{\max} \right| = \frac{3}{8} (1-\mu) q_0 \frac{a^2}{\delta^2}$$

$$\left| (\tau_{xz})_{\max} \right| = \left| (\tau_{yz})_{\max} \right| = \frac{3}{4} q_0 \frac{a}{\delta}$$

$$\left| (\sigma_z)_{\max} \right| = q_0$$

例 1-2 设有一四边简支矩形薄板，如图 1-7 所示，其角点 B 由于支承构件的沉陷而发生挠度 $w_B = \zeta$。不计支承构件的弯曲变形，则 BC 边和 AB 边保持为直线，而它们的挠度将为

$$\left. \begin{array}{l} BC: (w)_{x=a} = \dfrac{\zeta}{b} y \\[2mm] AB: (w)_{y=b} = \dfrac{\zeta}{a} x \end{array} \right\} \qquad (\text{k})$$

这也是薄板挠度在 BC 边和 AB 边的边界条件，在这两个边，还有薄板弯矩的边界条件

$$(M_x)_{x=a} = 0, \quad (M_y)_{y=b} = 0 \qquad (\text{l})$$

在 OA 边及 OC 边，边界条件为

$$\left. \begin{array}{l} OA: (w)_{x=0} = 0, \ (M_x)_{x=0} = 0 \\[2mm] OB: (w)_{y=0} = 0, \ (M_y)_{y=0} = 0 \end{array} \right\} \qquad (\text{m})$$

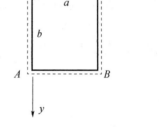

图 1-7　四边简支的矩形薄板

取薄板挠度的表达式为

$$w = \frac{\zeta}{ab} xy \qquad (\text{n})$$

则有

$$\left. \begin{array}{l} M_x = -D\left(\dfrac{\partial^2 w}{\partial x^2} + \mu \dfrac{\partial^2 w}{\partial y^2} \right) = 0 \\[4mm] M_y = -D\left(\dfrac{\partial^2 w}{\partial y^2} + \mu \dfrac{\partial^2 w}{\partial x^2} \right) = 0 \\[4mm] M_{xy} = M_{yx} = -D(1-\mu) \dfrac{\partial^2 w}{\partial x \partial y} = -\dfrac{D(1-\mu)\zeta}{ab} \\[4mm] F_{Sx} = -D \dfrac{\partial}{\partial x} \nabla^2 w = 0 \\[4mm] F_{Sy} = -D \dfrac{\partial}{\partial y} \nabla^2 w = 0 \\[4mm] F_{Sx}^{t} = F_{Sx} + \dfrac{\partial M_{xy}}{\partial y} = 0 \\[4mm] F_{Sy}^{t} = F_{Sy} + \dfrac{\partial M_{yx}}{\partial x} = 0 \end{array} \right\} \qquad (\text{o})$$

可见，边界条件（k）、（l）、（m）都能满足。此外，因为这里有 $q=0$（薄板不受荷载），而且 $\nabla^4 w = 0$，所以薄板弹性曲面的微分方程（1-10）能满足。于是可见，式（n）的挠度就是正确解答，式（o）所示的内力就是实际内力。

注意，虽然分布反力 F'_{Sx} 及 F'_{Sy} 都等于零，但集中反力存在。按照式（1-22），得到

$$F_{SB} = -2D(1-\mu)\left(\frac{\partial^2 w}{\partial x \partial y}\right)_B = -\frac{2D(1-\mu)\zeta}{ab}$$

可见，薄板在 B 点受有与 ζ 方向相同的反力 $\dfrac{2D(1-\mu)\zeta}{ab}$。同样可见，薄板还在 O 点受有相同大小的与 ζ 同向的反力，并在 A 点及 C 点还受有同样大小的与 ζ 反向的反力。

1.6 四边简支矩形薄板的纳维解

纳维叶在 1820 年首次采用双级数法求解了四边简支矩形薄板的小挠度弯曲问题，该解可以叠加，但只能处理四边简支问题，且级数收敛慢。

如图 1-7 所示四边简支的矩形薄板，受任意分布的荷载 $q(x,y)$ 的作用，当支座无沉陷时，其边界条件为

$$(w)_{x=0} = 0, \quad \left(\frac{\partial^2 w}{\partial x^2}\right)_{x=0} = 0 \qquad (w)_{x=a} = 0, \quad \left(\frac{\partial^2 w}{\partial x^2}\right)_{x=a} = 0$$

$$(w)_{y=0} = 0, \quad \left(\frac{\partial^2 w}{\partial y^2}\right)_{y=0} = 0 \qquad (w)_{y=b} = 0, \quad \left(\frac{\partial^2 w}{\partial y^2}\right)_{y=b} = 0$$

纳维把挠度 w 取为如下的重三角级数：

$$W = \sum_{m=1}^{\infty} \sum_{n=1}^{\infty} A_{mn} = \sin\frac{m\pi x}{a}\sin\frac{n\pi y}{b} \tag{a}$$

其中 m 和 n 都是任意正整数。显然，上述边界条件都能满足。将式（a）代入弹性曲面微分方程（1-10），得到

$$\pi^4 D \sum_{m=1}^{\infty} \sum_{n=1}^{\infty} \left(\frac{m^2}{a^2} + \frac{n^2}{b^2}\right)^2 A_{mn} \sin\frac{m\pi x}{a}\sin\frac{n\pi y}{b} = q(x,y) \tag{b}$$

为了求出系数 A_{mn}，可将式（b）右边的 $q(x,y)$ 展为与左边同样的重三角级数，即

$$q(x,y) = \sum_{m=1}^{\infty} \sum_{n=1}^{\infty} C_{mn} \sin\frac{m\pi x}{a}\sin\frac{n\pi y}{b} \tag{c}$$

现在来求出式（c）中的系数 C_{mn}。将式（c）的左右两边都乘以 $\sin\dfrac{i\pi x}{a}$，其中的 i 为任意正整数，然后对 x 从 0 到 a 积分，注意

$$\int_0^a \sin\frac{m\pi x}{a}\sin\frac{i\pi x}{a}\mathrm{d}x = \begin{cases} 0 & (m \neq i) \\ \dfrac{a}{2} & (m = i) \end{cases}$$

就得到

$$\int_0^a q(x,y)\sin\frac{i\pi x}{a}\mathrm{d}x = \frac{a}{2}\sum_{n=1}^{\infty} C_{in}\sin\frac{n\pi y}{b}$$

再将此式的左右两边都乘以 $\sin\dfrac{j\pi x}{a}$，其中的 j 也是正整数，然后对 y 从 0 到 b 积分，注意

$$\int_0^b \sin\frac{n\pi y}{b}\sin\frac{j\pi y}{b}dx = \begin{cases} 0 & (n \neq j) \\ \dfrac{b}{2} & (n = j) \end{cases}$$

就得到

$$\int_0^a \int_0^b q(x,y)\sin\frac{i\pi x}{a}\sin\frac{j\pi y}{b}dxdy = \frac{ab}{4}C_{ij}$$

因为 i 和 j 是任意正整数，可以分别换写为 m 和 n，所以上式可以改写为

$$\int_0^a \int_0^b q(x,y)\sin\frac{m\pi x}{a}\sin\frac{n\pi y}{b}dxdy = \frac{ab}{4}C_{mn}$$

解出 C_{mn}，代入式（c），得到 $q(x,y)$ 的展式

$$q(x,y) = \frac{4}{ab}\sum_{m=1}^{\infty}\sum_{n=1}^{\infty}\left[\int_0^a\int_0^b q(x,y)\sin\frac{m\pi x}{a}\sin\frac{n\pi y}{b}dxdy\right]\times\sin\frac{m\pi x}{a}\sin\frac{n\pi y}{b} \quad (1\text{-}25)$$

与式（b）对比，即得

$$A_{mn} = \frac{4\displaystyle\int_0^a\int_0^b q(x,y)\sin\dfrac{m\pi x}{a}\sin\dfrac{n\pi y}{b}dxdy}{\pi^4 ab\left(\dfrac{m^2}{a^2}+\dfrac{n^2}{b^2}\right)^2} \quad (d)$$

将 A_{mn} 代入式（a），便得挠度的表达式为

$$w = \sum_{m=1}^{\infty}\sum_{n=1}^{\infty}\frac{4\displaystyle\int_0^a\int_0^b q(x,y)\sin\dfrac{m\pi x}{a}\sin\dfrac{n\pi y}{b}dxdy}{\pi^4 ab\left(\dfrac{m^2}{a^2}+\dfrac{n^2}{b^2}\right)^2}\sin\frac{m\pi x}{a}\sin\frac{n\pi y}{b} \quad (1\text{-}26)$$

式（1-26）称为纳维解，由此，还可以由式（1-12）求出内力。

下面我们介绍当薄板受到不同的荷载时此公式的应用。当薄板受到均布荷载时，$q(x,y)$ 成为常量 q_0，式（d）中的积分式成为

$$\int_0^a\int_0^b q_0\sin\frac{m\pi x}{a}\sin\frac{n\pi y}{b}dxdy = q_0\int_0^a\int_0^b\sin\frac{m\pi x}{a}\sin\frac{n\pi y}{b}dxdy$$

$$= \frac{q_0 ab}{\pi^2 mn}(1-\cos m\pi)(1-\cos n\pi)$$

于是，由式（d）得到

$$A_{mn} = \frac{4q_0(1-\cos m\pi)(1-\cos n\pi)}{\pi^6 Dmn\left(\dfrac{m^2}{a^2}+\dfrac{n^2}{b^2}\right)^2}$$

或

$$A_{mn} = \frac{16q_0}{\pi^6 Dmn\left(\dfrac{m^2}{a^2}+\dfrac{n^2}{b^2}\right)^2} \quad (m = 1,\ 3,\ 5,\ \cdots;\ n = 1,\ 3,\ 5,\ \cdots)$$

代入式（a），即得挠度的表达式

$$w = \frac{16q_0}{\pi^6 D} \sum_{m=1,3,5,\cdots}^{\infty} \sum_{n=1,3,5,\cdots}^{\infty} \frac{\sin\dfrac{m\pi x}{a}\sin\dfrac{n\pi y}{b}}{mn\left(\dfrac{m^2}{a^2}+\dfrac{n^2}{b^2}\right)^2}$$

由此可以用式（1-12）求得内力。

当薄板在任意一点（ξ,η）受集中荷载 F 时，可以用微分面积 $dxdy$ 上的均布荷载 $\dfrac{F}{dxdy}$ 来代替分布荷载 $q(x,y)$。于是，式（d）中的 $q(x,y)$ 除了在 (ξ,η) 处的微分面积上等于 $\dfrac{F}{dxdy}$ 以外，在其余各处都等于零。因此，式（d）成为

$$A_{mn} = \frac{4}{\pi^4 abD\left(\dfrac{m^2}{a^2}+\dfrac{n^2}{b^2}\right)^2}\frac{F}{dxdy}\sin\frac{m\pi x}{a}\sin\frac{n\pi y}{b}$$

$$= \frac{4F}{\pi^4 abD\left(\dfrac{m^2}{a^2}+\dfrac{n^2}{b^2}\right)^2}\sin\frac{m\pi\xi}{a}\sin\frac{n\pi\eta}{b}$$

代入式（a），即得挠度的表达式

$$w = \frac{4F}{\pi^4 abD}\sum_{m=1}^{\infty}\sum_{n=1}^{\infty}\frac{\sin\dfrac{m\pi\xi}{a}\sin\dfrac{n\pi\eta}{b}}{\left(\dfrac{m^2}{a^2}+\dfrac{n^2}{b^2}\right)^2}\sin\frac{m\pi x}{a}\sin\frac{n\pi y}{b} \qquad (\text{e})$$

由此可以用式（1-12）求得内力。

值得指出：当 x 及 y 分别等于 ξ 及 η 时，各个内力的级数表达式都不收敛（这是可以预见的，因为在集中荷载的作用处，应力是无限大的，从而内力也是无限大的），但挠度的级数表达式（e）仍然收敛于有限大的确定值。

显然，如果在式（e）中命 x 和 y 等于常量而把 ξ 及 η 当作变量，并取 $F=1$，则该式将成为 (x,y) 点的挠度的影响函数，它表明单位横向荷载在薄板上移动时，该点的挠度变化规律。同样，在由式（e）对 x 及 y 求导而得到的内力表达式中，命 x 和 y 等于常量并取 $F=1$，则该表达式将成为在 (x,y) 点的内力的影响函数。

本节所述的解法，它的优点是：无论荷载如何，级数的运算比较简单。它的缺点是只适用于四边简支的矩形薄板，而且简支边不能受力矩荷载，也不能有沉陷引起的挠度。它的另一个缺点是级数解答收敛很慢，在计算内力时，有时要计算很多项，才能达到工程所需的精度。

1.7 矩形薄板的莱维解

双级数有时候收敛很慢，特别是在求应力时。在实际中对于对边简支板（包括四边简支）可用单级数求解。

对于有一个对边简支而另一对边为任意支承的矩形薄板，莱维提出了如下的解法。

如图 1-8 所示，矩形薄板具有两个简支边 $x=0$ 及 $x=a$，其余两边 $y=\pm\dfrac{b}{2}$ 是任意

边，承受任意横向荷载 q (x, y)。

莱维把挠度 w 的表达式取为如下的单三角级数：

$$w = \sum_{m=1}^{\infty} Y_m \sin \frac{m\pi x}{a} \qquad (a)$$

其中 Y_m 是 y 的任意函数，而 m 为任意正整数。看出级数（a）能满足 $x = 0$ 及 $x = a$ 的边界条件。因此，只需选择函数 Y_m，使式（a）能满足弹性曲面的微分方程，即

$$\nabla^4 w = \frac{q(x, y)}{D} \qquad (b)$$

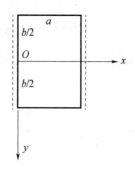

图1-8　对边简支对边自由矩形板

并在 $y = \pm \dfrac{b}{2}$ 的两边上满足边界条件。

将式（a）代入式（b），得

$$\sum_{m=1}^{\infty} \left[\frac{d^4 Y_m}{dy^4} - 2 \left(\frac{m\pi}{a} \right)^2 \frac{d^2 Y_m}{dy^2} + \left(\frac{m\pi}{a} \right)^4 Y_m \right] \sin \frac{m\pi x}{a} = \frac{q(x, y)}{D} \qquad (c)$$

现在，将式（c）右边的 $\dfrac{q(x, y)}{D}$ 展成 $\sin \dfrac{m\pi x}{a}$ 得级数，按照傅里叶级数展开的法则，有

$$\frac{q(x, y)}{D} = \frac{2}{a} \sum_{m=1}^{\infty} \left[\int_0^a \frac{q(x, y)}{D} \sin \frac{m\pi x}{a} dx \right] \sin \frac{m\pi x}{a}$$

与式（c）对比可得

$$\frac{d^4 Y_m}{dy^4} - 2 \left(\frac{m\pi}{a} \right)^2 \frac{d^2 Y_m}{dy^2} + \left(\frac{m\pi}{a} \right)^4 Y_m = \frac{2}{aD} \int_0^a q(x, y) \sin \frac{m\pi x}{a} dx \qquad (d)$$

这一常微分方程的解答可以写成

$$Y_m = A_m \cosh \frac{m\pi y}{a} + B_m \frac{m\pi y}{a} \sinh \frac{m\pi y}{a} + C_m \sinh \frac{m\pi y}{a} + D_m \frac{m\pi y}{a} \cosh \frac{m\pi y}{a} + f_m(y) \qquad (e)$$

式中，$f_m(y)$ 为任意一个特解，可以按照式（d）右边积分以后的结果来选择；A_m、B_m、C_m、D_m 为任意常数，由 $y = \pm \dfrac{b}{2}$ 的边界条件决定。将式（e）代入式（a），即得挠度 w 的表达式

$$w = \sum_{m=1}^{\infty} \left[A_m \cosh \frac{m\pi y}{a} + B_m \frac{m\pi y}{a} \sinh \frac{m\pi y}{a} + C_m \sinh \frac{m\pi y}{a} + \right.$$
$$\left. D_m \frac{m\pi y}{a} \cosh \frac{m\pi y}{a} + f_m(y) \right] \sin \frac{m\pi x}{a} \qquad (1\text{-}27)$$

式（1-27）称为莱维解。

作为例题，设图1-8中的矩形薄板是四边简支的，受有均布荷载 q_0。这时，微分方程（d）的右边成

$$\frac{2q_0}{aD} \int_0^a \sin \frac{m\pi x}{a} dx = \frac{2q_0}{\pi D m} (1 - \cos m\pi)$$

于是微分方程（d）的特解可以取为

$$f_m(y) = \left(\frac{a}{m\pi}\right)^4 \frac{2q_0}{\pi Dm}(1-\cos m\pi) = \frac{2q_0 a^4}{\pi^5 Dm^5}(1-\cos m\pi)$$

代入式（1-17），并注意薄板的挠度 w 应当是 y 的偶函数，因而有 $C_m = 0$，$D_m = 0$，即得

$$w = \sum_{m=1}^{\infty}\left[A_m\cosh\frac{m\pi y}{a} + B_m\frac{m\pi y}{a}\sinh\frac{m\pi y}{a} + \frac{2q_0 a^4}{\pi^5 Dm^5}(1-\cos m\pi)\right]\sin\frac{m\pi x}{a} \qquad (f)$$

应用边界条件

$$(w)_{y=\pm\frac{b}{2}} = 0, \quad \left(\frac{\partial^2 w}{\partial y^2}\right)_{y=\pm\frac{b}{2}} = 0$$

由式（f）得出决定 A_m 及 B_m 的联立方程

$$\left.\begin{array}{l}\cosh\alpha_m A_m + \alpha_m\sinh\alpha_m B_m + \dfrac{4q_0 a^4}{\pi^5 Dm^5} = 0 \\ \cosh\alpha_m(A_m + 2B_m) + \alpha_m\sinh\alpha_m B_m = 0\end{array}\right\} \quad (m=1,3,5,\cdots)$$

以及

$$\left.\begin{array}{l}\cosh\alpha_m A_m + \alpha_m\sinh\alpha_m B_m = 0 \\ \cosh\alpha_m(A_m + 2B_m) + \alpha_m\sinh\alpha_m B_m = 0\end{array}\right\} \quad (m=2,4,6,\cdots)$$

其中 $\alpha_m = \dfrac{m\pi b}{2a}$。求得 A_m 及 B_m

$$A_m = -\frac{2(2+\alpha_m\tanh\alpha_m)q_0 a^4}{\pi^5 Dm^5\cosh\alpha_m}, \quad B_m = \frac{2q_0 a^4}{\pi^5 Dm^5\cosh\alpha_m} \quad (m=1,3,5,\cdots)$$

以及

$$A_m = 0, \quad B_m = 0 \quad (m=2,4,6,\cdots)$$

将得出的系数代入式（f）得挠度 w 的最后表达式

$$w = \frac{4q_0 a^4}{\pi^5 D}\sum_{m=1,3,5,\cdots}^{\infty}\left(\frac{1}{m^5}\right)\left(1 - \frac{2+\alpha_m\tanh\alpha_m}{2\cosh\alpha_m}\cosh\frac{2\alpha_m y}{b} + \right.$$
$$\left. \frac{\alpha_m}{2\cosh\alpha_m}\frac{2y}{b}\sinh\frac{2\alpha_m y}{b}\right)\sin\frac{m\pi x}{a} \qquad (g)$$

从而求得内力的表达式。

最大挠度发生在薄板的中心。将 $x = \dfrac{a}{2}$ 及 $y = 0$ 代入式（g），即得

$$w_{\max} = \frac{4q_0 a^4}{\pi^5 D}\sum_{m=1,3,5,\cdots}^{\infty}\frac{(-1)^{\frac{m-1}{2}}}{m^5}\left(1 - \frac{2+\alpha_m\tanh\alpha_m}{2\cosh\alpha_m}\right)$$

这个表达式中的级数收敛得很快。例如，对于正方形薄板，$b = a$，$\alpha_m = \dfrac{m\pi}{2}$，得出

$$w_{\max} = \frac{4q_0 a^4}{\pi^5 D}(0.314 - 0.004 + \cdots) = 0.00406\frac{q_0 a^4}{D}$$

在级数中仅取两项，就得到很精确的结果。但是，在其他各点的挠度表达式中，级数收敛就没有这样快，在内力的表达式中，级数收敛得还要慢一些。

矩形薄板的莱维解与纳维解相比，虽然求解过程要稍微烦琐一些，但莱维解的

适用范围要更广泛，板的边界约束不限于四边简支，并且解得收敛性也比纳维解好。

应用本节所述的莱维解法，可以求得四边简支的矩形薄板在受到各种横向荷载时的解答，以及它在某一边界上受分布弯矩或发生沉陷时的解答。

对于在各种边界条件下承受各种横向荷载的矩形薄板，很多专著和手册中给出了关于挠度和弯矩的表格或图线，可供工程设计之用。为了节省篇幅，对于只具有简支边和固定边而不具有自由边的矩形薄板，在弯矩的表格或图线中大都只给出泊松比等于某一指定数值时的弯矩。但是，我们极易由此求得泊松比等于任一其他数值时的弯矩，说明如下。

薄板的弹性曲面微分方程可以写成

$$\nabla^4(Dw) = q$$

固定边及简支边的边界条件不外乎如下的形式

$$(Dw)_{x=x_1} = 0, \quad \left(\frac{\partial}{\partial x}Dw\right)_{x=x_1} = 0, \quad \left(\frac{\partial^2}{\partial x^2}Dw\right)_{x=x_1} = 0$$

$$(Dw)_{y=y_1} = 0, \quad \left(\frac{\partial}{\partial y}Dw\right)_{y=y_1} = 0, \quad \left(\frac{\partial^2}{\partial y^2}Dw\right)_{y=y_1} = 0$$

把 Dw 看作基本未知函数，则显然可见，Dw 的微分方程及边界条件中都不包含泊松比，因而 Dw 的解答不会包含泊松比，于是 $\frac{\partial^2}{\partial x^2}Dw$ 及 $\frac{\partial^2}{\partial y^2}Dw$ 都不随泊松比而变。

现在，根据式（1-12），当泊松比为 μ 时，弯矩为

$$M_x = -\frac{\partial^2}{\partial x^2}Dw - \mu\frac{\partial^2}{\partial y^2}Dw, \quad M_y = -\frac{\partial^2}{\partial y^2}Dw - \mu\frac{\partial^2}{\partial x^2}Dw \tag{h}$$

当泊松比为 μ' 时，弯矩为

$$M_x' = -\frac{\partial^2}{\partial x^2}Dw - \mu'\frac{\partial^2}{\partial y^2}Dw, \quad M_y' = -\frac{\partial^2}{\partial y^2}Dw - \mu'\frac{\partial^2}{\partial x^2}Dw \tag{i}$$

由式（h）解出 $\frac{\partial^2}{\partial x^2}Dw$ 及 $\frac{\partial^2}{\partial y^2}Dw$，然后代入式（i），得到关系式

$$\left.\begin{array}{l} M_x' = \dfrac{1}{1-\mu^2}[(1-\mu\mu')M_x + (\mu'-\mu)M_y] \\[2mm] M_y' = \dfrac{1}{1-\mu^2}[(1-\mu\mu')M_y + (\mu'-\mu)M_x] \end{array}\right\} \tag{j}$$

于是可见，如果已知泊松比为 μ 时的弯矩 M_x 及 M_y，就很容易求得泊松比为 μ' 时的弯矩 M_x' 及 M_y'。在 $\mu=0$ 的情况下（表格或图线所示的 M_x 及 M_y 是取 $\mu=0$ 而算出的），式（j）简化为

$$M_x' = M_x + \mu'M_y, \quad M_y' = M_y + \mu'M_x \tag{k}$$

注意，如果薄板具有自由边，则由于自由边的边界条件方程中包含着泊松比，Dw 的解答将随泊松比而变。于是，式（h）中的 Dw 与式（i）中的 Dw 一般并不相同，因而就得不出关系式（j）及式（k）。

1.8　矩形板的一般解法

当边界不是对边简支或简支边有沉降或受有弯矩作用，也就是其他边界情况下的矩形板弯曲问题，如何求解？目前，有好多方法求其解析解，如叠加法。现介绍严宗达提出的矩形板的解析通解：

$$
\begin{aligned}
w = {}& \sum_{m=1}^{\infty}\sum_{n=1}^{\infty} b_{mn}\sin\frac{m\pi x}{a}\sin\frac{n\pi y}{b} + \sum_{n=1}^{\infty}\left\{\frac{1}{6a}\left[\frac{E_n - F_n}{D} + \frac{n^2\pi^2\mu(B_n - A_n)}{b^2}\right]x^3 + \right. \\
& \frac{1}{2}\left[\frac{n^2\pi^2\mu}{b^2}A_n - \frac{E_n}{D}\right]x^2 + \left[\frac{B_n - A_n}{a} + \frac{a}{6D}(F_n + 2E_n) - \frac{n^2\pi^2\mu a(B_n + 2A_n)}{6b^2}\right]x + A_n\right\} \\
& \sin\frac{n\pi y}{b} + \sum_{m=1}^{\infty}\left\{\frac{1}{6b}\left[\frac{G_m - H_m}{D} + \frac{m^2\pi^2\mu(D_m - C_m)}{a^2}\right]y^3 + \frac{1}{2}\left[\frac{m^2\pi^2\mu C_m}{a^2} - \frac{G_m}{D}\right]y^2 + \right. \\
& \left[\frac{D_m - C_m}{b} + \frac{b}{6D}(H_m + 2G_m) - \frac{m^2\pi^2 b\mu(D_m + 2C_m)}{6a^2}\right]y + C_m\right\}\sin\frac{m\pi x}{a} + \\
& \frac{1}{ab}(w_{oo} - w_{ob} - w_{ao} + w_{ab})xy + \frac{1}{a}(w_{ao} - w_{oo})x + \frac{1}{b}(w_{ob} - w_{oo})y + w_{oo}
\end{aligned}
$$

$$\tag{1-28}$$

经验证此挠度表达式满足四阶连续可导。其中，D 为挠曲刚度，μ 为泊松比。

w_{oo}、w_{ao}、w_{ob}、w_{ab}、A_n、B_n、C_m、D_m、E_n、F_n、G_m、H_m、b_{mn} 为 13 组待定常数，且具有以下的物理意义。

w_{oo}、w_{ao}、w_{ob}、w_{ab} 为四个角点的挠度，即

$$w_{oo} = w(o,o),\ w_{ao} = w(a,o),\ w_{ob} = w(o,b),\ w_{ab} = w(a,b) \tag{1-29}$$

A_n、B_n、C_m、D_m 为四边挠度对应的正弦级数展式系数，即

$$
\left.
\begin{aligned}
w(o,y) &= \sum_{n=1}^{\infty} A_n\sin\frac{n\pi y}{b} + w_{ob}\frac{y}{b} + w_{oo}\left(1 - \frac{y}{b}\right) \\
w(a,y) &= \sum_{n=1}^{\infty} B_n\sin\frac{n\pi y}{b} + w_{ab}\frac{y}{b} + w_{ao}\left(1 - \frac{y}{b}\right)
\end{aligned}
\right\} \tag{1-30}
$$

$$
\left.
\begin{aligned}
w(x,o) &= \sum_{m=1}^{\infty} C_m\sin\frac{m\pi x}{a} + w_{ao}\frac{x}{a} + w_{oo}\left(1 - \frac{x}{a}\right) = 0 \\
w(x,b) &= \sum_{m=1}^{\infty} D_m\sin\frac{m\pi x}{a} + w_{ab}\frac{x}{a} + w_{ob}\left(1 - \frac{x}{a}\right) = 0
\end{aligned}
\right\} \tag{1-31}
$$

E_n、F_n、G_m、H_m 为四边弯矩对应的正弦级数展式系数，即

$$
\left.
\begin{aligned}
M_x(o,y) &= \sum_{n=1}^{\infty} E_n\sin\frac{n\pi y}{b} \\
M_x(a,y) &= \sum_{n=1}^{\infty} F_n\sin\frac{n\pi y}{b}
\end{aligned}
\right\} \tag{1-32}
$$

$$M_y(x,o) = \sum_{m=1}^{\infty} G_m \sin\frac{m\pi x}{a} \left.\rule{0pt}{0pt}\right\}$$

$$M_y(x,b) = \sum_{m=1}^{\infty} H_m \sin\frac{m\pi x}{a}$$

$$(1\text{-}33)$$

13 组待定常数可用 8 个边界条件（矩形板四个边，每边有两个边界条件）、四个角点条件及一个控制方程确定。各常数求得之后代回挠度表达式（1-28），可得板的挠度，进一步可由式（1-12）求得板弯曲内力值。

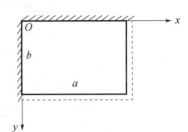

图 1-9　两临边夹支两邻边
简支矩形薄板

例 1-3　如图 1-9 所示，边长分别为 a 和 b，泊松比为 μ，挠曲刚度为 D 的两临边夹支两邻边简支矩形薄板，板上受任意横向荷载 q 作用。

该问题的平衡微分方程

$$D\nabla^4 w = q \qquad (1\text{-}34)$$

由题和图 1-9 可知，其边界条件

$$\begin{cases} (w)_{x=o}=0, \ \left(\dfrac{\partial w}{\partial x}\right)_{x=o}=0; \ (w)_{y=o}=0, \ \left(\dfrac{\partial w}{\partial y}\right)_{y=o}=0 \\[4mm] (w)_{y=b}=0, \ \left(\dfrac{\partial^2 w}{\partial y^2}\right)_{y=b}=0; \ (w)_{x=a}=0, \ \left(\dfrac{\partial^2 w}{\partial x^2}\right)_{x=a}=0 \end{cases} \qquad (1\text{-}35)$$

由于各边上挠度为零，由式（1-30）、式（1-31）即知 $A_n=B_n=C_m=D_m=0$ 及 $w_{oo}=w_{ao}=w_{ob}=w_{ab}=0$，同时由 $y=b$，$x=a$ 两简支边上弯矩为零的条件知，$H_m=F_n=0$，将这些等于零的常数代入式（1-28），得该边界约束下板弯曲问题通解

$$w = \sum_{m=1}^{\infty}\sum_{n=1}^{\infty} b_{mn}\sin\frac{m\pi x}{a}\sin\frac{n\pi y}{b} + \sum_{n=1}^{\infty}\left(\frac{E_n}{6aD}x^3 - \frac{E_n}{2D}x^2 + \frac{a}{3D}E_n x\right)\sin\frac{n\pi y}{b} +$$

$$\sum_{m=1}^{\infty}\left(\frac{G_m}{6bD}y^3 - \frac{G_m}{2D}y^2 + \frac{b}{3D}G_m y\right)\sin\frac{m\pi x}{a} \qquad (1\text{-}36)$$

由式（1-36）求出直到四阶的各种偏导数，并将荷载展成双重正弦级数，代入方程（1-34），将其中含有 x 及 y 的多项式也展为正弦级数，然后比较方程两边相应级数项的系数，得

$$Db_{mn}\left[\left(\frac{m\pi}{a}\right)^2 + \left(\frac{n\pi}{b}\right)^2\right]^2 + \left(\frac{m\pi}{a}\right)^4\frac{2b^2 G_m}{n^3\pi^3} + \left(\frac{n\pi}{b}\right)^4\frac{2a^2 E_n}{m^3\pi^3} +$$

$$\left(\frac{n\pi}{b}\right)^2\frac{4E_n}{m\pi} + \left(\frac{m\pi}{a}\right)^2\frac{4G_m}{n\pi} = q_{mn} \qquad (m=1,\ 2,\ \cdots;\ n=1,\ 2,\ \cdots) \qquad (1\text{-}37)$$

这里的 q_{mn} 为荷载按双重正弦级数展开的系数，即

$$q(x,y) = \sum_{m=1}^{\infty}\sum_{n=1}^{\infty} q_{mn}\sin\frac{m\pi x}{a}\sin\frac{n\pi y}{b}$$

$$q_{mn} = \frac{4}{ab}\int_0^a\int_0^b q(x,y)\sin\frac{m\pi x}{a}\sin\frac{n\pi y}{b}\mathrm{d}x\mathrm{d}y$$

由式（1-37）可以求出 b_{mn}，即将 b_{mn} 用 E_n 和 G_m 来表示。而 E_n 和 G_m 可由 $x=0$ 上

$\dfrac{\partial w}{\partial x} = 0$ 及 $y = 0$ 上 $\dfrac{\partial w}{\partial y} = 0$ 确定。

将式（1-36）对 x 求偏导数，再以 $x = 0$ 代入得

$$\left(\frac{\partial w}{\partial x}\right)_{x=0} = \sum_{m=1}^{\infty} \sum_{n=1}^{\infty} b_{mn}\left(\frac{m\pi}{a}\right)\sin\frac{n\pi y}{b} + \sum_{n=1}^{\infty} \frac{a}{3D}E_n\sin\frac{n\pi y}{b} +$$

$$\sum_{m=1}^{\infty}\left(\frac{G_m}{6bD}y^3 - \frac{G_m}{2D}y^2 + \frac{b}{3D}G_m y\right)\left(\frac{m\pi}{a}\right)$$

$$= \sum_{n=1}^{\infty}\left(\sum_{m=1}^{\infty}\frac{m\pi}{a}b_{mn} + \frac{a}{3D}E_n + \frac{2b^2}{Dn^3\pi^3}\sum_{m=1}^{\infty}\frac{m\pi}{a}G_m\right)\sin\frac{n\pi y}{b} = 0$$

上式对所有 0 至 b 的 y 值都必须成立，所以

$$\frac{\pi}{a}\sum_{m=1}^{\infty}mb_{mn} + \frac{a}{3D}E_n + \frac{2b^2}{Dan^3\pi^2}\sum_{m=1}^{\infty}mG_m = 0 \qquad (n = 1,2,\cdots) \qquad (1\text{-}38)$$

同理，由 $y = 0$ 上 $\dfrac{\partial w}{\partial y} = 0$ 的条件得

$$\frac{\pi}{b}\sum_{n=1}^{\infty}nb_{mn} + \frac{b}{3D}G_m + \frac{2a^2}{Dbm^3\pi^2}\sum_{n=1}^{\infty}nE_n = 0 \quad (m = 1,2,\cdots) \qquad (1\text{-}39)$$

设 m 和 n 最大分别取到 M 和 N，则方程（1-37）、方程（1-38）、方程（1-39）共（$M \cdot N + N + M$）个方程，借助 MATLAB 或别的计算工具求解上述线性方程组，可解得 b_{mn}、E_n、G_m 共 $(M \cdot N + N + M)$ 个未知量。再将这些求得的未知量，代入挠度表达式（1-36）可解得挠度，最后代入由挠度求内力的表达式中，可解得内力。

取边长 $a = b = 5\text{m}$，厚度 $h = 0.1\text{m}$，板的泊松比为 $\mu = 0.3$，弹性模量 $E = 21 \times 10^8\text{Pa}$。板上作用均布荷载 $q = 3000\text{Pa}$，将采用本节方法（$M = N = 20$）得的结果，文献［23］、文献［24］及文献［25］的计算结果列于表 1-1。

表 1-1　矩形薄板挠度和弯矩值

计算结果	本节方法	文献［23］	文献［24］	文献［25］
$w\ (a/2,\ b/2)\ (\text{m})$	0.0205	0.0224	0.0205	0.0205
$M_x\ (0,\ b/2)\ (\text{N} \cdot \text{m/m})$	-5.080×10^3	-5.205×10^3	-5.055×10^3	-5.085×10^3

例 1-4　考虑图 1-10 对边简支、一边夹支一边自由的矩形板的弯曲，板受垂直于板面的横向荷载 q 作用。

其边界条件为：

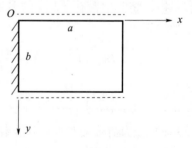

$$(w)_{x=0} = 0,\ \left(\frac{\partial w}{\partial x}\right)_{x=0} = 0;\ (M_y)_{y=0} = 0,\ (w)_{y=0} = 0$$

$$(M_x)_{x=a} = 0,\ (F_{Sx}^t)_{x=a} = 0;\ (M_y)_{y=b} = 0,\ (w)_{y=b} = 0$$

将挠度仍设成式（1-28）的形式，根据各待定常数的含义，并结合边界条件可知：$A_n = 0$，$C_m = 0$，$D_m = 0$，$F_n = 0$，$G_m = 0$，$H_m = 0$，$w_{oo} = 0$，$w_{ao} = 0$，

图 1-10　对边简支、一边夹支
一边自由矩形板

$w_{ob} = 0$，$w_{ab} = 0$。将这些等于零的常数代入式（1-28），得该边界约束条件下矩形板挠度解析解如下：

$$w = \sum_{m=1}^{\infty}\sum_{n=1}^{\infty} b_{mn}\sin\frac{m\pi x}{a}\sin\frac{n\pi y}{b} + \sum_{n=1}^{\infty}\left[\frac{1}{6a}\left(\frac{E_n}{D} + \frac{n^2\pi^2\mu B_n}{b^2}\right)x^3 - \frac{E_n}{2D}x^2\right.$$
$$\left. + \left(\frac{B_n}{a} + \frac{aE_n}{3D} - \frac{n^2\pi^2\mu aB_n}{6b^2}\right)x\right]\sin\frac{n\pi y}{b} \tag{1-40}$$

式中，b_{mn}、B_n、E_n 为未知量，由式（1-40）求出直到四阶的各种偏导数，类似将荷载展成双重正弦级数，一并代入方程（1-34），同样对 x 的多项式进行傅里叶展开，并比较方程两边对应级数的系数，得

$$\left(\frac{n\pi}{b}\right)^4\left(\frac{2}{m\pi}\right)\left[D - 2\mu D - D\mu\left(\frac{a}{b}\right)^2\left(\frac{n}{m}\right)^2\right](-1)^{m+1}B_n + \left(\frac{n\pi}{b}\right)^2\left(\frac{2}{m\pi}\right)$$
$$\left[\left(\frac{a}{b}\right)^2\left(\frac{n}{m}\right)^2 + 2\right]E_n + \left[D\left(\frac{m\pi}{a}\right)^4 + D\left(\frac{n\pi}{b}\right)^4 + 2D\left(\frac{m\pi}{a}\right)^2\left(\frac{n\pi}{b}\right)^2\right]b_{mn} \tag{1-41}$$
$$= q_{mn} \qquad (m = 1, 2, \cdots;\ n = 1, 2, \cdots)$$

然后分别由未使用的边界条件 $\left(\dfrac{\partial w}{\partial x}\right)_{x=0} = 0$ 和 $(F_{Sx}^t)_{x=a} = 0$，类似分析，分别得以下代数方程组

$$-\left(\frac{\pi^2 n^2 a\mu}{6b^2} - \frac{1}{a}\right)B_n + \frac{a}{3D}E_n + \sum_{m=1}^{\infty}\frac{m\pi}{a}b_{mn} = 0, (n = 1,2,\cdots) \tag{1-42}$$

$$\left(\frac{n\pi}{b}\right)^2\left[D(2-\mu)\left(\frac{n\pi}{b}\right)^2\frac{a\mu}{3} + \frac{2D(1-\mu)}{a}\right]B_n - \left[(2-\mu)\left(\frac{n\pi}{b}\right)^2\frac{a}{6} + \frac{1}{a}\right]E_n +$$
$$\sum_{m=1}^{\infty}\left[D\left(\frac{m\pi}{a}\right)^3 + D(2-\mu)\left(\frac{m\pi}{a}\right)\left(\frac{n\pi}{b}\right)^2\right](-1)^m b_{mn} = 0 \qquad (n = 1,2,\cdots)$$

$$\tag{1-43}$$

取板的边长 $a = b$，受垂直于板面的横向均布荷载 q_0 作用。板的泊松比 $\mu_1 = 0.3$。用 MATLAB 求解该方程组，得到未知量，再将未知量代入式（1-40），得到板的挠度（表1-2）。

表1-2　对边简支、一边夹支一边自由矩形板的最大挠度 $\left(\dfrac{q_0 a^4}{D}\right)$

mn	20×20	40×40	60×60	80×80	文献 [21]
最大挠度	0.0110	0.0111	0.0112	0.0112	0.0112

例1-5　分析图1-11所示的四边夹支矩形板的弯曲，板受垂直于板面的横向荷载 q 作用。其边界条件为

$$(w)_{x=0} = 0,\ \left(\frac{\partial w}{\partial x}\right)_{x=0} = 0;\ (w)_{y=0} = 0,\ \left(\frac{\partial w}{\partial y}\right)_{y=0} = 0$$

$$(w)_{x=a} = 0,\ \left(\frac{\partial w}{\partial x}\right)_{x=a} = 0;\ (w)_{y=b} = 0,\ \left(\frac{\partial w}{\partial y}\right)_{y=b} = 0$$

将挠度仍设成式（1-28）的形式，由各待定常数的含义及边界上挠度为零的边界条件得 $A_n = 0$，$B_n = 0$，$C_m = 0$，$D_m = 0$，$w_{oo} = 0$，$w_{ao} = 0$，$w_{ob} = 0$，$w_{ab} = 0$，将这些等于零的常数代入式（1-28），得该边界约束条件下矩形板的通解

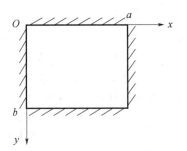

图1-11　四边夹支矩形板

$$w = \sum_{m=1}^{\infty}\sum_{n=1}^{\infty}b_{mn}\sin\frac{m\pi x}{a}\sin\frac{n\pi y}{b} + \sum_{n=1}^{\infty}\left\{\frac{E_n-F_n}{6aD}x^3 - \frac{E_n}{2D}x^2 + \left[\frac{a}{6D}(F_n+2E_n)\right]x\right\}\sin\frac{n\pi y}{b} +$$

$$\sum_{m=1}^{\infty}\left\{\frac{G_m-H_m}{6bD}y^3 - \frac{G_m}{2D}y^2 + \left[\frac{b}{6D}(H_m+2G_m)\right]y\right\}\sin\frac{m\pi y}{a} \tag{1-44}$$

式中，b_{mn}、E_n、F_n、G_m、H_m 为未知量，由式（1-44）求出直到四阶的各种偏导数，将荷载类似也展成双重正弦级数，一并代入方程（1-34），同样对 x 和 y 的多项式进行傅里叶展开，并比较方程两边对应级数的系数，得

$$\left(\frac{n\pi}{b}\right)^2\left(\frac{2}{m\pi}\right)\left[\left(\frac{a}{b}\right)^2\left(\frac{n}{m}\right)^2+2\right][E_n+(-1)^{m+1}F_n]+$$

$$\left(\frac{m\pi}{a}\right)^2\left(\frac{2}{n\pi}\right)\left[\left(\frac{b}{a}\right)^2\left(\frac{m}{n}\right)^2+2\right][G_m+(-1)^{n+1}H_m]+$$

$$\left[D\left(\frac{m\pi}{a}\right)^4+D\left(\frac{n\pi}{b}\right)^4+2D\left(\frac{m\pi}{a}\right)^2\left(\frac{n\pi}{b}\right)^2\right]b_{mn} = q_{mn} \quad (m=1,2,\cdots; n=1,2,\cdots)$$

$$\tag{1-45}$$

然后分别由未使用的边界条件 $\left(\frac{\partial w}{\partial x}\right)_{x=0}=0$，$\left(\frac{\partial w}{\partial x}\right)_{x=a}=0$，$\left(\frac{\partial w}{\partial y}\right)_{y=0}=0$，$\left(\frac{\partial w}{\partial y}\right)_{y=b}=0$，类似分析分别得以下代数方程组

$$\frac{a}{3D}E_n+\frac{a}{6D}F_n+\sum_{m=1}^{\infty}\frac{2b^2m}{aDn^3\pi^2}[G_m+(-1)^{n+1}H_m]+\sum_{m=1}^{\infty}\frac{m\pi}{a}b_{mn}=0, (n=1,2,\cdots)$$

$$\tag{1-46}$$

$$-\frac{a}{6D}E_n-\frac{a}{3D}F_n+\sum_{m=1}^{\infty}\frac{2b^2m}{aDn^3\pi^2}(-1)^m[G_m+(-1)^{n+1}H_m]+ \tag{1-47}$$

$$\sum_{m=1}^{\infty}\frac{m\pi}{a}(-1)^m b_{mn}=0 \quad (n=1,2,\cdots)$$

$$\sum_{n=1}^{\infty}\frac{2a^2n}{bDm^3\pi^2}[E_n+(-1)^{m+1}F_n]+\frac{b}{3D}G_m+\frac{b}{6D}H_m+\sum_{n=1}^{\infty}\frac{n\pi}{b}b_{mn}=0 \quad (m=1,2,\cdots)$$

$$\tag{1-48}$$

$$\sum_{n=1}^{\infty}\frac{2a^2n}{bDm^3\pi^2}(-1)^n[E_n+(-1)^{m+1}F_n]-\frac{b}{6D}G_m-\frac{b}{3D}H_m+ \tag{1-49}$$

$$\sum_{n=1}^{\infty}\frac{n\pi}{b}(-1)^n b_{mn}=0, (m=1,2,\cdots)$$

板的边长 $a=b$，受垂直于板面的横向均布荷载 q_0 作用。用 MATLAB 求解该方程组，得到未知量 b_{mn}、E_n、F_n、G_m、H_m，再将未知量值代入式（1-44），得到板的挠度。

从表 1-1、表 1-2 和表 1-3 的比较可以看出，本节介绍的通解和方法是可行的，计算精度高。利用该通解求解，原理简单，条理清晰，最后问题归结为求解线性方程组的解，借助计算机，求解很容易实现。

表 1-3　四边夹支矩形板的最大挠度 $\left(\dfrac{q_0a^4}{D}\right)$

mn	20×20	40×40	60×60	80×80	文献［21］解
最大挠度	0.001266	0.001265	0.001265	0.001265	0.001263

这里介绍的通解，不但能满足矩形板的任意边界约束条件，而且既不需要叠加又不需要分类，待定常数又少且具有明确的物理意义，使得矩形板弯曲问题的求解统一化、简单化、规律化。

同时该通解不仅能用于研究矩形板的弯曲问题，也可用于研究分析矩形板的振动问题和稳定问题。同时该方法，也能用于研究可分割成若干小矩形板的薄板，如混合边界条件矩形板、L形板、回字形板的弯曲、振动与稳定问题。

1.9　圆形薄板的弯曲

求解圆形薄板的弯曲问题时，和求解圆形边界的平面问题时一样，用极坐标比较方便，这时，把挠度 w 和横向荷载 q 都看作极坐标 ρ 和 φ 的函数，即 $w = w(\rho, \varphi)$，$q = q(\rho, \varphi)$。坐标变换，得出下列变换式

$$\left. \begin{array}{l} \dfrac{\partial w}{\partial x} = \dfrac{\partial w}{\partial \rho}\dfrac{\partial \rho}{\partial x} + \dfrac{\partial w}{\partial \varphi}\dfrac{\partial \varphi}{\partial x} = \cos\varphi\,\dfrac{\partial w}{\partial \rho} - \dfrac{\sin\varphi}{\rho}\dfrac{\partial w}{\partial \varphi} \\[3mm] \dfrac{\partial w}{\partial y} = \dfrac{\partial w}{\partial \rho}\dfrac{\partial \rho}{\partial y} + \dfrac{\partial w}{\partial \varphi}\dfrac{\partial \varphi}{\partial y} = \sin\varphi\,\dfrac{\partial w}{\partial \rho} + \dfrac{\cos\varphi}{\rho}\dfrac{\partial w}{\partial \varphi} \end{array} \right\} \tag{a}$$

$$\left. \begin{array}{l} \dfrac{\partial^2 w}{\partial x^2} = \dfrac{\partial}{\partial x}\left(\cos\varphi\,\dfrac{\partial w}{\partial \rho} - \dfrac{\sin\varphi}{\rho}\dfrac{\partial w}{\partial \varphi} \right) \\[3mm] \quad = \cos\varphi\,\dfrac{\partial}{\partial \rho}\left(\cos\varphi\,\dfrac{\partial w}{\partial \rho} - \dfrac{\sin\varphi}{\rho}\dfrac{\partial w}{\partial \varphi} \right) - \dfrac{\sin\varphi}{\rho}\dfrac{\partial}{\partial \varphi}\left(\cos\varphi\,\dfrac{\partial w}{\partial \rho} - \dfrac{\sin\varphi}{\rho}\dfrac{\partial w}{\partial \varphi} \right) \\[3mm] \quad = \cos\varphi\left[\cos\varphi\,\dfrac{\partial^2 w}{\partial \rho^2} - \left(-\dfrac{\sin\varphi}{\rho^2}\dfrac{\partial w}{\partial \varphi} - \dfrac{\sin\varphi}{\rho}\dfrac{\partial^2 w}{\partial \varphi \partial \rho} \right) \right] - \\[3mm] \quad\quad \dfrac{\sin\varphi}{\rho}\left[-\sin\varphi\,\dfrac{\partial w}{\partial \rho} + \cos\varphi\,\dfrac{\partial^2 w}{\partial \rho \partial \varphi} - \left(\dfrac{\cos\varphi}{\rho}\dfrac{\partial w}{\partial \varphi} + \dfrac{\sin\varphi}{\rho}\dfrac{\partial^2 w}{\partial \varphi^2} \right) \right] \\[3mm] \quad = \cos^2\varphi\,\dfrac{\partial^2 w}{\partial \rho^2} - \dfrac{2\sin\varphi\cos\varphi}{\rho}\dfrac{\partial^2 w}{\partial \rho \partial \varphi} + \dfrac{\sin^2\varphi}{\rho}\dfrac{\partial w}{\partial \rho} + \\[3mm] \quad\quad \dfrac{2\sin\varphi\cos\varphi}{\rho^2}\dfrac{\partial w}{\partial \varphi} + \dfrac{\sin^2\varphi}{\rho^2}\dfrac{\partial^2 w}{\partial \varphi^2} \\[3mm] \dfrac{\partial^2 w}{\partial y^2} = \sin^2\varphi\,\dfrac{\partial^2 w}{\partial \rho^2} + \dfrac{2\sin\varphi\cos\varphi}{\rho}\dfrac{\partial^2 w}{\partial \rho \partial \varphi} + \dfrac{\cos^2\varphi}{\rho}\dfrac{\partial w}{\partial \rho} - \\[3mm] \quad\quad \dfrac{2\sin\varphi\cos\varphi}{\rho}\dfrac{\partial w}{\partial \varphi} + \dfrac{\cos^2\varphi}{\rho^2}\dfrac{\partial^2 w}{\partial \varphi^2} \\[3mm] \dfrac{\partial^2 w}{\partial x \partial y} = \sin\varphi\cos\varphi\,\dfrac{\partial^2 w}{\partial \rho^2} + \dfrac{\cos^2\varphi - \sin^2\varphi}{\rho}\dfrac{\partial^2 w}{\partial \rho \partial \varphi} - \dfrac{\sin\varphi\cos\varphi}{\rho}\dfrac{\partial w}{\partial \rho} - \\[3mm] \quad\quad \dfrac{\cos^2\varphi - \sin^2\varphi}{\rho}\dfrac{\partial w}{\partial \varphi} - \dfrac{2\sin\varphi\cos\varphi}{\rho}\dfrac{\partial^2 w}{\partial \varphi^2} \end{array} \right\} \tag{b}$$

$$\nabla^2 w = \left(\dfrac{\partial^2}{\partial \rho^2} + \dfrac{1}{\rho}\dfrac{\partial}{\partial \rho} + \dfrac{1}{\rho^2}\dfrac{\partial^2}{\partial \varphi^2} \right) w \tag{c}$$

应用式（c），弹性曲面微分方程（1-10）可变换为

$$D\left(\dfrac{\partial^2}{\partial \rho^2} + \dfrac{1}{\rho}\dfrac{\partial}{\partial \rho} + \dfrac{1}{\rho^2}\dfrac{\partial^2}{\partial \varphi^2} \right)\left(\dfrac{\partial^2 w}{\partial \rho^2} + \dfrac{1}{\rho}\dfrac{\partial w}{\partial \rho} + \dfrac{1}{\rho^2}\dfrac{\partial^2 w}{\partial \varphi^2} \right) = q \tag{1-50}$$

在 ρ 为常量的横截面上，应力分量 σ_ρ、$\tau_{\rho\varphi}$ 和 $\tau_{\rho z}$ 分别合成为弯矩 M_ρ、扭矩 $M_{\rho\varphi}$ 和横向剪力 $F_{S\rho}$；在 φ 为常量的横截面上，应力分量 σ_φ、$\tau_{\varphi\rho}$ 和 $\tau_{\varphi z}$ 分别合成为弯矩 M_φ、扭矩 $M_{\varphi\rho}$ 和横向剪力 $F_{S\varphi}$。作用于薄板任一微分块上的上述各个分力，可以用力矢和矩矢表示，如图 1-12 所示。

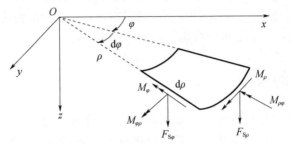

图 1-12 圆薄板任一微分块上的内力

现在，把 x 轴转到该微分块处的 ρ 方向，使该微分块的 φ 坐标成为零，则该微分块处的 σ_ρ、σ_φ、$\tau_{\rho\varphi}$、$\tau_{\varphi\rho}$、$\tau_{\rho z}$、$\tau_{\varphi z}$ 分别称为该处的 σ_x、σ_y、τ_{xy}、τ_{yx}、τ_{xz}、τ_{zx}，而该处的 M_ρ、M_φ、$M_{\rho\varphi}$、$M_{\varphi\rho}$、$F_{S\rho}$、$F_{S\varphi}$ 分别成为该处的 M_x、M_y、M_{xy}、M_{yx}、F_{Sx}、F_{Sy}。于是，利用变换式（b）和式（a），命 $\varphi=0$，即由式（1-12）得到

$$
\left.
\begin{aligned}
M_\rho &= (M_x)_{\varphi=0} = -D\left(\frac{\partial^2 w}{\partial x^2} + \mu\frac{\partial^2 w}{\partial y^2}\right)_{\varphi=0} \\
&= -D\left[\frac{\partial^2 w}{\partial \rho^2} + \mu\left(\frac{1}{\rho}\frac{\partial w}{\partial \rho} + \frac{1}{\rho^2}\frac{\partial^2 w}{\partial \varphi^2}\right)\right] \\
M_\varphi &= (M_y)_{\varphi=0} = -D\left(\frac{\partial^2 w}{\partial y^2} + \mu\frac{\partial^2 w}{\partial x^2}\right)_{\varphi=0} \\
&= -D\left[\left(\frac{1}{\rho}\frac{\partial w}{\partial \rho} + \frac{1}{\rho^2}\frac{\partial^2 w}{\partial \varphi^2}\right) + \mu\frac{\partial^2 w}{\partial \rho^2}\right] \\
M_{\rho\varphi} &= M_{\varphi\rho} = (M_{xy})_{\varphi=0} = -D(1-\mu)\left(\frac{\partial^2 w}{\partial x\partial y}\right)_{\varphi=0} \\
F_{S\rho} &= (F_{Sx})_{\varphi=0} = -D\left(\frac{\partial}{\partial x}\nabla^2 w\right)_{\varphi=0} = -D\frac{\partial}{\partial \rho}\nabla^2 w \\
F_{S\varphi} &= (F_{Sy})_{\varphi=0} = -D\left(\frac{\partial}{\partial y}\nabla^2 w\right)_{\theta=0} = -D\frac{1}{\rho}\frac{\partial}{\partial \varphi}\nabla^2 w
\end{aligned}
\right\}
\tag{1-51}
$$

其中的 $\nabla^2 w$ 如式（c）所示。

通过这样的变换，式（1-14）就成为

$$
\left.
\begin{aligned}
\sigma_\rho &= \frac{12M_\rho}{\delta^3}z, \quad \sigma_\varphi = \frac{12M_\varphi}{\delta^3}z \\
\tau_{\rho\varphi} &= \tau_{\varphi\rho} = \frac{12M_{\rho\varphi}}{\delta^3}z \\
\tau_{\rho z} &= \frac{6F_{S\rho}}{\delta^3}\left(\frac{\delta^2}{4} - z^2\right), \quad \tau_{\varphi z} = \frac{6F_{S\varphi}}{\delta^3}\left(\frac{\delta^2}{4} - z^2\right) \\
\sigma_z &= -2q\left(\frac{1}{2} - \frac{z}{\delta}\right)^2\left(1 + \frac{z}{\delta}\right)
\end{aligned}
\right\}
\tag{1-52}
$$

现在来给出圆板的边界条件（坐标原点取在圆板的重心）。设 $\rho = a$ 处有固定边，则该边界上的挠度 w 等于零，弹性薄板曲面沿法向的斜率（即转角）$\dfrac{\partial w}{\partial \rho}$ 也等于零，即

$$(w)_{\rho=a} = 0, \quad \left(\frac{\partial w}{\partial \rho} \right)_{\rho=a} = 0 \tag{1-53}$$

如果这个固定边由于支座沉陷而产生挠度及法向斜率，则上列二式的右边将不等于零，而分别等于已知的挠度及斜率（一般为 φ 的函数）。

设 $\rho = a$ 处有简支边，则该边界上的挠度 w 等于零，弯矩 M_ρ 也等于零，即

$$(w)_{\rho=a} = 0, \quad (M_\rho)_{\rho=a} = 0 \tag{1-54}$$

如果这个简支边由于支座沉陷而产生挠度，并且还受有分布的力矩荷载 M，则上列二式的右边将不等于零，而分别等于已知的挠度及力矩荷载 M（一般为 φ 的函数）。

和 1.4 节相似，在 ρ 为常量的截面上，扭矩 $M_{\rho\varphi}$ 可以变换为等效的剪力 $\dfrac{1}{\rho} \dfrac{\partial M_{\rho\varphi}}{\partial \varphi}$，与横向剪力 $F_{\mathrm{S}\rho}$ 合并而成为总的剪力。

$$F_{\mathrm{S}\rho}^{\mathrm{t}} = F_{\mathrm{S}\rho} + \frac{1}{\rho} \frac{\partial M_{\rho\varphi}}{\partial \varphi} \tag{1-55}$$

在圆板中，由于 ρ 为常量的截面是一个连续而不折的截面，不存在集中剪力 F_{S}。

这样，设 $\rho = a$ 处有自由边，则该处的边界条件成为

$$(M_\rho)_{\rho=a} = 0, \quad (F_{\mathrm{S}\rho}^{\mathrm{t}})_{r=a} = \left(F_{\mathrm{S}\rho} + \frac{1}{\rho} \frac{\partial M_{\rho\varphi}}{\partial \varphi} \right)_{\rho=a} = 0 \tag{1-56}$$

其中前一个条件仍然表示弯矩等于零，而后一个条件则表示总的分布剪力等于零。如果这个自由边上受有分布的力矩荷载 M 及横向荷载 F_{V}，则上述二式的右边将不等于零而分别等于 M 及 F_{V}（一般为 φ 的函数）。

在以上的边界条件中，可以通过式（1-51）把内力改用 w 来表示，从而把边界条件直接用 w 来表示。

1.10 圆形薄板的轴对称弯曲

如果圆形薄板的边界情况是绕 z 轴对称的，它所受的横向荷载也是绕 z 轴对称的（q 只是 ρ 的函数），则该薄板的弹性曲面也将是绕 z 轴对称的（w 只是 ρ 的函数）。这时，弹性曲面的微分方程（1-50）将简化为

$$D \left(\frac{\mathrm{d}^2}{\mathrm{d}\rho^2} + \frac{1}{\rho} \frac{\mathrm{d}}{\mathrm{d}\rho} \right) \left(\frac{\mathrm{d}^2 w}{\mathrm{d}\rho^2} + \frac{1}{\rho} \frac{\mathrm{d}w}{\mathrm{d}\rho} \right) = q \tag{1-57}$$

式（1-57）也可以改写为下面的形式

$$\frac{D}{\rho} \frac{\mathrm{d}}{\mathrm{d}\rho} \left\{ \rho \frac{\mathrm{d}}{\mathrm{d}\rho} \left[\frac{1}{\rho} \frac{\mathrm{d}}{\mathrm{d}\rho} \left(\rho \frac{\mathrm{d}w}{\mathrm{d}\rho} \right) \right] \right\} = q \tag{a}$$

对上式积分四次，便得到圆形薄板轴对称弯曲问题的挠度解答

$$w = C_1 \ln\rho + C_2 \rho^2 \ln\rho + C_3 \rho^2 + C_4 + w_1 \tag{1-58}$$

其中 w_1 是任意一个特解，选择为

$$w_1 = \frac{1}{D} \int \frac{1}{\rho} \int \rho \int \frac{1}{\rho} \int q\rho \,\mathrm{d}\rho^4 \tag{b}$$

式中，C_1、C_2、C_3、C_4是任意常数，取决于边界条件。

对于受均布荷载 $q = q_0$ 的圆形薄板，由式（b）可得特解 $w_1 = \dfrac{q_0}{64D}\rho^4$，再由式（1-58）得到挠度解答

$$w = C_1\ln\rho + C_2\rho^2\ln\rho + C_3\rho^2 + C_4 + \frac{q_0}{64D}\rho^4 \tag{c}$$

如果圆板在中心处有圆孔，则圆板具有内外两个边界条件，则可由内外边界条件处的各两个边界条件来决定常数 C_1 至 C_4。

如果圆板在中心处无孔，则圆板只有一个外边界，边界条件只有两个。所缺的两个条件可由中心处的条件补足。第一个条件是，无论圆板中心处的情况如何，该处的挠度都不应为无限大，即

$$(w)_{\rho=0} \neq \infty$$

由式（1-58）可见，必须取 $C_1 = 0$。第二个条件则须决定于圆板中心处的支承或荷载的情况。如果在中心处既无支座又无集中荷载，则该处的内力应为有限大，即

$$(M_\rho)_{\rho=0} \neq \infty，\ (M_\varphi)_{\rho=0} \neq \infty，\ (F_{S\rho})_{\rho=0} \neq \infty$$

而这些条件的共同要求是 $C_2 = 0$。如果在中心处有连杆支座，则有中心条件

$$(w)_{\rho=0} = \zeta \text{ 或 } (w)_{\rho=0} = 0$$

式中，ζ 为中心处的已知挠度（等于支座沉陷）。这时，中心处的内力将为无限大。如果在中心处并无支座，但有集中荷载，则 $F_{S\rho}$ 为已知（它可由圆板中心部分的平衡条件得来），而这一条件可以通过式（1-51）中的第四式化为 w 的条件。这时，中心处的内力也将为无限大。

如果圆板所受的荷载沿径向并不连续，而有间断之处，则须将该板划分为若干区段，使每一区段内的荷载沿径向均无间断。以图 1-13 所示的圆板为例，必须将它分为 OA，AB，BC 及 CD 四个区段，因为荷载在 A，B，C 三处是间断的。这时，可以按照式（1-58），对四个区段分别写出挠度的四个表达式，每一表达式中各有按分布荷载选取的特解项及四个任意常数。于是总共有 16 个待定的任意常数，要求有 16 个方程来求解。

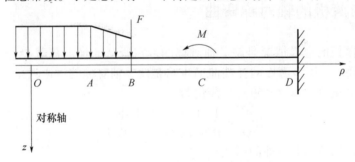

图 1-13 受不连续荷载作用的圆板

在 O 点有两个中心条件，在 D 点有两个边界条件。在 A、B、C 三处中的每一处，都可以有四个条件：在 A 点，两边的 w、$\dfrac{dw}{d\rho}$、M_ρ、$F_{S\rho}$ 都是相等的；在 B 点，两边的 w、$\dfrac{dw}{d\rho}$、M_ρ 都是相等的，但两边的 $F_{S\rho}$ 相差以 F（单位环向长度上的荷载）；在 C 点，两边

的 w、$\dfrac{\mathrm{d}w}{\mathrm{d}\rho}$、$F_{S\rho}$ 都是相等的，但两边的 M_ρ 相差以 M（单位环向长度上的力矩荷载）。

于是，总共可以建立 16 个方程，用来确定 16 个常数。当然，如果圆板在中心处有圆孔，则中心条件可换为孔边的边界条件。

这样来求解，虽然可以求得解答，但运算量是相当大的。对这种问题，宜用变分法求解。有的手册给出了这种问题的解答，可供查看。

1.11　圆形薄板轴对称弯曲问题的实例

例 1-6　对于无孔圆板受均布荷载的问题。相当于均布荷载 q_0，在上节已经得到如下形式的挠度解答

$$w = C_1\ln\rho + C_2\rho^2\ln\rho + C_3\rho^2 + C_4 + \frac{q_0\rho^4}{64D} \tag{a}$$

由于在薄板的中心并没有孔，常数 C_1 和 C_2 都应当等于零，否则在薄板的中心（$\rho=0$），挠度及内力将为无限大。于是得

$$w = C_3\rho^2 + C_4 + \frac{q_0\rho^4}{64D},\quad \frac{\mathrm{d}w}{\mathrm{d}\rho} = 2C_3\rho + \frac{q_0\rho^3}{16D} \tag{b}$$

并由式（1-51）得到

$$\left.\begin{aligned}
M_\rho &= -2(1+\mu)DC_3 - \frac{3+\mu}{16}q_0\rho^2 \\[2mm]
M_\varphi &= -2(1+\mu)DC_3 - \frac{1+3\mu}{16}q_0\rho^2 \\[2mm]
M_{\rho\varphi} &= M_{\varphi\rho} = 0 \\[2mm]
F_{S\varphi} &= 0
\end{aligned}\right\} \tag{c}$$

剪力 $F_{S\rho}$ 可以较简单地根据平衡条件得来，而不必利用式（1-51）。任意常数 C_3 和 C_4 取决于边界条件。

对于不同的边界，边界条件不同。首先讨论半径为 a 的薄板，其具有固定边，则边界条件为

$$(w)_{\rho=a} = 0,\quad \left(\frac{\mathrm{d}w}{\mathrm{d}\rho}\right)_{\rho=a} = 0$$

于是由式（b）得

$$a^3C_3 + C_4 + \frac{q_0a^4}{64D} = 0,\quad 2aC_3 + \frac{q_0a^3}{16D} = 0$$

解出 C_3 和 C_4，即可由式（b）及式（c）得到

$$\left.\begin{aligned}
w &= \frac{q_0a^4}{64D}\left(1 - \frac{\rho^2}{a^2}\right)^2 \\[2mm]
M_r &= \frac{q_0a^2}{16}\left[(1+\mu) - (3+\mu)\frac{\rho^2}{a^2}\right] \\[2mm]
M_\theta &= \frac{q_0a^2}{16}\left[(1+\mu) - (1+3\mu)\frac{\rho^2}{a^2}\right]
\end{aligned}\right\} \tag{d}$$

此外，取出半径为 ρ 的中间部分的薄板，由平衡条件可以得到

$$2\pi\rho F_{S\rho} + q_0\pi\rho^2 = 0$$

从而得出

$$F_{S\rho} = -\frac{q_0\rho}{2} \qquad\qquad (e)$$

在薄板的中心，由式（d）得

$$\left.\begin{array}{l}(w)_{\rho=0} = \dfrac{q_0 a^4}{64D} \\[3mm] (M_\rho)_{\rho=0} = (M_\varphi)_{\rho=0} = \dfrac{1+\mu}{16}q_0 a^2\end{array}\right\} \qquad (1\text{-}59)$$

在板的边界上，由式（d）及式（e）得

$$(M_\rho)_{\rho=a} = -\frac{q_0 a^2}{8}, \quad (F_{S\rho})_{\rho=a} = -\frac{q_0 a}{2} \qquad (1\text{-}60)$$

其次讨论半径为 a 的薄板，其具有简支边，则边界条件为

$$(w)_{\rho=a} = 0, \quad (M_\rho)_{\rho=a} = 0$$

于是由式（b）及式（c）得

$$a^2 C_3 + C_4 + \frac{q_0 a^4}{64D} = 0, \quad -2(1+\mu)DC_3 - \frac{(3+\mu)q_0 a^2}{16} = 0$$

由此求出 C_3 和 C_4，再带回式（d）及式（c）得

$$\left.\begin{array}{l} w = \dfrac{q_0 a^4}{64D}\left(1 - \dfrac{\rho^2}{a^2}\right)\left(\dfrac{5+\mu}{1+\mu} - \dfrac{\rho^2}{a^2}\right) \\[4mm] \dfrac{\mathrm{d}w}{\mathrm{d}\rho} = -\dfrac{q_0 a^3}{16D}\left(\dfrac{3+\mu}{1+\mu} - \dfrac{\rho^2}{a^2}\right)\dfrac{\rho}{a} \\[4mm] M_\rho = \dfrac{(3+\mu)q_0 a^2}{16}\left(1 - \dfrac{\rho^2}{a^2}\right) \\[4mm] M_\varphi = \dfrac{q_0 a^2}{16}\left[(3+\mu) - (1+3\mu)\dfrac{\rho^2}{a^2}\right] \end{array}\right\} \qquad (f)$$

剪力 $F_{S\rho}$ 仍然如式（e）所示。

在薄板的中心，由式（f）得

$$\left.\begin{array}{l}(w)_{\rho=0} = \dfrac{(5+\mu)q_0 a^4}{64(1+\mu)D} \\[3mm] (M_\rho)_{\rho=0} = (M_\varphi)_{\rho=0} = \dfrac{(3+\mu)q_0 a^2}{16}\end{array}\right\} \qquad (1\text{-}61)$$

在板的边界上，由式（f）及式（e）得

$$\left.\begin{array}{l}\left(\dfrac{\mathrm{d}w}{\mathrm{d}\rho}\right)_{\rho=a} = -\dfrac{q_0 a^3}{8(1+\mu)D} \\[4mm] (F_{S\rho})_{\rho=a} = -\dfrac{q_0 a}{2}\end{array}\right\} \qquad (1\text{-}62)$$

例 1-7 设有半径为 a 的简支边圆形薄板，不受横向荷载，但在边界上受有均布力矩荷载 M。这时，由于 q 等于零，特解 w_1 可以取为零。假定薄板中心并没有孔，则常数 C_1 和 C_2 仍然等于零。于是由式（1-58）得

$$w = C_3\rho^2 + C_4, \quad \frac{\mathrm{d}w}{\mathrm{d}\rho} = 2C_3\rho \tag{g}$$

并由式（1-51）得

$$M_\rho = M_\varphi = -2(1+\mu)DC_3 \tag{h}$$

边界条件是

$$(w)_{\rho=a} = 0, \quad (M_\rho)_{\rho=a} = M$$

将式（g）中的第一式及式（h）代入，求出 C_3 和 C_4，即得

$$w = \frac{Ma^2}{2(1+\mu)D}\left(1 - \frac{\rho^2}{a^2}\right)$$

$$\frac{\mathrm{d}w}{\mathrm{d}\rho} = \frac{Ma}{(1+\mu)D}\frac{\rho}{a}$$

$$M_\rho = M_\varphi = M$$

例1-8 设有内半径为 a 而外半径为 b 的圆环形薄板，内边界简支而外边界自由，在外边界上受有均布力矩荷载 M，如图 1-14 所示。

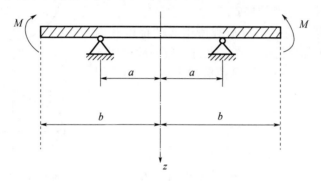

图 1-14 内边界简支外边界自由的圆环形薄板

因为薄板不受横向荷载，所以特解 w_1 可以取为零，于是有

$$w = C_1\ln\rho + C_2\rho^2\ln\rho + C_3\rho^2 + C_4 \tag{i}$$

应用式（1-51）及式（1-55），可由上式得出

$$
\left.
\begin{aligned}
M_\rho &= -D\left[-(1-\mu)\frac{C_1}{\rho^2} + (3+\mu)C_2 + 2(1+\mu)C_2\ln\rho + 2(1+\mu)C_3\right] \\
M_\varphi &= -D\left[(1-\mu)\frac{C_1}{\rho^2} + (1+3\mu)C_2 + 2(1+\mu)C_2\ln\rho + 2(1+\mu)C_3\right] \\
F_{S\rho}^t &= F_{S\rho} = -\frac{4DC_2}{\rho}
\end{aligned}
\right\} \tag{j}
$$

内外两边界处的四个边界条件为

$$(w)_{\rho=a} = 0, \quad (M)_{\rho=a} = 0$$

$$(M_\rho)_{\rho=a} = M, \quad (F_{S\rho}^t)_{\rho=b} = 0$$

将式（i）及式（j）代入，求出 C_1 至 C_4，再代回式（i）及式（j），即得解答如下

$$w = -\frac{Ma^2\left(\dfrac{\rho^2}{a^2} - 1 + 2\dfrac{1+\mu}{1-\mu}\ln\dfrac{\rho}{a}\right)}{2(1+\mu)D\left(1 - \dfrac{a^2}{b^2}\right)}$$

$$M_\rho = M \frac{1 - \dfrac{a^2}{\rho^2}}{1 - \dfrac{a^2}{b^2}}, \quad M_\varphi = M \frac{1 + \dfrac{a^2}{\rho^2}}{1 - \dfrac{a^2}{b^2}}$$

$$F_{S\varphi}^t = F_{S\rho} = 0$$

1.12　圆形薄板受线性变化荷载的作用

当圆形薄板在其一面上受有线性分布荷载作用时，这种横向荷载可以用图形 $ABDC$ 表示，如图 1-15 所示。

这种荷载总可以分解为两部分：一部分是与薄板中心处集度相同的均布荷载 q_0，如图形 $ABEF$ 所示；另一部分是反对称荷载

$$q = q_1 \frac{x}{a} \tag{a}$$

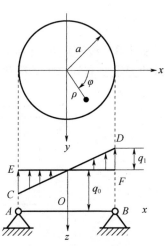

图 1-15　受线性分布荷载的圆形薄板

如图形 $CEFD$ 所示。前一部分荷载所引起的挠度和内力，已在前一节中加以讨论；现在来讨论后一部分荷载所引起的挠度和内力。将反对称荷载的表达式（a）用极坐标表示为

$$q = \frac{q_1}{a} \rho \cos\varphi$$

然后代入弹性曲面的微分方程（1-50），得

$$\left(\frac{\partial^2}{\partial \rho^2} + \frac{1}{\rho} \frac{\partial}{\partial \rho} + \frac{1}{\rho^2} \frac{\partial^2}{\partial \varphi^2} \right) \left(\frac{\partial^2 w}{\partial \rho^2} + \frac{1}{\rho} \frac{\partial w}{\partial \rho} + \frac{1}{\rho^2} \frac{\partial^2 w}{\partial \varphi^2} \right) = \frac{q_1}{aD} \rho \cos\varphi \tag{b}$$

显然，这一微分方程的特解可以取为 $w_1 = m\rho^5 \cos\varphi$ 的形式，其中 m 是常数。将 $w = w_1$ 代入式（b），得 $m = \dfrac{q_1}{192aD}$，从而得特解

$$w_1 = \frac{q_1}{192aD} \rho^5 \cos\varphi \tag{c}$$

为了求出补充解 w_2，根据特解的形式（c），并考虑到挠度对称于 Oxz 坐标平面而反对称于 Oyz 平面的特性，假设

$$w_2 = f(\rho)\cos\varphi \tag{d}$$

将 $w = w_2$ 代入式（b）的齐次微分方程

$$\left(\frac{\partial^2}{\partial \rho^2} + \frac{1}{\rho} \frac{\partial}{\partial \rho} + \frac{1}{\rho^2} \frac{\partial^2}{\partial \varphi^2} \right) \left(\frac{\partial^2 w}{\partial \rho^2} + \frac{1}{\rho} \frac{\partial w}{\partial \rho} + \frac{1}{\rho^2} \frac{\partial^2 w}{\partial \varphi^2} \right) = 0$$

得

$$\cos\varphi \left(\frac{\mathrm{d}^2}{\mathrm{d}\rho^2} + \frac{1}{\rho} \frac{\mathrm{d}}{\mathrm{d}\rho} + \frac{1}{\rho^2} \right) \left(\frac{\mathrm{d}^2 w}{\mathrm{d}\rho^2} + \frac{1}{\rho} \frac{\mathrm{d}f}{\mathrm{d}\rho} + \frac{f}{\rho^2} \right) = 0$$

删去因子 $\cos\varphi$，求解这一微分方程，得

$$f(\rho) = C_1 \rho + C_2 \rho^3 + \frac{C_3}{\rho} + C_4 \rho \ln\rho \tag{e}$$

于是由式（c）、式（d）、式（e）得挠度 w 的全解

$$w = w_1 + w_2 = \frac{q_1 \rho^5 \cos\varphi}{192 aD} + \left(C_1 \rho + C_2 \rho^3 + \frac{C_3}{\rho} + C_4 \rho \ln\rho \right) \cos\varphi \qquad (f)$$

由于薄板的中心并没有孔，为了薄板中心的挠度及内力不致成为无限大，必须取 $C_3 = C_4 = 0$。于是式（f）简化为

$$w = \frac{q_1 \rho^5 \cos\varphi}{192 aD} + (C_1 \rho + C_2 \rho^3) \cos\varphi \qquad (g)$$

假定薄板的边界是固定边，则边界条件要求

$$(w)_{\rho=a} = 0, \quad \left(\frac{\partial w}{\partial \rho} \right)_{\rho=a} = 0$$

将式（g）代入，求出常数 C_1 及 C_2，再代回式（g），整理后，即得挠度的表达式

$$w = \frac{q_1 a^4}{192 D} \left(1 - \frac{\rho^2}{a^2} \right)^2 \frac{\rho}{a} \cos\varphi$$

从而由式（1-51）得出内力的表达式

$$M_\rho = -\frac{q_1 a^2}{48} \left[\left(5 \frac{\rho^2}{a^2} - 3 \right) + \mu \left(\frac{\rho^2}{a^2} - 1 \right) \right] \frac{\rho}{a} \cos\varphi$$

$$M_\varphi = -\frac{q_1 a^2}{48} \left[\left(\frac{\rho^2}{a^2} - 1 \right) + \mu \left(5 \frac{\rho^2}{a^2} - 3 \right) \right] \frac{\rho}{a} \cos\varphi$$

$$M_{\rho\varphi} = M'_{\varphi\rho} = -\frac{(1-\mu) q_1 a^2}{48} \left(1 - \frac{\rho^2}{a^2} \right) \frac{\rho}{a} \sin\varphi$$

$$F_{S\rho} = \frac{q_1 a}{24} \left(2 - 9 \frac{\rho^2}{a^2} \right) \cos\varphi, \quad F_{S\varphi} = \frac{q_1 a}{24} \left(3 \frac{\rho^2}{a^2} - 2 \right) \sin\varphi$$

如果薄板的边界是简支边，则边界条件要求

$$(w)_{\rho=a} = 0, \quad (M_\rho)_{\rho=a} = 0$$

将式（1-51）中的 M_ρ 的表达式代入，得

$$(w)_{\rho=a} = 0, \quad \left[\frac{\partial^2 w}{\partial \rho^2} + \mu \left(\frac{1}{\rho} \frac{\partial w}{\partial \rho} + \frac{1}{\rho^2} \frac{\partial^2 w}{\partial \varphi^2} \right) \right]_{\rho=a} = 0$$

将式（g）代入，求出常数 C_1，C_2，再代回式（g）即得

$$w = \frac{q_1 a^4}{192 aD} \left(1 - \frac{\rho^2}{a^2} \right) \left(\frac{7+\mu}{3+\mu} - \frac{\rho^2}{a^2} \right) \frac{\rho}{a} \cos\varphi$$

从而得出

$$M_\rho = \frac{q_1 a^2}{48} (5+\mu) \left(1 - \frac{\rho^2}{a^2} \right) \frac{\rho}{a} \cos\varphi$$

$$M_\varphi = \frac{q_1 a^2}{48} \left[\frac{(5+\mu)(1+3\mu)}{3+\mu} - (1+5\mu) \frac{\rho^2}{a^2} \right] \frac{\rho}{a} \cos\varphi$$

$$M_{\rho\varphi} = M_{\varphi\rho} = -\frac{(1-\mu) q_1 a^2}{48} \left(\frac{5+\mu}{3+\mu} - \frac{\rho^2}{a^2} \right) \frac{\rho}{a} \sin\varphi$$

$$F_{S\rho} = \frac{q_1 a}{24} \left(2 \times \frac{5+\mu}{3+\mu} - 9 \times \frac{\rho^2}{a^2} \right) \cos\varphi$$

$$F_{S\varphi} = \frac{q_1 a}{24} \left(3 \times \frac{\rho^2}{a^2} - 2 \times \frac{5+\mu}{3+\mu} \right) \sin\varphi$$

将本节中所得的解答与 1.11 节中关于圆形薄板受均布荷载时的解答相叠加，即得圆形薄板受线性变化荷载作用时的解答。

习题

1-1 试写出如图 1-16 所示的悬臂矩形板的边界条件和角点条件。

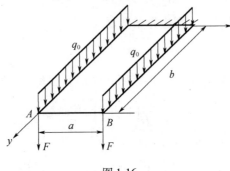

图 1-16

答案：$x=0$ 边，$(M_x)_{x=o}=0$，$(F^t_{Sx})_{x=0}=-q_0$

$x=a$ 边，$(M_x)_{x=a}=0$，$(F^t_{Sx})_{x=a}=q_0$

$y=0$ 边，$(w)_{y=o}=0$，$\left(\dfrac{\partial w}{\partial y}\right)_{y=0}=0$

$y=b$ 边，$(M_y)_{y=b}=0$，$(F^t_{Sy})_{y=b}=0$

在 $(o,\ b)$ 点，$F_{SA}=F$

在 $(a,\ b)$ 点，$F_{SB}=-F$

1-2 将总荷载 F 均匀分布在图 1-17 所示的矩形区域 $u\times v$ 上，若将它展为二重正弦三角级数，求其系数 C_{mn}。

答案：$C_{mn}=\dfrac{16F}{\pi^2mnuv}\sin\dfrac{m\pi\xi}{a}\sin\dfrac{n\pi\eta}{b}\sin\dfrac{m\pi u}{2a}\sin\dfrac{n\pi v}{2b}$

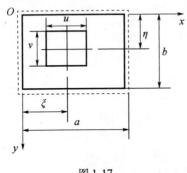

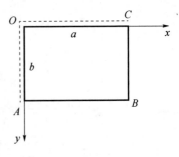

图 1-17　　　　　　　　　　　　　　　图 1-18

1-3 如图 1-18 所示的矩形薄板 $OABC$，其 OA 边及 OC 边为简支边，AB 边及 BC 边为自由边，在 B 点受有与板面垂直的竖直向下的集中荷载。试证 $w=mxy$ 能满足一切条件，并求出挠度、内力及反力。

答案：$w = \dfrac{Fxy}{2(1-\mu)D}$，$M_x = M_y = 0$，$M_{xy} = -\dfrac{F}{2}$，

$F_{Sx}^t = F_{Sy}^t = F_{Sx} = F_{Sy} = 0$，$F_{SA} = F_{SC} = -F$（与荷载反向）

$F_{SO} = -F$（与荷载同向）

1-4 半椭圆形薄板 $AOBC$，如图 1-19 所示，直线边界 AOB

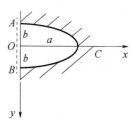

为简支边，曲线边界 ACB 为固定边，受有横向荷载 $q = \dfrac{q_1}{a}x$，其

中 q_1 为常量。试证

$$w = mx\left(\frac{x^2}{a^2} + \frac{y^2}{b^2} - 1\right)^2$$

能满足一切条件，并求出挠度及内力。

图 1-19

答案：$w_{max} = \dfrac{2\sqrt{5}q_1 a^4}{375\left(5 + 2\dfrac{a^2}{b^2} + \dfrac{a^4}{b^4}\right)D}$，$(M)_{x=a,y=0} = -\dfrac{q_1 a^2}{3\left(5 + 2\dfrac{a^2}{b^2} + \dfrac{a^4}{b^4}\right)}$

1-5 正方形薄板，边长为 a，四边简支，在中点受集中荷载 F。试求最大挠度。

答案：$\dfrac{0.0116Fa^2}{D}$

1-6 四边简支的正方形薄板，边长为 a，受均布荷载 q_0。试由 1.7 节中的式（g）导出弯矩、剪力、反力的表达式，求出它们的最大值，并求出角点处的集中反力。取 $\mu = 0.3$。

答案：最大弯矩为 $0.0479q_0 a^2$，最大剪力为 $0.338q_0 a$，最大反力为 $0.420q_0 a$，集中反力为 $0.065q_0 a^2$，与荷载同向。

1-7 圆形薄板，半径为 a，边界夹支，在中心受集中荷载 F，如图 1-20 所示。试求薄板的挠度及内力。

答案：$w = \dfrac{Fa^2}{16\pi D}\left(1 - \dfrac{\rho^2}{a^2} + 2\dfrac{\rho^2}{a^2}\ln\dfrac{\rho}{a}\right)$，$M_\rho = -\dfrac{F}{4\pi}\left[1 + (1+\mu)\ln\dfrac{\rho}{a}\right]$

$M_\varphi = -\dfrac{F}{4\pi}\left[\mu + (1+\mu)\ln\dfrac{\rho}{a}\right]$，$F_{S\rho} = \dfrac{F}{2\pi\rho}$

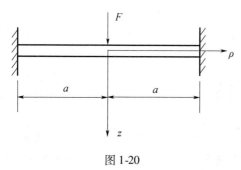

图 1-20

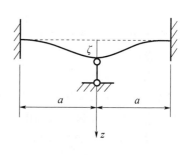

图 1-21

1-8 圆形薄板半径为 a，边界固定，中心有连杆支座，如图 1-21 所示。设连杆支座发生沉陷 ζ，试求薄板的挠度及内力。

$$w = \zeta\left(1 - \frac{\rho^2}{a^2} + 2\frac{\rho^2}{a^2}\ln\frac{a}{\rho}\right), \quad M_\rho = -\frac{4D\zeta}{a^2}\left[1 + (1+\mu)\ln\frac{\rho}{a}\right]$$

答案：

$$M_\varphi = -\frac{4D\zeta}{a^2}\left[\mu + (1+\mu)\ln\frac{\rho}{a}\right], \quad F_{S_\varphi} = -\frac{8D\zeta}{a^2\rho}$$

人物篇1

泊松

西莫恩·德尼·泊松（1781—1840）是法国力学家、数学家、物理学家。1781 年 6 月 21 日生于法国卢瓦雷省的皮蒂维耶，泊松的父亲是退役军人，退役后在村里作小职员，家境贫苦，直到 15 岁，泊松还没有读书和写字的机会，1796 年泊松被送到舅父家，在舅父家他才有机会参加学习，他的数学学得很好。

1798 年，他以第一名的成绩进入位列法国四大名校之首的巴黎综合理工学院学习数学，他的数学才能很快受到学校教授们的注意。他在理工学院上过数学家、力学家拉格朗日函数理论的课，拉格朗日认识到他的才华，并与他成为朋友，泊松追随著名数学家拉普拉斯的足迹，拉普拉斯几乎把他当儿子看待，两位老师对泊松的研究、进步帮助很大。

18 岁时，泊松发表关于有限差分方程的积分论文，初露锋芒，1800 年，19 岁的他又在巴黎综合理工学院发表了 2 篇数学论文，受到法国数学家勒朗德的好评。

1800 年，他毕业留校任教，因其优秀的研究论文，被指定为讲师，1802 年任副教授，1806 年接替法国物理学家、数学家傅里叶任教授。1812 年，泊松当选为法国科学院院士。

泊松对弹性力学的兴趣是由纳维的工作引起的。泊松在 1814 年发表了论文《弹性薄板》，在这篇文章中首先正确地提出受均匀张力的薄膜的平衡方程，随后，他得到了弹性薄板的平衡与运动方程，在 1816 年又得到了板的弯曲方程。他的推导与索菲·热尔曼的不同在于利用板弯曲时板曲面面积的变分为零得到的。

在 1829 年，泊松发表了他的重要著作《论弹性体平衡和运动》的研究报告，文中用分子间相互作用的理论导出弹性体的运动方程，并且发现在弹性介质中可以传播纵波与横波。在这篇报告中，泊松从理论上推导出各向同性弹性杆在纵向拉伸时，横向收缩应变与纵向伸长之比是一个常数，其值为 1/4，但这一值与后来证实和实验有差距，但在当时从理论上得到这样一个值有着重要的意义，为了纪念泊松发现的这个比例常量，这个比例常数被后人称为泊松比。

在《论弹性体平衡和运动》这篇报告中，泊松建立了受载平板横向挠曲的方程，并且讨论了边界条件，他给出的边界条件完全满足现在普遍采用的板边固定和简支的条件；对于沿着边缘分布已知力的边，泊松要求三个条件（我们现在改为两个），即剪力、扭矩和弯矩必须与作用在该边缘上的力相平衡。为了证明他理论的适用性，泊松研究了当荷载集度与轴心距离成函数关系的圆板的弯曲，泊松将受载平板横向挠曲的方程写成极坐标的形式并得出这个问题的解。泊松还将这个解用到均布荷载作用下简支和夹支的挠曲方程式，并讨论了板的横向振动，求解了当圆板挠曲的形状对称于中心时的振动问题。

泊松是19世纪伟大的力学家、物理学家和数学家，他精力充沛，研究领域广泛，主要研究领域是数学、物理力学，将数学应用于力学和物理学中，对数学和物理学做出巨大的贡献，同时为建立完整的分析力学体系做出了贡献，也是弹性数学理论的奠基人。

泊松不是一般的成功，作为科学工作者，他的成就罕有匹敌。他的科研范围很广，研究过理论力学、电磁学、外弹道学、水力学、固体导热问题和固体与液体运动方程、毛细现象等；他对势论、积分理论、傅里叶级数、概率论和变分方程、流体动力学做过详尽的探究，在定积分、有限差分理论、微分方程、积分方程、行星运动理论、弹性力学和数学物理方程等方面均有建树。因此，数学和力学中有许多用他的名字命名的名词和专用术语，例如，泊松括号、泊松比、泊松方程、泊松积分（公式）、泊松常数、泊松分布、泊松定律、泊松级数、泊松变换（位势变换）、泊松回归、泊松代数、泊松二项试验模型、泊松流、泊松核、泊松效应、泊松变量、泊松求和公式、泊松大数定理、泊松稳定性、泊松过程等，他一生发表研究论文300多篇，出版了多部重要、影响力较大的专著，如《力学教程》《热学的数学理论》《分析教程》等。

2 变分法解薄板小挠度弯曲问题

薄板小挠度弯曲问题的经典解法，是在给定的边界条件之下，去求解四阶的偏微分方程或有关的常微分方程。但是在板的几何形状或荷载比较复杂的情况下，用经典解法，有的不能解决问题，有的计算复杂。这时可以采用近似解法，如变分法、差分法或有限单元法等。其中变分法又称为能量法。本章着重介绍用变分法，如何求解薄板的小挠度弯曲问题。

2.1 薄板的弯曲应变能

变分法是求解薄板弯曲问题的有效方法。在该方法中经常用到薄板的弯曲应变能，以下导出计算薄板弯曲应变能的公式。

按照弹性理论，线弹性体的应变能为

$$V_\varepsilon = \frac{1}{2} \iiint (\sigma_x \varepsilon_x + \sigma_y \varepsilon_y + \sigma_z \varepsilon_z + \tau_{xy} \gamma_{xy} + \tau_{yz} \gamma_{yz} + \tau_{zx} \gamma_{zx}) \mathrm{d}x \mathrm{d}y \mathrm{d}z$$

以上积分遍及物体的整个体积。在薄板的小挠度弯曲问题中，按照计算假定，是不计形变分量 ε_z，γ_{yz}，γ_{zx} 的，于是应变能的表达式简化为

$$V_\varepsilon = \frac{1}{2} \iiint (\sigma_x \varepsilon_x + \sigma_y \varepsilon_y + \tau_{xy} \gamma_{xy}) \mathrm{d}x \mathrm{d}y \mathrm{d}z \tag{a}$$

式（a）中的应力和形变分量，已在 1.2 节中用挠度 w 表示如下

$$\sigma_x = -\frac{Ez}{1-\mu^2} \left(\frac{\partial^2 w}{\partial x^2} + \mu \frac{\partial^2 w}{\partial y^2} \right), \quad \varepsilon_x = \frac{\partial u}{\partial x} = -\frac{\partial^2 w}{\partial x^2} z$$

$$\sigma_y = -\frac{Ez}{1-\mu^2} \left(\frac{\partial^2 w}{\partial y^2} + \mu \frac{\partial^2 w}{\partial x^2} \right), \quad \varepsilon_y = \frac{\partial v}{\partial y} = -\frac{\partial^2 w}{\partial y^2} z$$

$$\tau_{xy} = -\frac{Ez}{1+\mu} \frac{\partial^2 w}{\partial x \partial y}, \quad \gamma_{xy} = \frac{\partial v}{\partial x} + \frac{\partial u}{\partial y} = -2 \frac{\partial^2 w}{\partial x \partial y} z$$

将上述应力表达式，代入式（a），整理以后，得

$$V_\varepsilon = \frac{E}{2(1-\mu^2)} \iiint z^2 \left\{ (\nabla^2 w)^2 - 2(1-\mu) \left[\frac{\partial^2 w}{\partial x^2} \frac{\partial^2 w}{\partial y^2} - \left(\frac{\partial^2 w}{\partial x \partial y} \right)^2 \right] \right\} \mathrm{d}x \mathrm{d}y \mathrm{d}z$$

对上式，将 z 从 $-\delta/2$ 到 $\delta/2$ 积分，注意大括号里的各项均与 z 无关，得

$$V_\varepsilon = \frac{1}{2} \iint D \left\{ (\nabla^2 w)^2 - 2(1-\mu) \left[\frac{\partial^2 w}{\partial x^2} \frac{\partial^2 w}{\partial y^2} - \left(\frac{\partial^2 w}{\partial x \partial y} \right)^2 \right] \right\} \mathrm{d}x \mathrm{d}y \tag{b}$$

式中的弯曲刚度 D，在变厚度板的情况下，将是 x 和 y 的函数，因为 δ 是 x 和 y 的函数。

对等厚度薄板，D 是常量，式（b）可以改写为

$$V_\varepsilon = \frac{D}{2} \iint \left\{ (\nabla^2 w)^2 - 2(1-\mu) \left[\frac{\partial^2 w}{\partial x^2} \frac{\partial^2 w}{\partial y^2} - \left(\frac{\partial^2 w}{\partial x \partial y} \right)^2 \right] \right\} \mathrm{d}x \mathrm{d}y \tag{2-1}$$

或再改写为

$$V_\varepsilon = \frac{D}{2} \iint (\nabla^2 w)^2 \mathrm{d}x\mathrm{d}y - (1-\mu)D \iint \left[\frac{\partial^2 w}{\partial x^2} \frac{\partial^2 w}{\partial y^2} - \left(\frac{\partial^2 w}{\partial x \partial y} \right)^2 \right] \mathrm{d}x\mathrm{d}y \qquad (\text{c})$$

式中（c）的第二个积分可以变换成为

$$\iint \left[\frac{\partial^2 w}{\partial x^2} \frac{\partial^2 w}{\partial y^2} - \left(\frac{\partial^2 w}{\partial x \partial y} \right)^2 \right] \mathrm{d}x\mathrm{d}y = \iint \left[\frac{\partial}{\partial x} \left(\frac{\partial w}{\partial x} \frac{\partial^2 w}{\partial y^2} \right) - \frac{\partial}{\partial y} \left(\frac{\partial w}{\partial x} \frac{\partial^2 w}{\partial x \partial y} \right) \right] \mathrm{d}x\mathrm{d}y$$

按照格林定理，则有

$$\iint \left[\frac{\partial}{\partial x} P(x,y) - \frac{\partial}{\partial y} Q(x,y) \right] \mathrm{d}x\mathrm{d}y = \int \left[Q(x,y)\,\mathrm{d}x + P(x,y)\,\mathrm{d}y \right]$$

于是由上式可得

$$\iint \left[\frac{\partial^2 w}{\partial x^2} \frac{\partial^2 w}{\partial y^2} - \left(\frac{\partial^2 w}{\partial x \partial y} \right)^2 \right] \mathrm{d}x\mathrm{d}y = \iint \left[\frac{\partial w}{\partial x} \frac{\partial^2 w}{\partial x \partial y} \mathrm{d}x + \frac{\partial w}{\partial x} \frac{\partial^2 w}{\partial y^2} \mathrm{d}y \right] \qquad (\text{d})$$

其中右边的线积分是沿薄板的边界进行的。

如果薄板的全部边界都是夹支边，则不论边界的形状如何，在边界上都有 $\frac{\partial w}{\partial x} = 0$。于是式（d）右边成为零，左边也就等于零，而式（c）简化为

$$V_\varepsilon = \frac{D}{2} \iint (\nabla^2 w)^2 \mathrm{d}x\mathrm{d}y \qquad (2\text{-}2)$$

如果一个矩形薄板没有自由边，而只有夹支边和简支边，则在 x 为常量的边界上有 $\mathrm{d}x = 0$ 及 $\frac{\partial^2 w}{\partial y^2} = 0$。在 y 为常量的边界上有 $\mathrm{d}y = 0$ 及 $\frac{\partial w}{\partial x} = 0$，于是式（d）的右边成为零，左边也就等于零，而式（c）仍然简化为式（2-2）。

对于圆形薄板，须将上列公式改用极坐标表示。为此，除了把微分面积 $\mathrm{d}x\mathrm{d}y$ 改用 $\rho\mathrm{d}\varphi\mathrm{d}\rho$ 表示以外，再用 1.9 节中的方法，将 w 的各个二阶导数向极坐标中变换。这样，式（b）将变换成为

$$V_\varepsilon = \frac{1}{2} \iint D \left\{ (\nabla^2 w)^2 - 2(1-\mu) \left[\frac{\partial^2 w}{\partial \rho^2} \left(\frac{1}{\rho} \frac{\partial w}{\partial \rho} + \frac{1}{\rho^2} \frac{\partial^2 w}{\partial \varphi^2} \right) - \left(\frac{1}{\rho} \frac{\partial^2 w}{\partial \rho \partial \varphi} - \frac{1}{\rho^2} \frac{\partial w}{\partial \varphi} \right)^2 \right] \right\} \rho\mathrm{d}\rho\mathrm{d}\varphi$$

其中

$$\nabla^2 w = \frac{\partial^2 w}{\partial \rho^2} + \frac{1}{\rho} \frac{\partial w}{\partial \rho} + \frac{1}{\rho^2} \frac{\partial^2 w}{\partial \varphi^2}$$

关于等厚度薄板的应变能公式（2-1），将变换成

$$V_\varepsilon = \frac{D}{2} \iint \left\{ (\nabla^2 w)^2 - 2(1-\mu) \left[\frac{\partial^2 w}{\partial \rho^2} \left(\frac{1}{\rho} \frac{\partial w}{\partial \rho} + \frac{1}{\rho^2} \frac{\partial^2 w}{\partial \varphi^2} \right) - \left(\frac{1}{\rho} \frac{\partial^2 w}{\partial \rho \partial \varphi} - \frac{1}{\rho^2} \frac{\partial w}{\partial \varphi} \right)^2 \right] \right\} \rho\mathrm{d}\rho\mathrm{d}\varphi$$

$$(2\text{-}3)$$

在轴对称问题中，横向荷载及挠度都只是 ρ 的函数，即

$$q = q(\rho), \quad w = w(\rho)$$

于是应变能的表达式（2-3）简化为

$$V_\varepsilon = \frac{D}{2} \iint \left[\rho \left(\frac{\mathrm{d}^2 w}{\mathrm{d}\rho^2} \right)^2 + \frac{1}{\rho} \left(\frac{\mathrm{d}w}{\mathrm{d}\rho} \right)^2 + 2\mu \frac{\mathrm{d}w}{\mathrm{d}\rho} \frac{\mathrm{d}^2 w}{\mathrm{d}\rho^2} \right] \mathrm{d}\rho\mathrm{d}\varphi$$

注意，$w = w(\rho)$ 而 $\int_0^{2\pi} \mathrm{d}\varphi = 2\pi$，则上式可以再简化为

$$V_\varepsilon = \pi D \int \left[\rho \left(\frac{\mathrm{d}^2 w}{\mathrm{d}\rho^2} \right)^2 + \frac{1}{\rho} \left(\frac{\mathrm{d}w}{\mathrm{d}\rho} \right)^2 + 2\mu \frac{\mathrm{d}w}{\mathrm{d}\rho} \frac{\mathrm{d}^2 w}{\mathrm{d}\rho^2} \right] \mathrm{d}\rho \qquad (2\text{-}4)$$

当圆板的全部边界均为夹支边时，对于外半径为 a 而内半径为 b 的圆板，则有

$$\int \frac{\mathrm{d}w}{\mathrm{d}\rho} \frac{\mathrm{d}^2 w}{\mathrm{d}\rho^2} \mathrm{d}\rho = \frac{1}{2} \int_a^b \mathrm{d}\left[\left(\frac{\mathrm{d}w}{\mathrm{d}\rho}\right)^2\right] = \frac{1}{2}\left[\left(\frac{\mathrm{d}w}{\mathrm{d}\rho}\right)_{\rho=a}^2 - \left(\frac{\mathrm{d}w}{\mathrm{d}\rho}\right)_{\rho=b}^2\right] = 0$$

对于无孔的圆板，我们也将得到同样的结果，因为这时有 $\left(\frac{\mathrm{d}w}{\mathrm{d}\rho}\right)_{\rho=0} = 0$。于是，公式 (2-4)简化为

$$V_\varepsilon = \pi D \iint \left[\rho \left(\frac{\mathrm{d}^2 w}{\mathrm{d}\rho^2}\right)^2 + \frac{1}{\rho}\left(\frac{\mathrm{d}w}{\mathrm{d}\rho}\right)^2\right]\mathrm{d}\rho \tag{2-5}$$

2.2　里茨法

里茨法是以最小势能原理为基础的一种近似方法。在计算薄板弯曲问题的总势能时，考虑到板的体力和面力都归于荷载 q，而板上外荷载 q 的势能是 $-\iint qw\mathrm{d}x\mathrm{d}y$，故薄板的总势能 Π 是：

$$\Pi = V_\varepsilon - \iint qw\mathrm{d}x\mathrm{d}y \tag{a}$$

根据最小势能原理，薄板的真实位移函数 w 应使 Π 为最小值，即应使 Π 的一阶变分等于零，即

$$\delta\Pi = 0 \tag{b}$$

设将位移函数 w 表示为

$$w = w_0 + \sum_{m=1}^n C_m w_m \tag{2-6}$$

其中，w_0 是满足薄板位移边界条件的设定函数，w_m（m 不等于零）为满足薄板零位移边界条件的设定函数，但 w_0 和 w_m 并不一定要满足内力边界条件，C_m 为互不依赖的 n 个待定常数，无论 C_m 取何值，式 (2-6) 为挠度 w 总能满足板的位移边界条件。注意，挠度 w 的变分只是由 C_m 的变分来实现的；至于设定的函数 w_m 仅随坐标而变，与上述变分完全无关。这样，便把无限自由度板，由具有 n 个自由度的体系所代替。把式 (2-6)代入式 (a)，总势能 Π 将变为待定常数 C_m 的二次函数。根据最小势能原理，这些待定常数应使总势能为极值，因而必须有

$$\frac{\partial \Pi}{\partial C_1} = 0, \ \frac{\partial \Pi}{\partial C_2} = 0, \ \cdots, \ \frac{\partial \Pi}{\partial C_m} = 0, \ \cdots, \ \frac{\partial \Pi}{\partial C_n} = 0$$

结合式 (a)，必须有

$$\frac{\partial V_\varepsilon}{\partial C_m} = \iint qw_m \mathrm{d}x\mathrm{d}y \qquad (m = 1,2,\cdots,n) \tag{2-7}$$

式 (2-7) 是 n 个待定常数的线性方程组，方程式的数目与待定常数的数目相同。从这一方程组中解出 C_m，代回式 (2-6)，便得到了 w 的近似解，从而可求得薄板内力。

对于圆形薄板，表达式 (2-6) 保持不变，但 w_m 应表示成 ρ 和 φ 的函数，而方程 (2-7)变换成

$$\frac{\partial V_\varepsilon}{\partial C_m} = \iint qw_m \rho \mathrm{d}\rho \mathrm{d}\varphi \tag{2-8}$$

注意：式（2-7）及式（2-8）右边的积分式，都表示荷载在位移 w_m 上所做的功，因此，有时可以不必进行积分，而直接由功的计算得到该积分式的值。

在轴对称问题中，因横向荷载及挠度都只是 ρ 的函数，并注意，$w = w(\rho)$ 而 $\int_0^{2\pi} \mathrm{d}\varphi = 2\pi$，则式（2-8）可以再简化为

$$\frac{\partial V_\varepsilon}{\partial C_m} = 2\pi \int q w_m \rho \mathrm{d}\rho \tag{2-9}$$

在用里茨法计算薄板问题时，必须把边界条件明确区分为位移边界条件和内力边界条件。夹支边上已知挠度的条件和已知法向斜率的条件，两者都是位移边界条件。自由边上已知弯矩的条件和已知分布剪力的条件，两者都是内力边界条件。在简支边上，已知挠度的条件是位移边界条件，但已知弯矩的条件则是内力边界条件。应用里茨法时，只要求设定的挠度表达式满足位移边界条件，而不一定要满足内力边界条件。但是，如果也能满足一部分或全部内力边界条件，则往往可以提高计算成果的精度。同时也应指出：在设定挠度表达式时，应当尽可能不要使它在任一边界上满足某种实际上不存在的边界条件。例如，不要使得夹支边上的弯矩或反力等于零，不要使得简支边上的法向斜率或反力等于零，也不要使得自由边上的挠度或法向斜率等于零。如果这种条例在某边界上没有被遵守，则该边界附近的位移和内力将有较大的误差。

2.3　里茨法应用举例

作为第一个例题，设有矩形薄板，边长为 a 及 b，上下两边简支、左边夹支右边自由，受有均布荷载 q_0，取坐标轴如图 2-1 所示，则位移边界条件为

$$(w)_{x=0} = 0, \qquad \left(\frac{\partial w}{\partial x}\right)_{x=0} = 0$$

$$(w)_{y=0} = 0, \qquad (w)_{y=b} = 0$$

将挠度表达式取为

$$w = C_1 w_1 = C_1 \left(\frac{x}{a}\right)^2 \sin\frac{\pi y}{b} \tag{a}$$

则上列位移边界条件都能满足。同时，式（a）在薄板的上下两边还满足了内力边界条件，即弯矩等于零，可是，式（a）在薄板的左边，满足了实际上不存在的边界条件，即分布总剪力等于零，这将在该边界附近引起较大的误差。

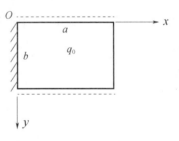

图 2-1　上下两边简支、左边夹支右边自由的矩形薄板

按照式（a）求挠度 w 对于坐际的二阶导数，得到

$$\frac{\partial^2 w}{\partial x^2} = \frac{2}{a^2} C_1 \sin\frac{\pi y}{b}$$

$$\frac{\partial^2 w}{\partial y^2} = -\frac{\pi^2}{a^2 b^2} C_1 x^2 \sin\frac{\pi y}{b}$$

$$\frac{\partial^2 w}{\partial x \partial y} = \frac{2\pi}{a^2 b} C_1 x \cos\frac{\pi y}{b}$$

代入式（2-1），注意对 x 积分的极限是从 0 到 a，对 y 积分的极限是从 0 到 b，得到

$$V_{\varepsilon} = \frac{D}{2}\int_0^a\int_0^b\Big[\Big(\frac{2}{a^2}C_1\sin\frac{\pi y}{b} - \frac{\pi^2}{a^2 b^2}C_1 x^2\sin\frac{\pi y}{b}\Big)^2 - $$

$$2(1-\mu)\Big(-\frac{2\pi^2}{a^4 b^2}C_1^2 x^2\sin^2\frac{\pi y}{b} - \frac{4\pi^2}{a^4 b^2}C_1^2 x^2\cos^2\frac{\pi y}{b}\Big)\Big]\mathrm{d}x\mathrm{d}y$$

$$= \frac{DC_1^2}{2}\Big[2 + \Big(\frac{4}{3}-2\mu\Big)\Big(\frac{\pi a}{b}\Big)^2 + \frac{1}{10}\Big(\frac{\pi a}{b}\Big)^4\Big]\frac{b}{a^3}$$

从而得到

$$\frac{\partial V_{\varepsilon}}{\partial C_1} = C_1 D\Big[2 + \Big(\frac{4}{3}-2\mu\Big)\Big(\frac{\pi a}{b}\Big)^2 + \frac{1}{10}\Big(\frac{\pi a}{b}\Big)^4\Big]\frac{b}{a^3} \tag{b}$$

另一方面，由式（a）得到

$$\iint qw_m\mathrm{d}x\mathrm{d}y = \int_0^a\int_0^b q_0\Big(\frac{x}{a}\Big)^2\sin\frac{\pi y}{b}\mathrm{d}x\mathrm{d}y = \frac{2}{3\pi}q_0 ab \tag{c}$$

将式（b）及式（c）代入式（2-7），求出 C_1，再代入式（a），即得

$$w = \frac{2q_0 a^2 x^2\sin\dfrac{\pi y}{b}}{3\pi D\Big[2 + \Big(\dfrac{4}{3}-2\mu\Big)\Big(\dfrac{\pi a}{b}\Big)^2 + \dfrac{1}{10}\Big(\dfrac{\pi a}{b}\Big)^4\Big]}$$

当 $b=a$ 而 $\mu=0.3$，自由边中点 $(a,b/2)$ 处的挠度为

$$w = 0.0112\frac{q_0 a^4}{D} \tag{d}$$

与精确解答相比，只有 1% 的误差。

如果该薄板所受的荷载不是分布荷载，而是在坐标为 ξ 及 η 的一点处的集中荷载 F，则可计算该荷载在 w_m 上所做的功，以代替 $\iint qw_{mn}\mathrm{d}x\mathrm{d}y$。这个功的数量等于

$$F(w_1)_{x=\xi, y=\eta} = F\Big(\frac{\xi}{a}\Big)^2\sin\frac{\pi\eta}{b}$$

于是有

$$\frac{\partial V_{\varepsilon}}{\partial C_1} = F\Big(\frac{\xi}{a}\Big)^2\sin\frac{\pi\eta}{b}$$

将式（b）代入上式，求出 C_1，再代入式（a），即得

$$w = \frac{F\xi^2\sin\dfrac{\pi\eta}{b}x^2\sin\dfrac{\pi y}{b}}{abD\Big[2 + \Big(\dfrac{4}{3}-2\mu\Big)\Big(\dfrac{\pi a}{b}\Big)^2 + \dfrac{1}{10}\Big(\dfrac{\pi a}{b}\Big)^4\Big]}$$

作为另一个例题，设有半径为 a 的夹支边圆板，在半径为 b 的中心圆面积上受均布荷载 q_0，见图 2-2，这是个轴对称问题。取挠度的表达式为

$$w = \Big(1 - \frac{\rho^2}{a^2}\Big)^2\Big[C_1 + C_2\Big(1 - \frac{\rho^2}{a^2}\Big) + C_3\Big(1 - \frac{\rho^2}{a^2}\Big)^2 + \cdots\Big] \tag{e}$$

可以满足位移边界条件

$$(w)_{\rho=a} = 0, \qquad \Big(\frac{\mathrm{d}w}{\mathrm{d}\rho}\Big)_{\rho=a} = 0$$

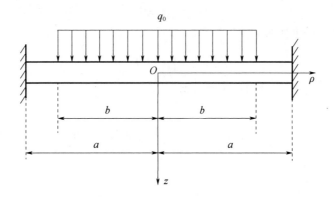

$$\text{图 2-2 \quad 夹支圆板}$$

并且反映了位移的轴对称条件

$$\left(\frac{\mathrm{d}w}{\mathrm{d}\rho}\right)_{\rho=0}=0$$

现在，试在式（e）中只取一个待定常数，也就是取

$$w=C_1 w_1=C_1\left(1-\frac{\rho^2}{a^2}\right)^2 \tag{f}$$

求出 w 的一阶及二阶导数

$$\frac{\mathrm{d}w}{\mathrm{d}\rho}=-\frac{4C_1}{a^2}\left(1-\frac{\rho^2}{a^2}\right)\rho,\quad \frac{\mathrm{d}^2 w}{\mathrm{d}\rho^2}=-\frac{4C_1}{a^2}\left(1-3\frac{\rho^2}{a^2}\right)$$

代入式（2-5），注意积分的极限是从 0 到 a，得到

$$V_\varepsilon=\pi D\int_0^a\left\{\rho\left[\frac{4C_1}{a^2}\left(1-3\frac{\rho^2}{a^2}\right)\right]^2+\frac{1}{\rho}\left[\frac{4C_1}{a^2}\left(1-\frac{\rho^2}{a^2}\right)\rho\right]^2\right\}\mathrm{d}\rho=\frac{32\pi DC_1^2}{3a^2}$$

从而得出

$$\frac{\partial V_\varepsilon}{\partial C_m}=\frac{\partial V_\varepsilon}{\partial C_1}=\frac{64\pi DC_1}{3a^2} \tag{g}$$

另一方面，由式（f）得

$$2\pi\int qw_m\rho\mathrm{d}\rho=2\pi\int_0^b q_0\left(1-\frac{\rho^2}{a^2}\right)^2\rho\mathrm{d}\rho=\frac{\pi q_0 b^2}{3}\left(3-3\frac{b^2}{a^2}+\frac{b^4}{a^4}\right) \tag{h}$$

将式（g）及式（h）代入式（2-9），求出 C_1，再将求得的 C_1 代入式（f），即得挠度为

$$w=\frac{q_0 a^4}{64D}\left(3-3\frac{b^2}{a^2}+\frac{b^4}{a^4}\right)\frac{b^2}{a^2}\left(1-\frac{\rho^2}{a^2}\right)^2$$

当整个薄板受均布荷载 q_0 时，$b/a=1$，由上式得

$$w=\frac{q_0 a^4}{64D}\left(1-\frac{\rho^2}{a^2}\right)^2$$

与 1.11 节中的精确解答完全相同。

当圆板的边界为简支边时，对于轴对称问题，取挠度的表达式为

$$w=\left(1-\frac{\rho^2}{a^2}\right)\left[C_1+C_2\left(1-\frac{\rho^2}{a^2}\right)+C_3\left(1-\frac{\rho^2}{a^2}\right)^2+\cdots\right] \tag{i}$$

可以满足位移边界条件

$$(w)_{\rho=a}=0$$

并反映了位移的轴对称条件

$$\left(\frac{\mathrm{d}w}{\mathrm{d}\rho}\right)_{\rho=0}=0$$

但是，由于式（i）不能满足内力边界条件

$$(M_\rho)_{\rho=a}=0$$

为了求得工程上可用的解答，在式（i）中至少要取两个待定常数 C_1 和 C_2。

2.4　伽辽金法

使用里茨法，必须知道一个泛函，即总势能。若仅仅已知问题的微分方程，而不知道泛函，则里茨法在使用上将遇到困难。而伽辽金法可以只从微分方程出发，求得近似解，并可避免不知道泛函的困难，从而扩大了里茨法的使用范围。

伽辽金法的基本原理是虚位移原理，即一个平衡系统的力，在虚位移上所做的功，应等于零。对于薄板平衡系统，在单位面积上，力为 $D\nabla^4 w-q$，而虚位移为 δw，于是有

$$\iint(D\nabla^4 w-q)\delta w\mathrm{d}x\mathrm{d}y=0 \tag{2-10}$$

伽辽金认为：所要求的挠度 $w(x,y)$ 不一定严格满足薄板的平衡微分方程，但要求选取一个既能满足板的位移边界条件，又能满足板的内力边界条件的挠曲函数。在伽辽金法中，仍然把薄板的挠度表达式设定为

$$w=w_0+\sum_{m=1}^{n}C_m w_m \tag{2-11}$$

但是，现在的 w_0 必须同时满足位移边界条件和内力边界条件，而 w_m（m 不等于零）必须同时满足零位移边界条件和零内力边界条件，这样就保证 w 满足薄板的全部边界条件。

对挠度 w 的变分仍由常数 C_m 的变分来实现，即

$$\delta w=\sum_{m=1}^{n}w_m\delta C_m \tag{2-12}$$

将式（2-12）代入式（2-10）得

$$\sum_{m=1}^{n}\iint(D\nabla^4 w-q)w_m\delta C_m\mathrm{d}x\mathrm{d}y=0 \tag{2-13}$$

由于 δC_m 变分是任意的，且不为零，故对每一个 m 应有

$$\iint(D\nabla^4 w-q)w_m\mathrm{d}x\mathrm{d}y=0 \quad(m=1,2,3,\cdots,n) \tag{2-14}$$

或

$$\iint(D\nabla^4 w)w_m\mathrm{d}x\mathrm{d}y=\iint qw_m\mathrm{d}x\mathrm{d}y \quad(m=1,2,3,\cdots,n) \tag{2-15}$$

由此可得 n 个方程，用来求解常数 C_m。

用极坐标求解问题时，要把方程（2-15）改用极坐标表示。这样就得到

$$\iint(D\nabla^4 w)w_m\rho\mathrm{d}\rho\mathrm{d}\varphi=\iint qw_m\rho\mathrm{d}\rho\mathrm{d}\varphi \tag{2-16}$$

而

$$\nabla^4 w = \left(\frac{\partial^2}{\partial \rho^2} + \frac{1}{\rho} \frac{\partial}{\partial \rho} + \frac{1}{\rho^2} \frac{\partial^2}{\partial \varphi^2} \right)^2 w$$

对于轴对称问题，方程（2-16）简化为

$$\int (D \nabla^4 w) w_m \, \rho \mathrm{d}\rho = \int q w_m \rho \mathrm{d}\rho \tag{2-17}$$

而

$$\nabla^4 w = \left(\frac{\mathrm{d}^2}{\mathrm{d}\rho^2} + \frac{1}{\rho} \frac{d}{\mathrm{d}\rho} \right)^2 w \tag{2-18}$$

2.5 伽辽金法应用举例

作为第一个例题，设有等厚度矩形薄板，四边夹支，见图 2-3，受有均布荷载 q_0。取坐标轴如图所示，则边界条件为

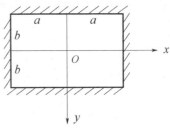

$$(w)_{x = \pm a} = 0, \qquad \left(\frac{\partial w}{\partial x} \right)_{x = \pm a} = 0$$

$$(w)_{y = \pm b} = 0, \qquad \left(\frac{\partial w}{\partial y} \right)_{y = \pm b} = 0$$

图 2-3 四边夹支矩形薄板

注意问题的对称性，将挠度表达式取为

$$w = \sum_m C_m w_m = (x^2 - a^2)^2 (y^2 - b^2)^2 (C_1 + C_2 x^2 + C_3 y^2 + \cdots) \tag{a}$$

可见，无论系数取任何值，都能满足全部边界条件。

假定在式（a）中只取一个系数，也就是取

$$w = C_1 w_1 = C_1 (x^2 - a^2)^2 (y^2 - b^2)^2 \tag{b}$$

于是得

$$w_m = w_1 = (x^2 - a^2)^2 (y^2 - b^2)^2$$

代入方程（2-15），注意 $q = q_0$，并注意问题的对称性，得到

$$4D \int_0^a \int_0^b 8 [3(y^2 - b^2)^2 + 3(x^2 - a^2)^2 + 4(3x^2 - a^2)(3y^2 - b^2)] \times$$

$$C_1 (x^2 - a^2)^2 (y^2 - b^2)^2 \mathrm{d}x \mathrm{d}y = 4q_0 \int_0^a \int_0^b (x^2 - a^2)^2 (y^2 - b^2)^2 \mathrm{d}x \mathrm{d}y$$

积分以后，求解 C_1，再代回式（b），即得

$$w = \frac{7q_0 (x^2 - a^2)^2 (y^2 - b^2)^2}{128 \left(a^4 + b^4 + \frac{4}{7} a^2 b^2 \right) D} \tag{c}$$

对于正方形薄板，命 $b = a$，得到

$$w = \frac{49q_0 a^4}{2304 D} \left(1 - \frac{x^2}{a^2} \right)^2 \left(1 - \frac{y^2}{a^2} \right)^2$$

最大挠度为

$$w_{\max} = (w)_{x = y = 0} = \frac{49q_0 a^4}{2304 D} = 0.0213 \frac{q_0 a^4}{D}$$

比精确值 $0.0202 q_0 a^4 / D$ 大出 5%。

也可以不用多项式而用三角级数，把挠度设定为

$$w = \sum_m \sum_n C_{mn}\left(1 + \cos\frac{m\pi x}{a}\right)\left(1 + \cos\frac{n\pi y}{b}\right) \quad (m = 1,3,5,\cdots; n = 1,3,5,\cdots) \quad (d)$$

这也可以满足全部边界条件。假定在式（d）中只取一个常数 C_{11}，也就是取

$$w = C_{11}\left(1 + \cos\frac{\pi x}{a}\right)\left(1 + \cos\frac{\pi y}{b}\right)$$

进行与上相同的运算，则得

$$w = \frac{4q_0 a^4\left(1 + \cos\frac{\pi x}{a}\right)\left(1 + \cos\frac{\pi y}{b}\right)}{\pi^4 D\left(3 + 2\frac{a^2}{b^2} + 3\frac{a^4}{b^4}\right)}$$

对于正方形薄板，命 $b = a$，得到

$$w = \frac{q_0 a^4\left(1 + \cos\frac{\pi x}{a}\right)\left(1 + \cos\frac{\pi y}{b}\right)}{2\pi^4 D}$$

最大挠度为

$$w_{\max} = (w)_{x=y=0} = \frac{2q_0 a^4}{\pi^4 D} = 0.0205\frac{q_0 a^4}{D}$$

比精确值 $0.0202 q_0 a^4/D$ 只大出 1.5%。

作为第二个例题，试考察图 2-2 中的等厚度圆形薄板。把挠度表达式仍然取为

$$w = C_1 w_1 = C_1\left(1 - \frac{\rho^2}{a^2}\right)^2 \quad (e)$$

求出

$$\nabla^4 w = \left(\frac{d^2}{d\rho^2} + \frac{1}{\rho}\frac{d}{d\rho}\right)^2 w = \frac{64C_1}{a^4}$$

连同 $w_m = w_1 = \left(1 - \frac{\rho^2}{a^2}\right)^2$ 代入方程（2-17），即得

$$D\int_0^a \frac{64C_1}{a^4}\left(1 - \frac{\rho^2}{a^2}\right)^2 \rho d\rho = \int_0^b q_0\left(1 - \frac{\rho^2}{a^2}\right)^2 \rho d\rho$$

积分以后，求出 C_1，再代入式（e），得到

$$w = \frac{q_0 a^4}{64D}\left(3 - 3\frac{b^2}{a^2} + \frac{b^4}{a^4}\right)\frac{b^2}{a^2}\left(1 - \frac{\rho^2}{a^2}\right)^2$$

和用里茨法求出的解答完全相同。

习题

2-1　如图 2-3 所示的四边夹支矩形薄板，板面受横向均布荷载作用，试问下列 8 种位移函数中，哪些可用于里茨法？哪些可用于伽辽金法？哪些函数对这两种方法都适用？

（1）$w = \sum_m \sum_n C_{mn}\left[1 + \cos\frac{(2m-1)\pi x}{a}\right]\left[1 + \cos\frac{(2n-1)\pi y}{b}\right]$

（2）$w = C_{11}\left(1 + \cos\frac{\pi x}{a}\right)\left(1 + \cos\frac{\pi y}{b}\right)$

(3) $w = \sum\limits_{m} \sum\limits_{n} C_{mn} \left(1 - \cos\dfrac{m\pi x}{a}\right)\left(1 - \cos\dfrac{n\pi y}{b}\right)$

(4) $w = \sum\limits_{m} \sum\limits_{n} C_{mn} \sin\dfrac{m\pi x}{a} \sin\dfrac{n\pi y}{b}$

(5) $w = C_1 (x - a)^2 (y - b)^2$

(6) $w = C_1 (x^2 - a^2)^2 (y^2 - b^2)^2$

(7) $w = \sum\limits_{m} \sum\limits_{n} C_{mn} \left(1 + \cos\dfrac{m\pi x}{a}\right)\left(1 + \cos\dfrac{n\pi y}{b}\right)$

(8) $w = C_1 (x^2 - a^2)(y^2 - b^2)xy$

2-2 试用里茨法计算图 2-3 所示的矩形薄板弯曲问题。

2-3 试分别用里茨法及伽辽金法计算，如图 2-4 所示，边长为 a 的四边简支正方形薄板，板承受三棱柱形的分布荷载，其最大集度为 q_0，设定挠度的表达式为 $w = c_1 w_1 = c_1 \sin\dfrac{\pi x}{a} \sin\dfrac{\pi y}{b}$。

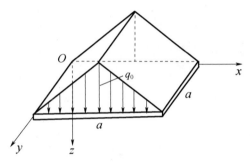

图 2-4

答案：$w_{\max} = \dfrac{8 q_0 a^4}{\pi^7 D} = 0.00265 \dfrac{q_0 a^4}{D}$

2-4 圆形薄板，半径为 a，边界夹支，受横向荷载 $q = q_0 \rho / a$，见图 2-5。试取挠度表达式为 $w = c_1 w_1 = c_1 \left(1 - \dfrac{\rho^2}{a^2}\right)^2$，用伽辽金法求出最大挠度，与精确解答 $\dfrac{q_0 a^4}{150 D}$ 进行对比。

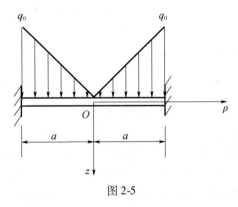

图 2-5

答案：$w_{\max} = \dfrac{q_0 a^4}{140 D}$

2-5 圆形薄板，半径为 a，边界夹支，受横向荷载 $q = q_0\left(1 - \dfrac{\rho^2}{a^2}\right)$，见图 2-6。试取

挠度表达式如上题所示，用伽辽金法求解，求出最大挠度，并与精确解答 $\dfrac{7q_0 a^4}{576D}$ 进行

对比。

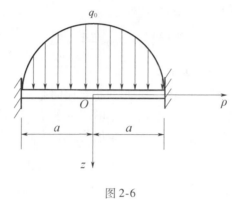

图 2-6

答案：$w_{max} = \dfrac{3q_0 a^4}{256D} = 0.0117\dfrac{q_0 a^4}{D}$

人物篇 2

胡海昌

胡海昌（1928—2011），浙江省杭州市人，研究员，中国科学院院士。

1928 年 4 月 25 日，胡海昌出生在杭州一个普通的小知识分子家庭，1946 年，胡海昌考入浙江大学土木工程系。在读大学期间胡海昌不仅学习刻苦，而且摸索出了一套高效的自学方法，不仅熟练地掌握书本上的知识，而且善于从理论角度分析、解决问题，受到了当时在该校任教的钱令希教授的赏识和特殊指导。大学期间，他便开始发表学术论文。

1950 年胡海昌大学毕业，进入中国科学院数学研究所力学研究室工作，在钱伟长指导下开始了力学研究的生涯。在钱伟长领导下，力学研究室是一个非常活跃的研究集体，刚刚迈出大学校门的胡海昌，在短短几年内就在弹性力学、板壳理论等领域发表了约 30 篇论著。

由于很多工程中的力学问题大多难以求得精确解，寻找其简单可行而又有实用精度的近似解成为力学界长期探讨的课题。20 世纪 50 年代以前，弹性力学的各种重要的近似解法大致可分为三类：第一类是根据力学背景做出若干简化假设，建立工程实用的结构理论。从固体力学观点衡量，这些近似理论大多精确满足连续条件和平衡条件而近似满足本构关系，例如梁、板、壳理论。第二类是根据最小势能原理用里茨法求近似解。它们虽能精确满足连续条件和本构关系的要求，但只能近似满足平衡条件。第三类是根据最小余能原理用里茨法求近似解。它们虽可精确满足平衡条件和本构关系，但只近似满足连续条件。

在浙江大学读书期间，胡海昌就在钱令希的指导下开始探索这一课题，胡海昌于1954 年在《物理学报》上发表了《论弹性体力学和受范性体力学中的一般变分原理》，文中提出了三类变量广义变分原理。在这个变分原理中，位移、应变和应力三类变量全都作为自变函数，全部方程都不必精确满足。这是一个无条件的变分原理，它为以往的工程实用结构理论提供了能量法观点的解释，更为研究各种近似解法提供了空前灵活的理论根据。日本学者鹫津久一郎得到类似结果比胡海昌的研究晚了一年，1964 年，美国同行率先把胡海昌提出的变分原理称为胡-鹫津原理。

这篇论文发表后，在 20 世纪 50 ~ 60 年代，国内掀起了研究变分原理的热潮。一方面是根据广义变分原理用里茨法求近似解，这在国际上是一个创举，另一方面是相继提出了板、壳的振动与稳定诸问题的广义变分原理，在国际上也处于领先地位。20 世纪 70 年代，国内外力学研究者认为，广义变分原理是建立包括有限元法在内的各种近似解法的坚实的理论基础。这样，在国外也出现了研究和利用变分原理的热潮，尤其是根据广义变分原理来论证已有的和建立新的有限元法。自此，胡-鹫津原理得到美、日、苏、英、法、德、意等国同行的公认，并在众多的弹性力学、板壳理论、有限元法的专著和论文中得到介绍和引用。一项国内的力学研究成果在国外引起如此强烈的反响，尚属罕见。1982 年，以胡海昌为首的 5 位力学家的研究成果《弹性力学的广义变分原理的研究》获国家自然科学奖二等奖，他的专著《弹性力学的变分原理及其应用》获全国优秀科技图书奖。

1956 年，中国科学院力学研究所成立，胡海昌任该所助理研究员。同年，他参加的以钱伟长为首的集体研究成果《弹性薄板的大挠度问题》获中国科学院自然科学奖二等奖。

从 20 世纪 50 年代开始，胡海昌在力学这一深邃的海洋里尽情地探索着。在建立弹性力学的广义变分原理后，胡海昌又相继建立了薄板大挠度弯曲理论中的广义变分原理、弹性固体固有频率的广义变分原理，并对梁和板弯曲问题的经典理论做了变分原理的推导。20 世纪 50 年代初，胡海昌在国际上首次找到了横观各向同性弹性体的空间问题的一些重要解，胡海昌把横观各向同性体的位移用两个位移函数表示出来，大大简化了求解的方程。通过位移函数，求得了真正三维的空间问题的一系列解，其中一些解应用于土建中的基础与地基分析中具有重要的意义。胡海昌在这方面的工作受到苏联、美国等国外同行的重视，并在他们的论文、专著中被引用介绍，被俄文文献称为"胡海昌解"。

1965 年，胡海昌奉命转行从事空间飞行器的研制工作，并受命参与中国科学院人造卫星设计院的组建，担任总体组组长，负责我国第一颗人造卫星的总体设计，胡海昌将他深厚的力学和数学功底应用于卫星的总体和结构设计。他参与了大量的力学计算，主持确定了 72 面体的卫星结构方案，指导生产了第一个卫星模型。在 20 世纪 60 年代艰苦的条件下，胡海昌和他的同事们用智慧和汗水浇灌出了中国空间事业的第一花——"东方红一号"。

此后多年，胡海昌以其在力学上的理论造诣，指导了多颗卫星的设计和试验。在返回式卫星研制、试验的过程中，试验人员遇到了难题，即无论怎么做，在地面冲击试验中卫星都难免"粉身碎骨"。胡海昌通过力学计算，从理论上证明，舱体分离所用爆炸螺栓的冲击对卫星的影响是局部的，没有必要进行地面冲击试验，从而使这一难题迎刃而解。胡海昌通过将科学理论与工程实践相结合，为我国空间事业的发展做出了特殊的贡献。

胡海昌对名和利向来淡薄，虽身为院士，但在衣食住行方面特别简单朴素，多年来一直住在单位分给他的一套 70 平方米的房中，每天都骑着一辆旧自行车上下班，后来年龄大了，怕出意外，才与自行车告别。1982 年，他将国家奖励给他的自然科学奖奖金全部捐给了中国力学学会。1997 年，他从所获何梁何利基金奖中拿出 10000 港元，捐给空间飞行器总体设计部，作为奖励青年科技工作者的基金。

科学无国界，科学家却有自己的祖国，有自己的民族自尊心和自豪感。胡海昌说："经过几十年的工作，感受最深的是中国人的素质并不差，外国人能做到的事情，我们也一定能够做到；外国人尚未做到的事情，我们在他们之前也可能做到。"也许正是这样的信念，支承了胡-鹫津原理的诞生，也支承着胡海昌为中国空间事业发展而进行着不懈探索。这就是胡海昌，一个科学报国的爱国者，一个成就卓越的学术权威，一个平易低调的航天专家，一个有血有肉的普通人。

3 薄板的振动问题

薄板的振动问题，一般有两种情况：一种是薄板的位移在平行于中面方向的振动，称为纵向振动；另一种是薄板的位移只垂直于中面，称为横向振动。

薄板的纵向振动在工程实际中无关紧要，而且在数学中也难以处理，所以不加讨论。本章只讨论在工程中比较重要的横向振动。研究考虑各种边界条件下矩形薄板和圆形薄板的自由振动和受迫振动的特性，同时还介绍了用能量法求解自由振动频率的问题。

3.1 薄板的自由振动

薄板自由振动的问题一般这样提出：在一定的横向荷载作用下处于平衡位置的薄板，受到干扰力作用而偏离这一位置，当干扰力被去除以后，在该平衡位置附近做微幅振动。（1）求薄板振动的频率，特别是最低频率（共振）；（2）求任一瞬时挠度，以及该瞬时的内力（结构安全设计，可靠性评估）。当然，如果求得薄板在任一瞬时的挠度，就极易求得薄板在该瞬时的内力。

设薄板在平衡位置的挠度为 $w_e = w_e(x, y)$，这时，薄板受到的横向静荷载为 $q = q(x, y)$，按照薄板的弹性曲面微分方程，则有

$$D \nabla^4 w_e = q \tag{a}$$

式（a）表示：薄板每单位面积上所受的弹性力为 $D \nabla^4 w_e$，和它所受到的荷载为 q 相平衡。

设薄板在振动过程的任一瞬时 t 的挠度为 $w_t = w_t(x, y, t)$，则薄板每单位面积上在该瞬时所受的弹性力为 $D \nabla^4 w_t$，将与横向荷载 q 及惯性力 x 成平衡，即

$$D \nabla^4 w_t = q + q_i \tag{b}$$

注意：薄板的加速度是 $\dfrac{\partial^2 w_t}{\partial t^2}$，因而每单位面积的惯性力为

$$q_i = -\overline{m} \frac{\partial^2 w_t}{\partial t^2}$$

其中，$\overline{m}$ 为薄板每单位面积内的质量，包括薄板本身的质量和随同薄板振动的质量。则式（b）可改写为

$$D \nabla^4 w_t = q - \overline{m} \frac{\partial^2 w_t}{\partial t^2} \tag{c}$$

将式（c）与式（a）相减，得到

$$D \nabla^4 (w_t - w_e) = -\overline{m} \frac{\partial^2 w_t}{\partial t^2}$$

由于 w_e 不随时间变化，$\dfrac{\partial^2 w_e}{\partial t^2} = 0$，上式可以改为

$$D \nabla^4 (w_t - w_e) = -\overline{m} \frac{\partial^2}{\partial t^2} (w_t - w_e) \tag{d}$$

在以下的分析中，为了简便，薄板的挠度不从平面位置量起，而从平衡位置量起。于是，薄板在任一瞬时的挠度为 $w = w_t - w_e$，而式（d）成为

$$D \nabla^4 w = -\overline{m} \frac{\partial^2 w}{\partial t^2}$$

或

$$\nabla^4 w + \frac{\overline{m}}{D} \frac{\partial^2 w}{\partial t^2} = 0 \tag{3-1}$$

这就是薄板自由振动的微分方程。

现在来试求微分方程（3-1）如下形式的解答：

$$w = \sum_{m=1}^{\infty} w_m = \sum_{m=1}^{\infty} (A_m \cos\omega_m t + B_m \sin\omega_m t) W_m(x, y) \tag{3-2}$$

在这里，薄板上每一点 (x, y) 的挠度，被表示成为无数多个简谐振动下的挠度相叠加，而每一个简谐振动的频率是 ω_m。另一方面，薄板在每一瞬时 t 的挠度，则被表示成为无数多种振型下挠度相叠加，而每一种振型下的挠度是由振型函数 $W_m(x, y)$ 表示的。

为求各种振型下的振型函数 W_m，以及与之相对应的频率 ω_m，取

$$w = (A\cos\omega t + B\sin\omega t)\ W(x, y)$$

代入自由振动微分方程（3-1），然后消去因子 $A\cos\omega t + B\sin\omega t$，得出所谓振型微分方程

$$\nabla^4 W - \frac{\omega^2 \overline{m}}{D} W = 0 \tag{3-3}$$

如果可以由这一微分方程求得 W 的满足边界条件的非零解，即可得关系式

$$\omega^2 = \frac{D}{\overline{m}} \frac{\nabla^4 W}{W}$$

进而得到相应的频率 ω。这个频率就是薄板自由振动的频率，称为自然频率或者固有频率，它们完全取决于薄板的固有特性，而与外来因素无关。

实际上，只有当薄板每单位面积内的振动质量 $\overline{m}$ 为常量时，才有可能求得函数形式的解答。此时，令

$$\frac{\omega^2 \overline{m}}{D} = \gamma^4 \tag{3-4}$$

则振型微分方程（3-3）化为常系数微分方程

$$\nabla^4 W - \gamma^4 W = 0 \tag{3-5}$$

现在，就可能比较简便地求得 W 的满足边界条件的函数形式的非零解，从而求得相应的 γ 值，然后再用式（3-4）求出相应的频率。将求出的那些振型函数及相应的频率取为 W_m 及 ω_m，代入表达式（3-2）。就有可能利用初始条件求得该表达式的系数 A_m 及 B_m。

设初始条件为

$$(w)_{t=0} = w_0(x, y),\quad \left(\frac{\partial w}{\partial t}\right)_{t=0} = v_0(x, y)$$

则由式（3-2）得

$$\sum_{m=1}^{\infty} A_m W_m(x,y) = w_0(x,y)$$

$$\sum_{m=1}^{\infty} B_m \omega_m W_m(x,y) = v_0(x,y)$$

于是可见，为了求得 A_m 及 B_m，须将已知的初挠度 w_0 及初速度 v_0 展为 W_m 的级数，这在数学处理上是比较困难的。因此，只有在特殊简单的情况下，才有可能求得薄板自由振动的完整解答，即任一瞬时的挠度。在绝大多数的情况下，只可能求得振型函数及相应的频率，这也是工程上所关心的主要问题。

3.2 四边简支矩形薄板的自由振动

当矩形薄板的四边均为简支边时，如图 3-1（a）所示，可以较简单地得出自由振动的完整解答。取振型函数为

$$W = \sin\frac{m\pi x}{a}\sin\frac{n\pi y}{b} \tag{a}$$

其中 m 和 n 为整数，可以满足边界条件，代入振型微分方程（3-5），得到

$$\left[\pi^4\left(\frac{m^2}{a^2}+\frac{n^2}{b^2}\right)^2 - \gamma^4\right]\sin\frac{m\pi x}{a}\sin\frac{n\pi y}{b} = 0$$

为了使这一条件在薄板中面上的所有各点都能满足，也就是在 x 和 y 取任意值时都能满足，必须有

$$\pi^4\left(\frac{m^2}{a^2}+\frac{n^2}{b^2}\right)^2 - \gamma^4 = 0$$

由此得

$$\gamma^4 = \pi^4\left(\frac{m^2}{a^2}+\frac{n^2}{b^2}\right)^2 \tag{b}$$

将式（b）代入式（3-4），得出求自然频率的公式

$$\omega^2 = \frac{D\gamma^4}{m} = \pi^4\left(\frac{m^2}{a^2}+\frac{n^2}{b^2}\right)^2\frac{D}{m} \tag{c}$$

命 m 和 n 取不同的整数值，可以求得相应于不同振型的自然频率

$$\omega_{mn} = \pi^2\left(\frac{m^2}{a^2}+\frac{n^2}{b^2}\right)\sqrt{\frac{D}{m}} \tag{3-6}$$

当薄板以这一频率振动时，振型函数为

$$W_{mn} = \sin\frac{m\pi x}{a}\sin\frac{n\pi y}{b}$$

而薄板的挠度为

$$w = (A_{mn}\cos\omega_{mn}t + B_{mn}\sin\omega_{mn}t)\sin\frac{m\pi x}{a}\sin\frac{n\pi y}{b} \tag{d}$$

当 $m=n=1$ 时，由式（3-6）得到薄板的最低自然频率

$$\omega_{\min} = \omega_{11} = \pi^2\left(\frac{1}{a^2}+\frac{1}{b^2}\right)\sqrt{\frac{D}{m}}$$

与此相应，薄板振动的振型函数为

$$W_{11} = \sin\frac{\pi x}{a}\sin\frac{\pi y}{b}$$

而薄板在 x 方向和 y 方向都只有一个正弦半波。最大挠度发生在薄板的中央（$x = a/2$，$y = b/2$）。

而当 $m = 2$，$n = 1$ 时，自然频率为

$$\omega_{21} = \pi^2\left(\frac{4}{a^2} + \frac{1}{b^2}\right)\sqrt{\frac{D}{\overline{m}}}$$

相应的振型函数为

$$W_{21} = \sin\frac{2\pi x}{a}\sin\frac{\pi y}{b}$$

薄板在 x 方向有两个正弦半波，而在 y 方向只有一个正弦半波。对称轴 $x = a/2$ 是一根节线（挠度为零的线，亦即在薄板振动时保持静止的线），如图 3-1（b）所示，图中的有阴影部分及空白部分表示相反方向的挠度。

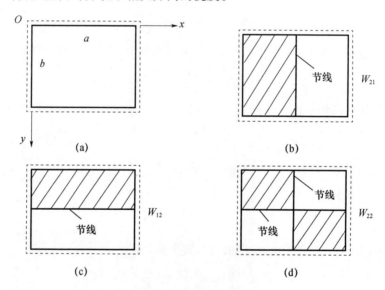

图 3-1　四边简支边矩形板

当 $m = 1$，$n = 2$ 时，得到

$$\omega_{12} = \pi^2\left(\frac{1}{a^2} + \frac{4}{b^2}\right)\sqrt{\frac{D}{\overline{m}}}$$

$$W_{12} = \sin\frac{\pi x}{a}\sin\frac{2\pi y}{b}$$

$y = b/2$ 是一根节线，如图 3-1（c）所示。当 $m = n = 2$ 时，得到

$$\omega_{22} = \pi^2\left(\frac{4}{a^2} + \frac{4}{b^2}\right)\sqrt{\frac{D}{\overline{m}}}$$

$$W_{22} = \sin\frac{2\pi x}{a}\sin\frac{2\pi y}{b}$$

$x = a/2$ 和 $y = b/2$ 是两根节线，如图 3-1（d）所示。其余类推。

　　薄板在自由振动中任一瞬时的总挠度，可以写成如式（d）形式的挠度表达式的总和，即

$$w = \sum_{m=1}^{\infty} \sum_{n=1}^{\infty} (A_{mn}\cos\omega_{mn}t + B_{mn}\sin\omega_{mn}t)\sin\frac{m\pi x}{a}\sin\frac{n\pi y}{b} \tag{e}$$

为了把式（e）中的系数 A_{mn} 和 B_{mn} 用已知的初挠度 w_0 及初速度 v_0 来表示，首先把 n 及 v_0 表示成为振型函数的级数

$$\left. \begin{aligned} w_0 &= \sum_{m=1}^{\infty} \sum_{n=1}^{\infty} C_{mn}W_{mn} = \sum_{m=1}^{\infty} \sum_{n=1}^{\infty} C_{mn}\sin\frac{m\pi x}{a}\sin\frac{n\pi y}{b} \\ v_0 &= \sum_{m=1}^{\infty} \sum_{n=1}^{\infty} D_{mn}W_{mn} = \sum_{m=1}^{\infty} \sum_{n=1}^{\infty} D_{mn}\sin\frac{m\pi x}{a}\sin\frac{n\pi y}{b} \end{aligned} \right\} \tag{f}$$

按照级数展开的公式（1-25），有

$$\left. \begin{aligned} C_{mn} &= \frac{4}{ab}\int_0^a \int_0^b w_0\sin\frac{m\pi x}{a}\sin\frac{n\pi y}{b}\mathrm{d}x\mathrm{d}y \\ D_{mn} &= \frac{4}{ab}\int_0^a \int_0^b v_0\sin\frac{m\pi x}{a}\sin\frac{n\pi y}{b}\mathrm{d}x\mathrm{d}y \end{aligned} \right\} \tag{3-7}$$

　　另一方面，根据初始条件

$$(w)_{t=0} = w_0$$

$$\left(\frac{\partial w}{\partial t}\right)_{t=0} = v_0$$

由式（e）和式（f）得

$$\sum_{m=1}^{\infty} \sum_{n=1}^{\infty} A_{mn}\sin\frac{m\pi x}{a}\sin\frac{n\pi y}{b} = \sum_{m=1}^{\infty} \sum_{n=1}^{\infty} C_{mn}\sin\frac{m\pi x}{a}\sin\frac{n\pi y}{b}$$

$$\sum_{m=1}^{\infty} \sum_{n=1}^{\infty} \omega_{mn}B_{mn}\sin\frac{m\pi x}{a}\sin\frac{n\pi y}{b} = \sum_{m=1}^{\infty} \sum_{n=1}^{\infty} D_{mn}\sin\frac{m\pi x}{a}\sin\frac{n\pi y}{b}$$

由此得

$$A_{mn} = C_{mn}$$

$$B_{mn} = \frac{D_{mn}}{\omega_{mn}}$$

代入式（e），即得完整的解答：

$$w = \sum_{m=1}^{\infty} \sum_{n=1}^{\infty} \left(C_{mn}\cos\omega_{mn}t + \frac{D_{mn}}{\omega_{mn}}\sin\omega_{mn}t \right)\sin\frac{m\pi x}{a}\sin\frac{n\pi y}{b} \tag{3-8}$$

其中的系数 C_{mn} 和 D_{mn} 如式（3-7）所示。

　　如果矩形薄板的边界并非全为简支边，就不可能求得自由振动的完整解答。

3.3　对边简支矩形薄板的自由振动

　　当矩形薄板的对边为简支边时（其余两边可以是任意边），虽然不可能求得自由振动的完整解答，但是可以求得振型微分方程的函数形式的非零解，从而求得薄板自然频率的精确值。

　　设薄板的 $x=0$ 及 $x=a$ 的两边为简支边，如图3-2所示。

　　取振型函数为

$$W = Y_m \sin \frac{m\pi x}{a} \qquad\qquad \text{(a)}$$

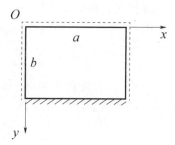

其中 Y_m 只是 y 的函数，可以满足该两简支边的边界条件。将式（a）代入振型微分方程（3-5）中，得出常微分方程

$$\frac{\mathrm{d}^4 Y_m}{\mathrm{d}y^4} - \frac{2m^2\pi^2}{a^2}\frac{\mathrm{d}^2 Y_m}{\mathrm{d}y^2} + \left(\frac{m^4\pi^4}{a^4} - \gamma^4\right)Y_m = 0 \qquad\qquad \text{(b)}$$

它的特征方程是

图 3-2　对边简支矩形板

$$r^4 - \frac{2m^2\pi^2}{a^2}r^2 + \left(\frac{m^4\pi^4}{a^4} - \gamma^4\right) = 0$$

而这个代数方程的四个根是

$$\pm\sqrt{\frac{m^2\pi^2}{a^2} + \gamma^2}, \qquad \pm\sqrt{\frac{m^2\pi^2}{a^2} - \gamma^2} \qquad\qquad \text{(c)}$$

在大多数的情况下，当 $\gamma^2 > \dfrac{m^2\pi^2}{a^2}$ 时，式（c）所示的四个根是两实两虚，可以写成

$$\pm\sqrt{\gamma^2 + \frac{m^2\pi^2}{a^2}}, \qquad \pm i\sqrt{\gamma^2 - \frac{m^2\pi^2}{a^2}}$$

注意 $\gamma^2 = \omega\sqrt{\dfrac{m}{D}}$，取正实数

$$\left.\begin{aligned}
\alpha &= \sqrt{\gamma^2 + \frac{m^2\pi^2}{a^2}} = \sqrt{\omega\sqrt{\frac{m}{D}} + \frac{m^2\pi^2}{a^2}} \\
\beta &= \sqrt{\gamma^2 - \frac{m^2\pi^2}{a^2}} = \sqrt{\omega\sqrt{\frac{m}{D}} - \frac{m^2\pi^2}{a^2}}
\end{aligned}\right\} \qquad\qquad \text{(d)}$$

则上述四个根成为 $\pm\alpha$ 及 $\pm i\beta$，而微分方程（b）的解答可以写成

$$Y_m = C_1\cosh\alpha y + C_2\sinh\alpha y + C_3\cos\beta y + C_4\sin\beta y$$

从而得到振型函数的表达式

$$W = (C_1\cosh\alpha y + C_2\sinh\alpha y + C_3\cos\beta y + C_4\sin\beta y)\sin\frac{m\pi x}{a} \qquad\qquad \text{(3-9)}$$

在少数情况下，当 $\gamma^2 < \dfrac{m^2\pi^2}{a^2}$，而式（c）所示的四个根都是实根。这时，取正实数

$$\left.\begin{aligned}
\alpha &= \sqrt{\frac{m^2\pi^2}{a^2} + \gamma^2} = \sqrt{\frac{m^2\pi^2}{a^2} + \omega\sqrt{\frac{m}{D}}} \\
\beta' &= \sqrt{\frac{m^2\pi^2}{a^2} - \gamma^2} = \sqrt{\frac{m^2\pi^2}{a^2} - \omega\sqrt{\frac{m}{D}}}
\end{aligned}\right\} \qquad\qquad \text{(e)}$$

则振型函数的表达式成为

$$W = (C_1\cosh\alpha y + C_2\sinh\alpha y + C_3\cosh\beta' y + C_4\sinh\beta' y)\sin\frac{m\pi x}{a} \qquad\qquad \text{(3-10)}$$

无论在哪一种情况下，都可由边界 $y = 0$ 及 $y = b$ 处的四个边界条件得出 C_1 至 C_4 的一组四个齐次线性方程。相应于薄板的任何振动，振型函数 W 必须具有一个非零解，因而系数 C_1 至 C_4 不能都等于零。于是，可以命上述齐次线性方程组的系数行列式等于

零，从而得到一个计算自然频率的方程。

例如，设 $y=0$ 的一边为简支边，$y=b$ 的一边为固定边，如图 3-2 所示，则有如下的四个边界条件：

$$(W)_{y=0}=0, \quad \left(\frac{\partial^2 W}{\partial y^2}\right)_{y=0}=0$$

$$(W)_{y=b}=0, \quad \left(\frac{\partial W}{\partial y}\right)_{y=b}=0$$

将式（3-9）代入，得到 C_1 至 C_4 的齐次线性方程组

$$C_1+C_3=0, \quad \alpha^2 C_1-\beta^2 C_3=0$$

$$\cosh\alpha b C_1+\sinh\alpha b C_2+\cos\beta b C_3+\sin\beta b C_4=0$$

$$\alpha\sinh\alpha b C_1+\alpha\cosh\alpha b C_2-\beta\sin\beta b C_3+\beta\cos\beta b C_4=0$$

令这一方程组的系数行列式等于零，即

$$\begin{vmatrix} 1 & 0 & 1 & 0 \\ \alpha^2 & 0 & -\beta^2 & 0 \\ \cosh\alpha b & \sinh\alpha b & \cos\beta b & \sin\beta b \\ \alpha\sinh\alpha b & \alpha\cosh\alpha b & -\beta\sin\beta b & \beta\cos\beta b \end{vmatrix}=0$$

展开后，进行一些简化，最后得出 $\beta\tanh\alpha b-\alpha\tan\beta b=0$

或

$$\frac{\tanh\alpha b}{\alpha b}-\frac{\tan\beta b}{\beta b}=0$$

利用式（d），上列方程可以改写为

$$\frac{\tanh\sqrt{\omega b^2\sqrt{\frac{m}{D}}+m^2\pi^2 b^2/a^2}}{\sqrt{\omega b^2\sqrt{\frac{m}{D}}+m^2\pi^2 b^2/a^2}}-\frac{\tan\sqrt{\omega b^2\sqrt{\frac{m}{D}}-m^2\pi^2 b^2/a^2}}{\sqrt{\omega b^2\sqrt{\frac{m}{D}}-m^2\pi^2 b^2/a^2}}=0 \tag{f}$$

对于一定的边长 a 和 b，可取 $m=1$，2，3，$\cdots$，用试算法求得 $\omega b^2\sqrt{\frac{m}{D}}$ 的实根，即可求得自然频率 ω。

用如上所述方法求得的最低自然频率，可以表示为

$$\omega_{\min}=\frac{k}{b^2}\sqrt{\frac{D}{m}} \tag{g}$$

式中，k 为量纲为一的系数，它依赖于边长比值 a/b。算得 k 值如表 3-1 所示。

表 3-1 k 值随板边长比的变化情况

a/b	0.5	0.75	1.0	1.25	1.5	2.0	3.0
k	51.67	30.67	23.65	20.53	18.90	17.33	16.25

这样进行计算，虽然可以求得自然频率的精确值，但代数运算和数值计算都是比较烦琐的。因此，在工程实践中计算矩形板的自然频率，特别是最低自然频率，无论边界条件如何，都宜用差分法或能量法。

3.4 矩形板自由振动的一般解法

严宗达提出的矩形板通解式（1-28），不但能满足矩形板的任意边界约束条件，待定常数又少，且具有明确的物理意义，同时该通解不仅能用于研究矩形板的弯曲问题，也可用于研究分析矩形板的振动问题和稳定问题。

下面就用它来研究分析矩形板的振动问题。

例 3-1 分析图 3-3 所示的三边简支、一边夹支矩形板的自由振动，其边界条件为

$$(M_x)_{x=0}=0,\ (W)_{x=0}=0;\ (M_y)_{y=0}=0,\ (W)_{y=0}=0$$

$$(M_x)_{x=a}=0,\ (W)_{x=a}=0;\ (W)_{y=b}=0,\ \left(\frac{\partial W}{\partial y}\right)_{y=b}=0$$

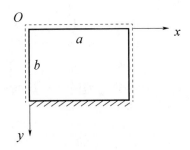

图 3-3　三边简支、一边夹支矩形板

将振型函数设成式（1-28）的形式，根据各待定常数的含义，并结合边界条件可知：$A_n=0$，$B_n=0$，$C_m=0$，$D_m=0$，$E_n=0$，$F_n=0$，$G_m=0$，$w_{oo}=0$，$w_{ao}=0$，$w_{ob}=0$，$w_{ab}=0$。将这些等于零的常数代入式（1-28），得该边界约束下矩形板的振型函数：

$$W=\sum_{m=1}^{\infty}\sum_{n=1}^{\infty}b_{mn}\sin\frac{m\pi x}{a}\sin\frac{n\pi y}{b}+\sum_{m=1}^{\infty}\left\{\frac{-H_m}{6bD}y^3+\frac{bH_m}{6D}y\right\}\sin\frac{m\pi x}{a} \tag{3-11}$$

式中，b_{mn}，H_{mn} 为未知量，由式（3-11）求出直到四阶的各种偏导数，并代入方程（3-3），同样对 y 的多项式进行傅里叶展开，并比较等式两边对应级数的系数，得

$$\left(\frac{m\pi}{a}\right)^2\left(\frac{2}{n\pi}\right)\left[\left(\frac{b}{a}\right)^2\left(\frac{m}{n}\right)^2+2\right](-1)^{n+1}H_m+$$

$$\left[D\left(\frac{m\pi}{a}\right)^4+D\left(\frac{n\pi}{b}\right)^4+2D\left(\frac{m\pi}{a}\right)^2\left(\frac{n\pi}{b}\right)^2\right]b_{mn}-$$

$$\overline{m}\omega^2\left(\frac{2}{n\pi D}\right)\left(\frac{b}{n\pi}\right)^2(-1)^{n+1}H_m-\overline{m}\omega^2 b_{mn}=0\ (m=1,2,\cdots;\ n=1,2,\cdots) \tag{3-12}$$

然后用边界条件 $\left(\frac{\partial W}{\partial y}\right)_{y=b}=0$，类似分析分别得以下代数方程

$$-\frac{b}{3D}H_m+\sum_{n=1}^{\infty}\frac{n\pi}{b}(-1)^n b_{mn}=0\ \ (m=1,2,\cdots) \tag{3-13}$$

求解频率的方程组，由式（3-12）和式（3-13），共两组方程构成，联立这两组方程组，并转化为广义特征值问题

$$(A^*-\overline{m}\omega^2 B^*)\ X=0$$

式中，A^* 为由方程组中不与频率相乘的待定常数系数组成的矩阵，B^* 为与频率相乘的待定常数系数组成的矩阵，X 为所有待定常数组成的列向量。用 MATLAB 求解，得到板的自由振动一阶频率，见表 3-2。

表 3-2　三边简支、一边夹支矩形板的一阶频率 $\left(\dfrac{1}{b^2} \sqrt{\dfrac{D}{m}} \right)$

a/b	m×n				
	10×10	20×20	30×30	40×40	文献［21］
0.5	51.6626	51.6726	51.6738	51.6741	51.67
0.75	30.6623	30.6673	30.6878	30.6680	30.67
1.0	23.6430	23.6459	23.6462	23.6463	23.65
1.25	20.5319	20.5338	20.5340	20.5341	20.53
1.5	18.8997	18.9010	18.9012	18.9012	18.90
2.0	17.3309	17.3316	17.3317	17.3317	17.33
3.0	16.2516	16.2519	16.2520	16.2520	16.25

例 3-2　分析图 3-4 所示的四边夹支矩形板的自由振动，其边界条件为

$$(W)_{x=0}=0, \quad \left(\frac{\partial W}{\partial x}\right)_{x=0}=0; \quad (W)_{y=0}=0, \quad \left(\frac{\partial W}{\partial y}\right)_{y=0}=0$$

$$(W)_{x=a}=0, \quad \left(\frac{\partial W}{\partial x}\right)_{x=a}=0; \quad (W)_{y=b}=0, \quad \left(\frac{\partial W}{\partial y}\right)_{y=b}=0$$

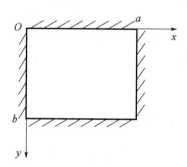

图 3-4　四边夹支矩形板

将振型函数仍设成式（1-28）的形式，根据各待定常数的含义并结合边界条件可知：$A_n=0$，$B_n=0$，$C_m=0$，$D_m=0$，$w_{oo}=0$，$w_{ao}=0$，$w_{ob}=0$，$w_{ab}=0$。

将这些等于零的常数代入式（1-28），得该边界约束下矩形板的振型函数：

$$W = \sum_{m=1}^{\infty}\sum_{n=1}^{\infty} b_{mn}\sin\frac{m\pi x}{a}\sin\frac{n\pi y}{b} + \sum_{n=1}^{\infty}\left\{\frac{E_n-F_n}{6aD}x^3 - \frac{E_n}{2D}x^2 + \left[\frac{a}{6D}(F_n+2E_n)\right]x\right\}\sin\frac{n\pi y}{b} +$$

$$\sum_{m=1}^{\infty}\left\{\frac{G_m-H_m}{6bD}y^3 - \frac{G_m}{2D}y^2 + \left[\frac{b}{6D}(H_m+2G_m)\right]y\right\}\sin\frac{m\pi x}{a} \tag{3-14}$$

式中，b_{mn}、E_n、F_n、G_m、H_m 为未知量，由式（3-14）求出直到四阶的各种偏导数，并代入方程（3-3），同样对 x，y 的多项式进行傅里叶展开，并比较等式两边对应级数的

系数，得

$$\left(\frac{n\pi}{b}\right)^2\left(\frac{2}{m\pi}\right)\left[\left(\frac{a}{b}\right)^2\left(\frac{n}{m}\right)^2+2\right][E_n+(-1)^{m+1}F_n]+\left(\frac{m\pi}{a}\right)^2\left(\frac{2}{n\pi}\right)\left[\left(\frac{b}{a}\right)^2\left(\frac{m}{n}\right)^2+2\right]$$

$$[G_m+(-1)^{n+1}H_m]+\left[D\left(\frac{m\pi}{a}\right)^4+D\left(\frac{n\pi}{b}\right)^4+2D\left(\frac{m\pi}{a}\right)^2\left(\frac{n\pi}{b}\right)^2\right]b_{mn}-\overline{m}\omega^2\left(\frac{2}{m\pi D}\right)\left(\frac{a}{m\pi}\right)^2$$

$$[E_n+(-1)^{m+1}F_n]-\overline{m}\omega^2\left(\frac{2}{n\pi D}\right)\left(\frac{b}{n\pi}\right)^2[G_m+(-1)^{n+1}H_m]-\overline{m}\omega^2 b_{mn}=0,$$

$$(m=1,2,\cdots;\ n=1,2,\cdots) \tag{3-15}$$

然后分别由未使用的边界条件

$$\left(\frac{\partial W}{\partial x}\right)_{x=0}=0,\ \left(\frac{\partial W}{\partial x}\right)_{x=a}=0,\ \left(\frac{\partial W}{\partial y}\right)_{y=0}=0,\ \left(\frac{\partial W}{\partial y}\right)_{y=b}=0$$

类似分析分别得以下代数方程组

$$\frac{a}{3D}E_n+\frac{a}{6D}F_n+\sum_{m=1}^{\infty}\frac{2b^2 m}{aDn^3\pi^2}[G_m+(-1)^{n+1}H_m]+\sum_{m=1}^{\infty}\frac{m\pi}{a}b_{mn}=0,(n=1,2,\cdots) \tag{3-16}$$

$$-\frac{a}{6D}E_n-\frac{a}{3D}F_n+\sum_{m=1}^{\infty}\frac{2b^2 m}{aDn^3\pi^2}(-1)^m[G_m+(-1)^{n+1}H_m]+ \tag{3-17}$$

$$\sum_{m=1}^{\infty}\frac{m\pi}{a}(-1)^m b_{mn}=0,(n=1,2,\cdots)$$

$$\sum_{n=1}^{\infty}\frac{2a^2 n}{bDm^3\pi^2}[E_n+(-1)^{m+1}F_n]+\frac{b}{3D}G_m+\frac{b}{6D}H_m+ \tag{3-18}$$

$$\sum_{n=1}^{\infty}\frac{n\pi}{b}b_{mn}=0,(m=1,2,\cdots)$$

$$\sum_{n=1}^{\infty}\frac{2a^2 n}{bDm^3\pi^2}(-1)^n[E_n+(-1)^{m+1}F_n]-\frac{b}{6D}G_m-\frac{b}{3D}H_m+ \tag{3-19}$$

$$\sum_{n=1}^{\infty}\frac{n\pi}{b}(-1)^n b_{mn}=0,(m=1,2,\cdots)$$

求解频率的方程组由式（3-15）～式（3-19）共 5 组方程构成，联立这 5 组方程组并转化为广义特征值问题：

$$(\boldsymbol{A}^*-\overline{m}\omega^2\boldsymbol{B}^*)\ \boldsymbol{X}=0$$

式中，$\boldsymbol{A}^*$ 为由方程组中不与频率相乘的待定常数系数组成的矩阵；$\boldsymbol{B}^*$ 为与频率相乘的待定常数系数组成的矩阵；$\boldsymbol{X}$ 为所有待定常数组成的列向量。用 MATLAB 求解，得到板的自由振动一阶频率，见表 3-3。

表 3-3　四边夹支矩形板的一阶频率 $\left(\dfrac{1}{a^2}\sqrt{\dfrac{D}{m}}\right)$

a/b	m×n				
	10×10	20×20	30×30	40×40	文献 [21]
0.5	24.57	24.58	24.58	24.58	24.65
1.0	35.96	35.98	35.98	35.98	36.00

续表

a/b	m×n				
	10×10	20×20	30×30	40×40	文献［21］
1.5	60.73	60.76	60.76	60.76	60.86
2.0	98.27	98.30	98.31	98.31	98.59
3.0	208.71	208.76	208.76	208.77	209.57

例 3-3 分析图 3-5 所示的对边夹支、对边简支矩形板的自由振动，其边界条件为

$$(W)_{x=0}=0,\ (M_x)_{x=0}=0;\ (W)_{y=0}=0,\ \left(\frac{\partial W}{\partial y}\right)_{y=0}=0$$

$$(W)_{x=a}=0,\ (M_x)_{x=a}=0;\ (W)_{y=b}=0,\ \left(\frac{\partial W}{\partial y}\right)_{y=b}=0$$

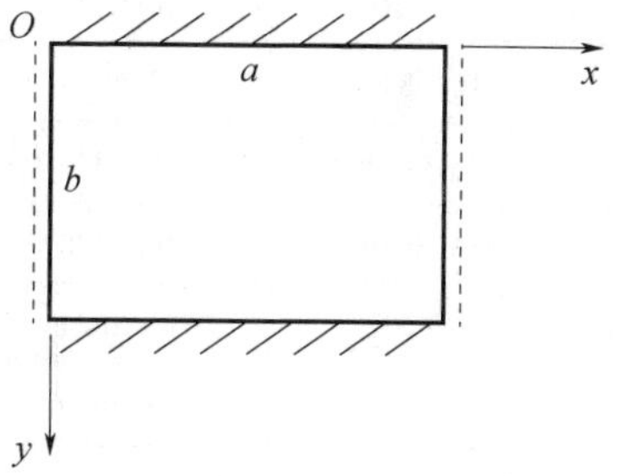

图 3-5　对边夹支、对边简支矩形板

将振型函数仍设成式（1-28）的形式，根据各待定常数的含义并结合边界条件可知：$A_n=0$，$B_n=0$，$C_m=0$，$D_m=0$，$E_n=0$，$F_n=0$，$w_{oo}=0$，$w_{ao}=0$，$w_{ob}=0$，$w_{ab}=0$。将这些等于零的常数代入式（1-28），得该边界约束下矩形板的振型函数

$$W=\sum_{m=1}^{\infty}\sum_{n=1}^{\infty}b_{mn}\sin\frac{m\pi x}{a}\sin\frac{n\pi y}{b}+\sum_{m=1}^{\infty}\left\{\frac{G_m-H_m}{6bD}y^3-\frac{G_m}{2D}y^2+\left[\frac{b}{6D}(H_m+2G_m)\right]y\right\}\sin\frac{m\pi x}{a} \tag{3-20}$$

式中，b_{mn}，G_m，H_m 为未知量，由式（3-20）求出直到四阶的各种偏导数，并代入方程（3-3），同样对 y 的多项式进行傅里叶展开，并比较等式两边对应级数的系数，得

$$\begin{aligned}&\left(\frac{m\pi}{a}\right)^2\left(\frac{2}{n\pi}\right)\left[\left(\frac{b}{a}\right)^2\left(\frac{m}{n}\right)^2+2\right][G_m+(-1)^{n+1}H_m]+\\&\left[D\left(\frac{m\pi}{a}\right)^4+D\left(\frac{n\pi}{b}\right)^4+2D\left(\frac{m\pi}{a}\right)^2\left(\frac{n\pi}{b}\right)^2\right]b_{mn}-\\&\overline{m}\omega^2\left(\frac{2}{n\pi D}\right)\left(\frac{b}{n\pi}\right)^2[G_m+(-1)^{n+1}H_m]-\overline{m}\omega^2b_{mn}=0\\&(m=1,2,\cdots;\ n=1,2,\cdots)\end{aligned} \tag{3-21}$$

然后分别由未使用的边界条件：$\left(\frac{\partial W}{\partial y}\right)_{y=0}=0$，$\left(\frac{\partial W}{\partial y}\right)_{y=b}=0$，类似分析分别得以下代数方程组

$$\frac{b}{3D}G_m+\frac{b}{6D}H_m+\sum_{n=1}^{\infty}\frac{n\pi}{b}b_{mn}=0,(m=1,2,\cdots) \tag{3-22}$$

$$-\frac{b}{6D}G_m - \frac{b}{3D}H_m + \sum_{n=1}^{\infty}\frac{n\pi}{b}(-1)^n b_{mn} = 0, (m = 1,2,\cdots) \quad (3-23)$$

求解频率的方程组，由式（3-21）~式（3-23）共3组方程构成，联立这3组方程组，并转化为广义特征值问题：

$$(\boldsymbol{A}^* - \overline{m}\omega^2 \boldsymbol{B}^*)\boldsymbol{X} = 0$$

式中，$\boldsymbol{A}^*$ 为由方程组中不与频率相乘的待定常数系数组成的矩阵，$\boldsymbol{B}^*$ 为与频率相乘的待定常数的系数组成的矩阵，$\boldsymbol{X}$ 为所有待定常数组成的列向量。用 MATLAB 求解得到板的自由振动一阶频率，见表 3-4。

表 3-4 对边夹支、对边简支矩形板的一阶频率 $\left(\dfrac{1}{a^2}\sqrt{\dfrac{D}{m}}\right)$

a/b	$m \times n$				
	10×10	20×20	30×30	40×40	文献 [21]
0.5	13.6768	13.6846	13.6854	13.6856	13.9577
1.0	28.9399	28.9494	28.9504	28.9507	29.6088
1.5	56.3369	56.3466	56.3476	56.3477	57.5492
2.0	95.2515	95.2610	95.2621	95.2623	97.2043
3.0	206.9337	206.9425	206.9436	206.9437	210.9880

从表 3-2、表 3-3 和表 3-4 的比较可以看出，本节介绍的通解和方法，不但求解足够精确，而且原理简单，条理清晰，最后问题归结为求广义特征值问题，借助计算机和 MATLAB 编程技术，求得板的自由振动频率，这很容易实现。

这里介绍的通解，不但能满足矩形板的任意边界约束条件，而且既不需要叠加又不需要分类，待定常数又少，且具有明确的物理意义，使得矩形板振动问题的求解统一化、简单化、规律化。

3.5 圆形薄板的自由振动

对于圆形薄板的自由振动，也可以与上相同地进行分析，但须将用到的各个方程向极坐标变换。在极坐标中，薄板的自由振动微分方程仍然可以写成式（3-1）的形式，即

$$\nabla_w^4 + \frac{\overline{m}}{D}\frac{\partial^2 w}{\partial t^2} = 0 \quad (a)$$

其中 $w = w(\rho, \varphi, t)$，而

$$\nabla^4 = \left(\frac{\partial^2}{\partial\rho^2} + \frac{1}{\rho}\frac{\partial}{\partial\rho} + \frac{1}{\rho^2}\frac{\partial^2}{\partial\varphi^2}\right)^2$$

现在，仍然把微分方程（a）的解答取为无数多简谐振动的叠加，即

$$w = \sum_{m=1}^{\infty}w_m = \sum_{m=1}^{\infty}(A_m\cos\omega_m t + B_m\sin\omega_m t)W_m(\rho,\varphi) \quad (b)$$

式中，ω_m 为各个简谐振动的频率，而 W_m 为相应的振型函数。

为了求各种振型的振型函数 W_m 及相应的频率 ω_m，取

$$w = (A\cos\omega t + B\sin\omega t)W(\rho,\ \varphi) \tag{c}$$

代入微分方程（a），仍然可得振型微分方程

$$\nabla^4 W - \frac{\omega^2 \overline{m}}{D}W = 0$$

或

$$\nabla^4 W - \gamma^4 W = 0 \tag{d}$$

微分方程（d）可以改写为

$$(\nabla^2 + \gamma^2)\ (\nabla^2 - \gamma^2)\ W = 0$$

也就是

$$\left(\frac{\partial^2}{\partial\rho^2} + \frac{1}{\rho}\frac{\partial}{\partial\rho} + \frac{1}{\rho^2}\frac{\partial^2}{\partial\varphi^2} + \gamma^2\right)\left(\frac{\partial^2}{\partial\rho^2} + \frac{1}{\rho}\frac{\partial}{\partial\rho} + \frac{1}{\rho^2}\frac{\partial^2}{\partial\varphi^2} - \gamma^2\right)W = 0 \tag{e}$$

显然，微分方程

$$\left(\frac{\partial^2}{\partial\rho^2} + \frac{1}{\rho}\frac{\partial}{\partial\rho} + \frac{1}{\rho^2}\frac{\partial^2}{\partial\varphi^2} \pm \gamma^2\right)W = 0 \tag{f}$$

的解，都将是微分方程（e）的解，因而也是微分方程（d）的解。

取振型函数为

$$W = F(\rho)\ \cos n\varphi \tag{g}$$

其中 $n = 0,\ 1,\ 2,\ \cdots$。当 $n = 0$ 时，振型是轴对称的。当 $n = 1$ 和 $n = 2$ 时，薄板的环向围线将分别具有一个及两个波，也就是，薄板的中面将分别具有一根或两根径向节线，其余类推。将式（g）代入方程（f），得常微分方程

$$\frac{\mathrm{d}^2 F}{\mathrm{d}\rho^2} + \frac{1}{\rho}\frac{\mathrm{d}F}{\mathrm{d}\rho} + \left(\pm \gamma^2 - \frac{n^2}{\rho^2}\right)F = 0$$

或引入量纲为一的变量 $x = \gamma\rho$ 而得

$$x^2\frac{\mathrm{d}^2 F}{\mathrm{d}x^2} + x\frac{\mathrm{d}F}{\mathrm{d}x} + (\pm x^2 - n^2)F = 0$$

这一微分方程的解答是

$$F = C_1 J_n\ (x)\ + C_2 N_n\ (x)\ + C_3 I_n\ (x)\ + C_4 K_n\ (x) \tag{h}$$

式中，$J_n(x)$ 和 $N_n(x)$ 分别是实宗量的 n 阶的第一种及第二种贝塞尔函数，$I_n(x)$ 和 $K_n(x)$ 分别为虚宗量的 n 阶的第一种及第二种贝塞尔函数。将式（h）代入式（g），即得振型函数

$$W = [\ C_1 J_n(x) + C_2 N_n(x) + C_3 I_n(x) + C_4 K_n(x)\ ]\cos n\varphi \tag{3-24}$$

如果薄板有圆孔，则在外边界及孔边各有两个边界条件，利用这四个边界条件，可得出 C_1，C_2、C_3、C_4 的一组四个齐次线性方程组。令这一方程组的系数行列式等于零，就可以得出计算频率的方程，从而求出各阶的自然频率。

如果薄板无孔，则在薄板的中心 $(x = \gamma\rho = 0)$，$N_n(x)$ 及 $K_n(x)$ 为无限大，为了使 W 不致成为无限大，须在式（3-24）中取 $C_2 = C_4 = 0$，于是式（3-24）简化为

$$W = [\ C_1 J_n(x) + C_3 I_n(x)\ ]\cos n\varphi \tag{3-25}$$

再结合板边的两个边界条件，可以得到 C_1 及 C_3 的一组两个齐次线性方程组，命方程组的系数行列式等于零，也就得出计算自然频率的方程。

3.6 用能量法求自然频率

瑞利曾经提出一个计算薄板最低自然频率的近似法，即能量法，其原理如下：

在3.1节中已经说明，当薄板以某一频率 ω 及振型 $W(x, y)$ 进行自由振动时，它的瞬时挠度可以表示为

$$w = (A\cos\omega t + B\sin\omega t)W(x, y) \tag{a}$$

如果以薄板经过平衡位置的瞬时作为初瞬时（$t = 0$），则有

$$(w)_{t=0} = AW(x, y) = 0$$

由此可见，$A = 0$。将常数 B 归入 $W(x, y)$，则式（a）简化为

$$w = W(x, y)\sin\omega t \tag{b}$$

速度的表达式则成为

$$\frac{\partial w}{\partial t} = W(x, y)\omega\cos\omega t \tag{c}$$

为了计算能量时比较简便，假设薄板并不受有静荷载，于是静挠度 $w_e = 0$，而薄板的平衡位置就相应于无挠度时的平面状态。这样，由式（b）及式（c）可见，当薄板距平衡位置最远时，即 w 为最大或最小时，有 $\sin\omega t = \pm1$，$w = \pm W$，$\cos\omega t = 0$，从而有 $\frac{\partial w}{\partial t} = 0$。这时，薄板的动能为零，而应变能达到最大值。利用上式，按照式（2-1）或式（2-2），这时薄板的最大应变能为

$$V_{\varepsilon,\max} = \frac{D}{2}\iint_A\left\{(\nabla^2 W)^2 - 2(1 - \mu)\left[\frac{\partial^2 W}{\partial x^2}\frac{\partial^2 W}{\partial y^2} - \left(\frac{\partial^2 W}{\partial x\partial y}\right)^2\right]\right\}\mathrm{d}x\mathrm{d}y \tag{3-26}$$

或者在薄板只有夹支边和简支边的情况下，式（3-26）简化为

$$V_{\varepsilon,\max} = \frac{D}{2}\iint(\nabla^2 W)^2\mathrm{d}x\mathrm{d}y \tag{3-27}$$

当薄板经过平衡位置时，即 $w = 0$，$\sin\omega t = 0$，$\cos\omega t = \pm1$，速度达到最大值 $\pm\omega W$。这时，薄板的应变能为零，而动能达到最大值。按照式（c），这个最大动能是

$$E_{k,\max} = \iint_A\frac{1}{2}\overline{m}\left(\frac{\partial w}{\partial t}\right)^2\mathrm{d}x\mathrm{d}y = \frac{\omega^2}{2}\iint_A\overline{m}W^2\mathrm{d}x\mathrm{d}y \tag{3-28}$$

根据能量守恒定理，薄板在距平衡位置最远时的应变能应等于它在平衡位置的动能

$$V_{\varepsilon,\max} = E_{k,\max}，即 V_{\varepsilon,\max} - E_{k,\max} = 0$$

于是，如果设定薄板的振型函数 W，使其满足边界条件，并且尽可能地符合频率最低的振型，根据这个 W 求出 $V_{\varepsilon,\max}$ 及 $E_{k,\max}$，命 $V_{\varepsilon,\max} = E_{k,\max}$，即可求得最低自然频率。

由于设定的振型函数 W 值未必能相应于最低频率的振型，这样求得的最低频率不够精确。为了求得较精确的最低自然频率，里茨建议把振型函数取为

$$W = \sum_m C_m W_m \tag{3-29}$$

式中，W_m 是满足条件的设定函数，C_m 是互不依赖的待定系数，然后选择系数 C_m，使得 $V_{\varepsilon,\max} - E_{k,\max}$ 为最小，即

$$\frac{\partial}{\partial C_m}(V_{\varepsilon,\max} - E_{k,\max}) = 0 \tag{3-30}$$

这是关于 C_m 的一组 m 个齐次线性方程。为了 W 具有非零解，必须使 C_m 具有非零解，因而该线性方程组的系数行列式必须等于零，这样就得出求解自然频率 ω 的方程。

式（3-30）的推导如下：

令

$$Q = \frac{1}{2}\iint_A \overline{m}W^2 \mathrm{d}x\mathrm{d}y$$

由公式（3-28）及 $V_{\varepsilon,\max} = E_{k,\max}$，可得

$$Q = \frac{E_{k,\max}}{\omega^2} \tag{d}$$

$$\omega^2 = \frac{V_{\varepsilon,\max}}{Q} \tag{e}$$

为了求得最低频率，按照式（e）令 $\dfrac{\partial \omega^2}{\partial C_m} = 0$，求得

$$\frac{1}{Q}\left(\frac{\partial V_{\varepsilon,\max}}{\partial C_m} - \frac{V_{\varepsilon,\max}}{Q}\frac{\partial Q}{\partial C_m}\right) = 0$$

将由式（d）得来的 $\dfrac{\partial Q}{\partial C_m} = \dfrac{1}{\omega^2}\dfrac{\partial E_{k,\max}}{\partial C_m}$ 代入，并按照式（e）将 $V_{\varepsilon,\max}/Q$ 用 ω^2 代替，然后删去因子 $1/Q$，即得方程（3-30）。

理论上，设定的振型函数只需满足位移边界条件，而不一定要满足内力边界条件。因为内力边界条件是平衡条件，而在能量法中，已经用能量关系代替了平衡条件。但是，如果能够同时满足一部分或全部内力边界条件，则求得的最低频率可以具有较好的精度。

对于圆形薄板，宜用极坐标形式进行分析。为此，振型函数须改用极坐标表示，即

$$W = W(\rho, \varphi) \tag{3-31}$$

与此相应，$V_{\varepsilon,\max}$ 也须用极坐标表示。参阅公式（2-3），可得

$$V_{\varepsilon,\max} = \frac{D}{2}\iint_A \left\{ (\nabla^2 w)^2 - 2(1-\mu)\left[\frac{\partial^2 W}{\partial \rho^2}\left(\frac{1}{\rho}\frac{\partial W}{\partial \rho} + \right.\right.\right.$$
$$\left.\left.\left. \frac{1}{\rho^2}\frac{\partial^2 W}{\partial \varphi^2}\right) - \left(\frac{1}{\rho}\frac{\partial^2 W}{\partial \rho \partial \varphi} - \frac{1}{\rho^2}\frac{\partial W}{\partial \varphi}\right)^2\right]\right\}\rho\mathrm{d}\rho\mathrm{d}\varphi \tag{3-32}$$

同样 $E_{k,\max}$ 也须改为极坐标形式，成为

$$E_{k,\max} = \frac{\omega^2}{2}\iint \overline{m}W^2\rho\mathrm{d}\rho\mathrm{d}\varphi \tag{3-33}$$

对于圆形薄板的轴对称自由振动，参阅公式（2-4），有

$$V_{\varepsilon,\max} = \pi D\int\left[\rho\left(\frac{\mathrm{d}^2 W}{\mathrm{d}\rho^2}\right)^2 + \rho\left(\frac{\mathrm{d}W}{\mathrm{d}\rho}\right) + 2\mu\frac{\mathrm{d}W}{\mathrm{d}\rho}\frac{\mathrm{d}^2 W}{\mathrm{d}\rho^2}\right]\mathrm{d}\rho\mathrm{d}\varphi \tag{3-34}$$

当全部边界为夹支边时，参阅公式（2-5），得

$$V_{\varepsilon,\max} = \pi D\int\left[\rho\left(\frac{\mathrm{d}^2 W}{\mathrm{d}\rho^2}\right)^2 + \frac{1}{\rho}\left(\frac{\mathrm{d}W}{\mathrm{d}\rho}\right)^2\right]\mathrm{d}\rho \tag{3-35（a）}$$

最大动能的式（3-33）则简化为

$$E_{k,\max} = \pi\omega^2\int \overline{m}_W^2\rho\mathrm{d}\rho \tag{3-35（b）}$$

当薄板上尚有集中质量随同薄板振动时，还须按照设定的振型函数 W，求出集中质量的最大动能，计入 $E_{k,\max}$，然后进行计算。

对于用肋条加强了的薄板，即所谓加肋板，仍然可以用能量法求得最低自然频率。计算的步骤同上，但须按照肋条的弯曲刚度和设定的振型函数 W，求出各个肋条的最大应变能，计入 $V_{\varepsilon,\max}$，还须按照肋条的质量分布和设定的 W，求出各个肋条的最大动能，计入 $E_{k,\max}$，然后进行计算。

读者试证：如果在式（3-29）中只取一项，则由式（3-30）可以得到 $V_{\varepsilon,\max}=E_{k,\max}$。

3.7 用能量法求自然频率举例

例 3-4 试考虑图 3-6 所示的四边夹支矩形薄板，用瑞利法求最低自然频率。

取振型函数为

$$W=(x^2-a^2)^2(y^2-b^2)^2 \tag{a}$$

可以满足位移边界条件，代入式（3-27）得

$$\begin{aligned}V_{\varepsilon,\max}&=\frac{D}{2}2\int_0^a 2\int_0^b(\nabla^2W)^2\mathrm{d}x\mathrm{d}y\\&=\frac{2^{14}D}{3^2\times5^2\times7}\left(a^4+b^4+\frac{4}{7}a^2b^2\right)a^5b^5\end{aligned}$$

图 3-6 四边夹支矩形板

将式（a）代入式（3-28），假定 $\overline{m}$ 为常数，得

$$E_{k,\max}=\frac{\omega^2}{2}\overline{m}2\int_0^a 2\int_0^b W^2\mathrm{d}x\mathrm{d}y=\frac{2^{15}\omega^2\overline{m}}{3^4\times5^2\times7}a^9b^9$$

于是，由 $E_{k,\max}=V_{\varepsilon,\max}$ 得

$$\omega^2=\frac{63D}{2a^4b^4\overline{m}}\left(a^4+b^4+\frac{4}{7}a^2b^2\right)$$

从而得到

$$\omega=\frac{\sqrt{\frac{63}{2}\left(1+\frac{4}{7}\frac{a^2}{b^2}+\frac{a^4}{b^4}\right)}}{a^2}\sqrt{\frac{D}{\overline{m}}} \tag{b}$$

对于正方形薄板，$a=b$，由式（b）可得到

$$\omega=\frac{9.00}{a^2}\sqrt{\frac{D}{\overline{m}}}$$

与精确解 $\frac{8.996}{a^2}\sqrt{\frac{D}{\overline{m}}}$ 几乎一致。

例 3-5 考虑四边简支的矩形薄板，如图 3-7 所示，用里茨法求其最低自然频率。

取振型函数为

$$W=\sum_{m=1}^{\infty}\sum_{n=1}^{\infty}C_{mn}W_{mn}=\sum_{m=1}^{\infty}\sum_{n=1}^{\infty}C_{mn}\sin\frac{m\pi x}{a}\sin\frac{n\pi y}{b} \tag{c}$$

可以满足位移边界条件（同时也满足内力边界条件）。

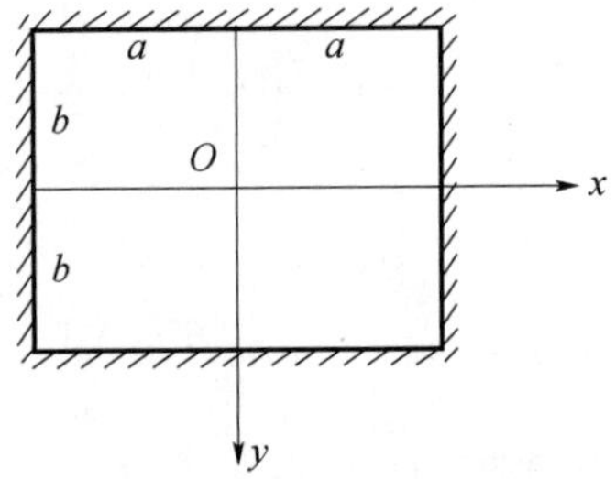

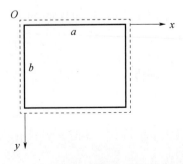

图 3-7 四边简支矩形板

代入式（3-27）得

$$V_{\varepsilon,\max} = \frac{\pi^4 abD}{8} \sum_{m=1}^{\infty} \sum_{n=1}^{\infty} C_{mn}^2 \left(\frac{m^2}{a^2} + \frac{n^2}{b^2} \right)^2$$

将式（c）代入式（3-28），假定 $\overline{m}$ 为常量，得

$$E_{k,\max} = \frac{\omega^2 \overline{m}}{2} \int_0^a \int_0^b \left(\sum_{m=1}^{\infty} \sum_{n=1}^{\infty} C_{mn} \sin \frac{m\pi x}{a} \sin \frac{n\pi y}{b} \right)^2 dx dy = \frac{\omega^2 \overline{m} ab}{8} \sum_{m=1}^{\infty} \sum_{n=1}^{\infty} C_{mn}^2$$

于是，由 $\dfrac{\partial}{\partial C_m}(V_{\varepsilon,\max} - E_{k,\max}) = 0$ 得出

$$\frac{\pi^4 abD}{8} 2 C_{mn} \left(\frac{m^2}{a^2} + \frac{n^2}{b^2} \right)^2 - \frac{\omega^2 \overline{m} ab}{8} 2 C_{mn} = 0$$

令方程的系数行列式为零，得到

$$\omega = \pi^2 \left(\frac{m^2}{a^2} + \frac{n^2}{b^2} \right) \sqrt{\frac{D}{\overline{m}}}$$

与 3.2 节中的精确解答（3-6）相同。

例 3-6 试考虑半径为 a 的夹支圆板，用里茨法求最低自然频率。

取振型函数为

$$W = \left(1 - \frac{\rho^2}{a^2} \right)^2 \tag{d}$$

可以满足边界条件。代入式 [3-35（a）]，得

$$V_{\varepsilon,\max} = \pi D \int_0^a \left[r \left(\frac{d^2 W}{d\rho^2} \right)^2 + \frac{1}{\rho} \left(\frac{dW}{d\rho} \right)^2 \right] d\rho = \frac{32}{3a^2} \pi D$$

将式（d）代入式（3-35），假定 $\overline{m}$ 为常量，得

$$E_{k,\max} = \pi \omega^2 \overline{m} \int W^2 \rho d\rho = \frac{\pi}{10} \omega^2 \overline{m} a^2$$

命 $V_{\varepsilon,\max} = E_{k,\max}$，即得

$$\omega = \frac{8\sqrt{15}}{3a^2} \sqrt{\frac{D}{\overline{m}}} = \frac{10.33}{a^2} \sqrt{\frac{D}{\overline{m}}}$$

比精确解为 $\omega = \dfrac{10.22}{a^2} \sqrt{\dfrac{D}{\overline{m}}}$ 只大出 1%。

3.8　薄板的受迫振动

现在来讨论薄板在动力荷载作用下进行的振动，即所谓受迫振动。薄板的受迫振动微分方程，可以和自由振动微分方程同样地导出如下。

设薄板只受横向静荷载 $q = q(x, y)$ 而不受任何动力荷载，在发生静挠度 $w_e = w_e(x, y)$ 以后处于平衡状态，则薄板每单位面积上受到的弹性力为 $D \nabla^4 w_e$，与静荷载平衡，即

$$D \nabla^4 w_e = q \tag{a}$$

设薄板在动力荷载 $q_t = q_t(x, y, t)$ 的作用下进行振动，而在振动过程中任一瞬时的挠度为 $w_t = w_t(x, y, t)$，则薄板每单位面积上所受的弹性力为 $D \nabla^4 w_t$，将与静荷

载 q、动荷载 q_t 及惯性力 q_i 平衡，即

$$D\nabla^4 w_t = q + q_t + q_i \tag{b}$$

将惯性力 $q_i = -\overline{m}\dfrac{\partial^2 w_t}{\partial t^2}$ 代入式（b）得

$$D\nabla^4 w_t = q + q_t - \overline{m}\frac{\partial^2 w_t}{\partial t^2} \tag{c}$$

将式（c）与式（a）相减，得

$$D\nabla^4(w_t - w_e) = q_t - \overline{m}\frac{\partial^2 w_t}{\partial t^2}$$

由于 w_e 不随时间而变，$\dfrac{\partial^2 w_e}{\partial t^2} = 0$，上式可以改写为

$$D\nabla^4(w_t - w_e) = q_t - \overline{m}\frac{\partial^2}{\partial t^2}(w_t - w_e) \tag{d}$$

注意，$w_t - w_e$ 就是薄板在任一瞬时从平衡位置量起的 w，即命 $w = w_t - w_e$，可由式（d）得到

$$D\nabla^4 w = q_t - \overline{m}\frac{\partial^2 w}{\partial t^2}$$

或

$$\nabla^4 w + \frac{\overline{m}}{D}\frac{\partial^2 w}{\partial t^2} = \frac{q_t}{D} \tag{3-36}$$

这就是薄板的受迫振动微分方程。

为了求解薄板受迫振动问题，必须首先求解该薄板的自由振动问题，求出它的各种振型函数和相应的自然频率，然后将它所受的动力荷载展为振型函数的级数，即

$$q(x,y,t) = \sum_{m=1}^{\infty} F_m(t) W_m(x,y) \tag{3-37}$$

现在，把微分方程（3-36）的解答取如下的形式

$$w = \sum_{m=1}^{\infty} W_m = \sum_{m=1}^{\infty} T_m(t) W_m(x,y) \tag{3-38}$$

将式（3-37）和式（3-38）代入式（3-36），得

$$\sum_{m=1}^{\infty} T_m(t)\nabla^4 W_m + \frac{\overline{m}}{D}\sum_{m=1}^{\infty}\frac{\mathrm{d}^2 T_m}{\mathrm{d}t^2} W_m = \frac{1}{D}\sum_{m=1}^{\infty} F_m W_m \tag{e}$$

另一方面，由 $\nabla^4 W - \gamma^4 W = 0$ 和 $\dfrac{\omega^2 \overline{m}}{D} = \gamma^4$ 可得

$$\nabla^4 W = \gamma^4 W = \frac{\omega_m^2 \overline{m}}{D} W_m \tag{f}$$

把式（f）代入式（e）的左边，然后比较两边 W_m 的系数，得

$$\overline{m}\omega_m^2 T_m + \overline{m}\frac{\mathrm{d}^2 T_m}{\mathrm{d}t^2} = F_m$$

即

$$\frac{\mathrm{d}^2 T_m}{\mathrm{d}t^2} + \omega_m^2 T_m = \frac{1}{\overline{m}} F_m \tag{g}$$

常微分方程（g）的解答可以表示为

$$T_m = A_m \cos\omega_m t + B_m \sin\omega_m t + \tau_m(t) \tag{h}$$

其中 $\tau_m(t)$ 是一特解。系数 A_m 及 B_m 则须由初始条件决定，与自由振动的情况下相同。将式（h）代入式（3-38），即得到薄板在任一瞬时的挠度

$$w = \sum_{m=1}^{\infty} w_m = \sum_{m=1}^{\infty} [A_m \cos\omega_m t + B_m \sin\omega_m t + \tau_m(t)] W_m(x,y) \tag{3-39}$$

作为例题，设简支边矩形薄板受有动力荷载

$$q_t = q_0(x, y)\cos\omega t \tag{i}$$

这表示：动力荷载的分布形式保持不变，但它的数量以频率 ω 周期性地随时间变化。

已知简支边矩形薄板的振型函数为

$$W_{mn} = \sin\frac{m\pi x}{a}\sin\frac{n\pi y}{b} \tag{j}$$

首先把动力荷载 q_t 的表达式（i）展为振型函数的级数

$$q_t = q_0(x,y)\cos\omega t = \sum_{m=1}^{\infty}\sum_{n=1}^{\infty} C_{mn}\cos\omega t \sin\frac{m\pi x}{a}\sin\frac{n\pi y}{b} \tag{k}$$

即

$$q_0(x,y) = \sum_{m=1}^{\infty}\sum_{n=1}^{\infty} C_{mn}\sin\frac{m\pi x}{a}\sin\frac{n\pi y}{b}$$

按照重三角级数展开的展开公式（1-25），有

$$C_{mn} = \frac{4}{ab}\int_0^a\int_0^b q_0(x,y)\sin\frac{m\pi x}{a}\sin\frac{n\pi y}{b}\mathrm{d}x\mathrm{d}y \tag{l}$$

现在，将式（k）和式（j）一并代入式（3-37），并注意到这里的振型函数 W_m 已改用 W_{mn} 表示，故式（3-37）至式（3-39）以及式（e）、式（f）、式（g）、式（h）中变量的下标 m 也改用 mn 表示，求和记号 $\sum_{m=1}^{\infty}$ 也改用 $\sum_{m=1}^{\infty}\sum_{n=1}^{\infty}$ 表示。即可见

$$F_{mn} = C_{mn}\cos\omega t$$

而常微分方程（g）成为

$$\frac{\mathrm{d}^2 T_{mn}}{\mathrm{d}t^2} + \omega_{mn}^2 T_{mn} = \frac{1}{m}C_{mn}\cos\omega t$$

这一微分方程的特解可以取为

$$\tau_{mn} = \frac{C_{mn}\cos\omega t}{m(\omega_{mn}^2 - \omega^2)}$$

于是，由式（3-39）得挠度的表达式

$$w = \sum_{m=1}^{\infty}\sum_{n=1}^{\infty} w_{mn} = \sum_{m=1}^{\infty}\sum_{n=1}^{\infty}\left[A_{mn}\cos\omega_{mn}t + B_{mn}\sin\omega_{mn}t + \frac{C_{mn}}{m(\omega_{mn}^2 - \omega^2)}\cos\omega t\right]\sin\frac{m\pi x}{a}\sin\frac{n\pi y}{b} \tag{m}$$

从而得到速度的表达式

$$\frac{\partial w}{\partial t} = \sum_{m=1}^{\infty}\sum_{n=1}^{\infty}\left[\omega_{mn}(B_{mn}\cos\omega_{mn}t - A_{mn}\sin\omega_{mn}t) - \frac{C_{mn}}{m(\omega_{mn}^2 - \omega^2)}\omega\sin\omega t\right]\sin\frac{m\pi x}{a}\sin\frac{n\pi y}{b} \tag{n}$$

设动力荷载 q_t 开始作用时，薄板是静止地处于平衡位置，则初始条件为

$$w_0 = (w)_{t=0} = 0, \quad v_0 = \left(\frac{\partial w}{\partial t}\right)_{t=0} = 0$$

由后一条件得 $B_{mn} = 0$，从而由前一条件得

$$A_{mn} = -\frac{C_{mn}}{\overline{m}(\omega_{mn}^2 - \omega^2)}$$

代入式（m），即得挠度的最后解答

$$w = \sum_{m=1}^{\infty} \sum_{n=1}^{\infty} w_{mn} = \sum_{m=1}^{\infty} \sum_{n=1}^{\infty} \frac{C_{mn}}{\overline{m}(\omega_{mn}^2 - \omega^2)} (\cos\omega t - \cos\omega_{mn} t) \sin\frac{m\pi x}{a} \sin\frac{n\pi y}{b} \qquad （o）$$

其中系数 C_{mn} 如式（1）所示。

当动力荷载 q_t 的频率 ω 趋于薄板的某一自然频率 ω_{mn} 时，解答（o）中相应的一项 w_{mn} 将具有 0/0 的形式，不便讨论。因此，利用关系式

$$\cos\omega t - \cos\omega_{mn} t = 2\sin\frac{(\omega_{mn} + \omega)t}{2} \sin\frac{(\omega_{mn} - \omega)t}{2}$$

将上述一项变为

$$w_{mn} = \frac{C_{mn}}{\overline{m}(\omega_{mn}^2 - \omega^2)} 2\sin\frac{(\omega_{mn} + \omega)t}{2} \cdot \sin\frac{(\omega_{mn} - \omega)t}{2} \sin\frac{m\pi x}{a} \sin\frac{n\pi y}{b}$$

当 ω 趋于 ω_{mn} 时，这一项变为

$$w_{mn} = \frac{C_{mn}}{2\overline{m}\omega_{mn}} t\sin(\omega_{mn} t) \sin\frac{m\pi x}{a} \sin\frac{n\pi y}{b}$$

它具有因子 t，因而随着时间而无限增大，表示共振现象发生。当然，由于阻尼力的存在，此项振动不会无限增大，但可能增大到一定的数值而使薄板破坏。因此，当设计薄板结构时，和设计其他种类构件时一样，必须使薄板的各阶自然频率不会接近动力荷载的频率，通常是使薄板结构的最低自然频率远大于该构件所能受到的动力荷载的频率。这就说明，在薄板的振动问题中，最低自然频率的计算是重要的问题。

习题

3-1 图 3-1（a）中的四边简支的矩形薄板，边长为 a 及 b，设其初速度 v_0 为零而初挠度为 $w_0 = \zeta\sin\frac{\pi x}{a}\sin\frac{\pi y}{b}$，试导出该薄板自由振动的完整解答。

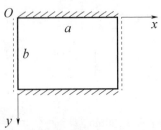

图 3-8

答案：$w = \zeta \cos\left[\pi^2 \sqrt{\dfrac{D}{m}} \left(\dfrac{1}{a^2} + \dfrac{1}{b^2} \right) t \right] \sin\dfrac{\pi x}{a} \sin\dfrac{\pi y}{b}$

3-2 有一矩形薄板，两对边简支，两对边夹支，如图 3-8 所示。取振型函数为 $W = \sin\dfrac{\pi x}{a}\left(1 - \cos\dfrac{2\pi y}{b} \right)$，试用能量法求最低自然频率。

答案：$\omega_{\min} = \dfrac{\pi^2}{a^2} \sqrt{1 + \dfrac{8}{3}\dfrac{a^2}{b^2} + \dfrac{16}{3}\dfrac{a^4}{b^4}} \sqrt{\dfrac{D}{m}}$

3-3 一矩形薄板，三边简支，一边自由，如图 3-9（a）所示。

（1）试取振型函数为 $W = y\sin\dfrac{\pi x}{a}$，用能量法求最低自然频率。

（2）若在薄板自由边中点有一个集中质量 M 与薄板一起振动，如图 3-9（b）所示，试求最低自然频率。

答案：（1）$\omega_{\min} = \dfrac{\pi^2}{a^2} \sqrt{1 + \dfrac{6\,(1-\mu)\,a^2}{\pi^2 b^2}} \sqrt{\dfrac{D}{m}}$

（2）$\omega_{\min} = \dfrac{\pi^2}{a^2} \sqrt{1 + \dfrac{6\,(1-\mu)\,a^2}{\pi^2 b^2}} \sqrt{\dfrac{D}{m + \dfrac{6M}{ab}}}$

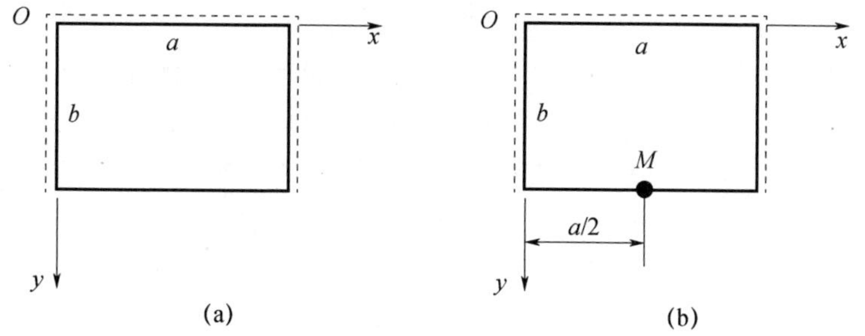

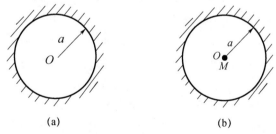

图 3-9

3-4 圆形薄板，半径为 a，边界夹支，如图 3-10（a）所示。

（1）设板做对称自由振动，试导出求自然频率的方程，并求出最低自然频率。

图 3-10

（2）若在薄板中心还有一个集中质量 M 与薄板一起振动，如图 3-10（b）所示，试求最低自然频率。

答案：（1）$J_0\,(\gamma\alpha)\,I_1\,(\gamma\alpha)\, + J_1\,(\gamma\alpha)\,I_0\,(\gamma\alpha)\, = 0$，$\omega_{\min} = \dfrac{10.22}{a^2} \sqrt{\dfrac{D}{m}}$

$$(2)\quad \omega_{\min} = \frac{8\sqrt{15}}{3a^2}\sqrt{\frac{D}{\overline{m} + \frac{5M}{\pi a^2}}}$$

人物篇3

基尔霍夫

格斯塔夫·罗泊特·基尔霍夫（1824—1887）出生于哥尼斯堡，是一个律师的儿子。1842 年读完中学以后，进了哥尼斯堡大学。

在 1943—1845 年这段时间，他听纽曼的讲课并参与理论物理学研究室的教学活动，纽曼注意到基尔霍夫的卓越才能，因此在他写给教务长的报告中，推荐这个学生，认为其是最有希望的青年科学家，他赞许基尔霍夫发表在 1845—1847 年的几篇论文，这些论文都是在他的指导下在研究室中起草的。

1848 年，基尔霍夫得到博士学位并开始在柏林大学教课。他在柏林住了不多久，1850 年便接受布累施劳（Breslan）大学的聘请，担任物理学副教授，在该校遇到著名化学家本生（Bunsen，1811—1899），此后他就和本生密切地共事许多年。1854 年，本生转到海得尔堡（Heidelberg）大学，1855 年，海得尔堡大学的物理学讲座无人主持，他就将基尔霍夫邀请到海得尔堡大学，1858 年，希姆霍兹（Helmholtz）加入了海得尔堡大学，此后海得尔堡大学便开启了一个伟大的科学时代。

这三位杰出教授的讲座吸引了从其他德国大学和从国外来的许多学生。基尔霍夫和本生一起研究光谱分析，1859 年基尔霍夫发表了他在这方面的著名论文。他不仅是一位很优秀的教师和理论物理学专家，而且也是一位不平凡的实验家，因此学生能得到极全面的实验教育。1868 年，基尔霍夫因偶然事故跌断了腿骨，健康受到了严重的影响。他不能继续在实验室里工作，因而只能局限于做理论研究。1875 年，他转到柏林大学，在该校担任理论物理学教授，1882 年，他的健康继续恶化，在 1884 年只好中止教学工作，在六十三岁时（1887 年）去世。

基尔霍夫在当纽曼的学生时就已热心于研究弹性理论。1850 年，他发表了关于平板理论的一篇重要论文《弹性圆板的平衡与运动》，在论文中我们看到有平板弯曲的最早的正确理论。在这篇论文的开端，基尔霍夫对这个问题做了一段简要的历史叙述，他提到索菲·热尔曼最先企图求出平板弯曲的微分方程，以及拉格朗日怎样改正了她的错误。他没有提起纳维叶用分子力假说来推导平板方程的工作，他讨论了泊松的工作，并且指出泊松的三个边界条件一般是不能同时遇到的，而泊松之所以能够正确地解出振动圆板的问题只是因为他所讨论的对称的振动方式正巧与三个边界条件之一吻合。

论文从三维弹性力学的变分开始，引进了关于板的变形的假设，这就是：

① 任一垂直于板面的直线，在变形后仍保持垂直于变形后的板面。

② 板的中面，在变形过程中没有伸长变形。

这个假设后来被逐步改进，形成现今的直法线假设。在论文中基尔霍夫给出了平板边界条件的正确提法，他证明了只有两个边界条件，而不是像泊松建立的三个；并且给出了圆板的自由振动解，同时比较完整地给出了振动的节线表达式，从而较好地回答了克拉尼问题，至此弹性板的理论问题才算告一段落，这就是力学界著名的基尔霍夫平板理论，基尔霍夫平板理论的出现将弹性理论向前推进了一大步。基尔霍夫在弹性理论方面另一个重要的贡献就是他发展了欧拉的工作，导出了大挠度杆的一般平衡方程。

基尔霍夫除了在弹性理论方面做出巨大的贡献外，在化学、电路设计、热辐射等领域也是成果斐然。他提出了稳恒电路网络中电流、电压、电阻关系的两条电路定律，即著名的基尔霍夫电流定律（KCL）和基尔霍夫电压定律（KVL），解决了电器设计中电路方面的难题，为此基尔霍夫被称为"电路求解大师"。基尔霍夫得到热辐射的定律，后被称为基尔霍夫定律，给太阳和恒星成分分析提供了一种重要的方法，天体物理由于应用光谱分析方法而进入了新阶段。在化学方面，与化学家本生合作创立了光谱化学分析法，从而发现了元素铯和铷，科学家利用基尔霍夫创立的光谱化学分析法，还发现了铊、铟等许多种元素。

4　薄板的稳定问题

在实际工程中，薄板不仅受横向力作用，同时还受到中面力作用，此时，薄板的应力与变形均与只受横向力作用时不同，板内将产生中面内力，中面内力如果是压力的话，薄板有可能会发生屈曲。本章介绍了有一对简支边的矩形薄板的压曲问题的精确解法；分析了矩形板临界荷载的一般解法；利用坐标变换，研究了圆形薄板的压曲问题；并列举了用能量法求临界荷载的实例。

4.1　薄板受纵横向荷载的共同作用

在薄板的小挠度弯曲问题中，假定薄板只受横向荷载，而且假定薄板挠度很小，可以不计中面内各点平行于中面的位移。这时，薄板的弹性曲面是中面，中面内不发生伸缩和切应变，因而也不受平行于中面的应力。

当薄板在边界上受有纵向荷载时，由于板很薄，可以假定其只发生平行于中面的应力，且这些应力不沿薄板厚度变化。这是薄板在纵向荷载作用下的平面应力问题。薄板每单位宽度上的平面应力将合成为如下的中面内力或薄膜内力

$$\left. \begin{array}{l} F_{\mathrm{T}x} = \delta\sigma_x, \quad F_{\mathrm{T}y} = \delta\sigma_y \\ F_{\mathrm{T}xy} = \delta\tau_{xy}, \quad F_{\mathrm{T}yx} = \delta\tau_{yx} \end{array} \right\} \tag{a}$$

式中，δ 为薄板的厚度，$F_{\mathrm{T}x}$ 和 $F_{\mathrm{T}y}$ 为拉压力，$F_{\mathrm{T}xy}$ 和 $F_{\mathrm{T}yx}$ 称为平错力或纵向剪力，又称为顺剪力。

当薄板同时受横向荷载和纵向荷载时，如果纵向荷载很小，则中面内力也很小，它对薄板弯曲的影响可不计。那么，就可以分别计算两向荷载引起的应力，然后叠加。如果中面内力并非很小，就必须考虑中面内力对弯曲的影响。下面导出薄板在这种情况下的弹性曲面微分方程。

试考虑薄板任一微分块的平衡，如图 4-1 所示。为了简明起见，只画出该微分块的中面，并将横向荷载以及薄板横截面上的内力用力矢和矩矢表示在中面上。

首先，以通过微分块中心而平行于 z 轴的直线为矩轴，写出力矩的平衡方程，略去微量以后，将得到

$$F_{\mathrm{T}yx} = F_{\mathrm{T}xy} \tag{b}$$

这也可以根据切应力的互等关系 $\tau_{yx} = \tau_{xy}$ 和式（a）直接导出。其次，将所有各力投影到 x 轴和 y 轴上，列出投影的平衡方程，将得到

$$\frac{\partial F_{\mathrm{T}x}}{\partial x} + \frac{\partial F_{\mathrm{T}yx}}{\partial y} = 0, \quad \frac{\partial F_{\mathrm{T}y}}{\partial y} + \frac{\partial F_{\mathrm{T}xy}}{\partial x} = 0 \tag{4-1}$$

这也可以由平面问题的平衡微分方程和式（a）直接导出。

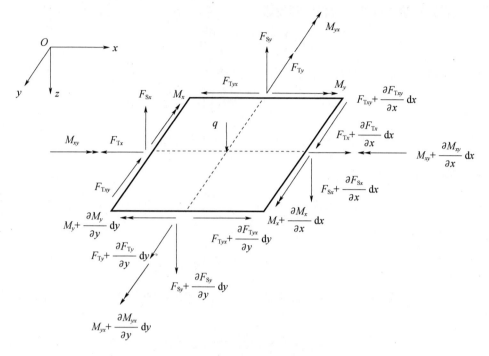

图 4-1　薄板受纵横荷载时微分块中面上的内力

现在，将所有各力投射到 z 轴上。横向荷载的投影是

$$q\mathrm{d}x\mathrm{d}y \tag{c}$$

横向剪力的投影是

$$\left(F_{\mathrm{S}x} + \frac{\partial F_{\mathrm{S}x}}{\partial x}\mathrm{d}x\right)\mathrm{d}y - F_{\mathrm{S}x}\mathrm{d}y + \left(F_{\mathrm{S}y} + \frac{\partial F_{\mathrm{S}y}}{\partial y}\mathrm{d}y\right)\mathrm{d}x - F_{\mathrm{S}y}\mathrm{d}y = \left(\frac{\partial F_{\mathrm{S}x}}{\partial x} + \frac{\partial F_{\mathrm{S}y}}{\partial y}\right)\mathrm{d}x\mathrm{d}y \tag{d}$$

由图 [4-2（a）] 可见，左右两边上拉压力的投影是

$$-F_{\mathrm{T}x}\mathrm{d}y\frac{\partial w}{\partial x} + \left(F_{\mathrm{T}x} + \frac{\partial F_{\mathrm{T}x}}{\partial x}\mathrm{d}x\right)\mathrm{d}y\frac{\partial}{\partial x}\left(w + \frac{\partial w}{\partial x}\mathrm{d}x\right) = \left(F_{\mathrm{T}x}\frac{\partial^2 w}{\partial x^2} + \frac{\partial F_{\mathrm{T}x}}{\partial x}\frac{\partial w}{\partial x} + \frac{\partial F_{\mathrm{T}x}}{\partial x}\frac{\partial^2 w}{\partial x^2}\mathrm{d}x\right)\mathrm{d}x\mathrm{d}y$$

在略去三阶微量以后就得到投影

$$\left(F_{\mathrm{T}x}\frac{\partial^2 w}{\partial x^2} + \frac{\partial F_{\mathrm{T}x}}{\partial x}\frac{\partial w}{\partial x}\right)\mathrm{d}x\mathrm{d}y \tag{e}$$

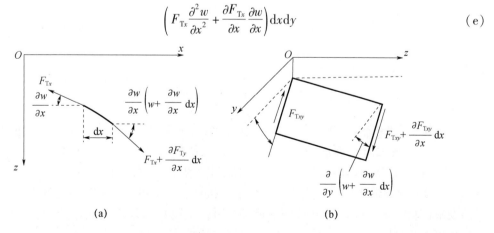

| (a) | (b) |

图 4-2　微分块中面上的拉压力和平错力

同理，由前后两边上的拉应力将得到投影

$$\left(F_{\mathrm{Ty}}\frac{\partial^2 w}{\partial y^2}+\frac{\partial F_{\mathrm{Ty}}}{\partial y}\frac{\partial w}{\partial y}\right)\mathrm{d}x\mathrm{d}y \tag{f}$$

由图〔4-2（b）〕可见，左右两边上平错力的投影是

$$-F_{\mathrm{Txy}}\mathrm{d}y\frac{\partial w}{\partial y}+\left(F_{\mathrm{Txy}}+\frac{\partial F_{\mathrm{Txy}}}{\partial x}\mathrm{d}x\right)\mathrm{d}y\frac{\partial}{\partial y}\left(w+\frac{\partial w}{\partial x}\mathrm{d}x\right)$$

$$=\left(F_{\mathrm{Txy}}\frac{\partial^2 w}{\partial x\partial y}+\frac{\partial F_{\mathrm{Txy}}}{\partial x}\frac{\partial w}{\partial y}+\frac{\partial F_{\mathrm{Txy}}}{\partial x}\frac{\partial^2 w}{\partial x\partial y}\mathrm{d}x\right)\mathrm{d}x\mathrm{d}y$$

在略去三阶微量以后得到投影

$$\left(F_{\mathrm{Txy}}\frac{\partial^2 w}{\partial x\partial y}+\frac{\partial F_{\mathrm{Txy}}}{\partial x}\frac{\partial w}{\partial y}\right)\mathrm{d}x\mathrm{d}y \tag{g}$$

同样，由前后两边上的平错力将得到投影

$$\left(F_{\mathrm{Tyx}}\frac{\partial^2 w}{\partial x\partial y}+\frac{\partial F_{\mathrm{Tyx}}}{\partial y}\frac{\partial w}{\partial x}\right)\mathrm{d}x\mathrm{d}y \tag{h}$$

将式（c）至式（h）所示的各项投影相加，令其总和等于零，然后除以 $\mathrm{d}x\mathrm{d}y$，得到

$$q+\frac{\partial F_{\mathrm{Sx}}}{\partial x}+\frac{\partial F_{\mathrm{Sy}}}{\partial y}+F_{\mathrm{Tx}}\frac{\partial^2 w}{\partial x^2}+\frac{\partial F_{\mathrm{Tx}}}{\partial x}\frac{\partial w}{\partial x}+F_{\mathrm{Ty}}\frac{\partial^2 w}{\partial y^2}+\frac{\partial F_{\mathrm{Ty}}}{\partial y}\frac{\partial w}{\partial y}+$$

$$F_{\mathrm{Txy}}\frac{\partial^2 w}{\partial x\partial y}+\frac{\partial F_{\mathrm{Txy}}}{\partial x}\frac{\partial w}{\partial y}+F_{\mathrm{Tyx}}\frac{\partial^2 w}{\partial x\partial y}+\frac{\partial F_{\mathrm{Tyx}}}{\partial y}\frac{\partial w}{\partial x}=0$$

或者

$$q+\frac{\partial F_{\mathrm{Sx}}}{\partial x}+\frac{\partial F_{\mathrm{Sy}}}{\partial y}+F_{\mathrm{Tx}}\frac{\partial^2 w}{\partial x^2}+F_{\mathrm{Ty}}\frac{\partial^2 w}{\partial y^2}+\left(F_{\mathrm{Txy}}+F_{\mathrm{Tyx}}\right)\frac{\partial^2 w}{\partial x\partial y}+$$

$$\left(\frac{\partial F_{\mathrm{Tx}}}{\partial x}+\frac{\partial F_{\mathrm{Tyx}}}{\partial y}\right)\frac{\partial w}{\partial x}+\left(\frac{\partial F_{\mathrm{Ty}}}{\partial y}+\frac{\partial F_{\mathrm{Txy}}}{\partial x}\right)\frac{\partial w}{\partial y}=0$$

利用关系式（b）及式（4-1），上式可以简化为

$$q+\frac{\partial F_{\mathrm{Sx}}}{\partial x}+\frac{\partial F_{\mathrm{Sy}}}{\partial y}+F_{\mathrm{Tx}}\frac{\partial^2 w}{\partial x^2}+2F_{\mathrm{Txy}}\frac{\partial^2 w}{\partial x\partial y}+F_{y}\frac{\partial^2 w}{\partial y^2}=0 \tag{i}$$

再利用关系式（1-12）中最后二式得来的

$$\frac{\partial F_{\mathrm{Sx}}}{\partial x}+\frac{\partial F_{\mathrm{Sy}}}{\partial y}=-D\left(\frac{\partial^2}{\partial x^2}+\frac{\partial^2}{\partial y^2}\right)\nabla^2 w=-D\,\nabla^4 w$$

式（i）即可再度简化为

$$D\,\nabla^4 w-\left(F_{\mathrm{Tx}}\frac{\partial^2 w}{\partial x^2}+2F_{\mathrm{Txy}}\frac{\partial^2 w}{\partial x\partial y}+F_{\mathrm{Ty}}\frac{\partial^2 w}{\partial y^2}\right)=q \tag{4-2}$$

当薄板受已知横向荷载并在边界上受已知纵向荷载时，可以首先按照平面应力问题由已知纵向荷载求出平面应力 σ_x、σ_y、τ_{xy}，从而用式（a）求出中面内力 F_{Tx}、F_{Ty}、F_{Txy}，然后根据已知的横向荷载 q 和薄板弯曲问题的边界条件，由微分方程（4-2）求解挠度 w，从而求出薄板的弯曲内力，即弯矩、扭矩、横向剪力。在一般情况下，这种问题的求解比较繁难。这里导出微分方程（4-2），主要目的是将它应用于薄板的压曲问题，如以下几节所述。

4.2　薄板的压曲

当薄板在边界上受纵向荷载时，板内将发生一定的中面内力。如果这个中面内力在各个部位、各个方向都不是压力（是拉力，或等于零），则薄板的平面平衡状态是稳定的。也就是说，要使薄板进入任何弯曲状态，就必须施以横向的干扰力，而且，在这个干扰力被除去以后，薄板将经过一个振动过程而恢复原来的平面平衡状态。

但是，如果纵向荷载所引起的中面内力在某些部位、某些方向是压力，则当纵向荷载超过某一数值（即临界荷载）时，薄板的平面平衡状态将不稳定。这就是说，在薄板受到横向干扰力而弯曲后，即使干扰力被除去，薄板也不再恢复原来的平面平衡状态，它经过振动过程而进入某一个弯曲的平衡状态。这个弯曲的平衡状态是稳定的，也就是说，如果薄板再度受到横向干扰力而离开这个平衡状态，则当干扰力被除去以后，它将经过一个振动过程而恢复这个弯曲的平衡状态。薄板在纵向荷载作用下处于弯曲的平衡状态，这种现象称为纵向弯曲或压曲，又称为屈曲。

在下面的各节中，将只讨论如何求得薄板的临界荷载，而不讨论薄板在超临界荷载下的位移和内力。这是因为，当纵向荷载到达临界值以后，荷载的稍许增大将使得位移和内力增大很多，不但有损薄板的使用性能，而且可能导致薄板破坏。同时，在这种情况下，由于小挠度弯曲理论不再适用，进行分析也是比较繁难的。

在分析薄板的压曲问题从而求出临界荷载时，总是假定纵向荷载的分布规律（即各个荷载之间的比值）是指定的（但它们的大小是未知的）。这就可以用求解平面问题的任何方法求出平面应力 σ_x、σ_y、τ_{xy}，从而求得中面内力 F_{Tx}、F_{Ty}、F_{Txy}，用上述未知大小的纵向荷载来表示。然后来考察，为使薄板可能发生压曲，上述纵向荷载的最小数值是多大。这个最小数值就是临界荷载的数值。在进行此项考察时，可以利用前一节中导出的微分方程（4-2）。因为这里只需考虑纵向荷载所引起的内力，并没有任何横向荷载牵涉在内，所以在该微分方程中令 $q=0$，得出薄板压曲微分方程

$$D \nabla^4 w - \left(F_{Tx}\frac{\partial^2 w}{\partial x^2} + 2F_{Txy}\frac{\partial^2 w}{\partial x \partial y} + F_{Ty}\frac{\partial^2 w}{\partial y^2} \right) = 0 \tag{4-3}$$

这是挠度 w 的齐次微分方程，其中的系数 F_{Tx}、F_{Ty}、F_{Txy} 是用已知分布而未知大小的纵向荷载表示的，而所谓的"薄板可能发生压曲"，是以这一微分方程具有"满足边界条件的非零解"表示的。于是，求临界荷载的问题就成为：为了压曲微分方程（4-3）具有满足边界条件的非零解，纵向荷载的最小数值是多大？这种分析方法称为静力法或平衡法，因为压曲微分方程在本质上是一个静力平衡方程。

4.3　四边简支矩形薄板在均布压力下的压曲

设有四边简支矩形薄板，对边受有均布压力，在板边的每单位长度上为 F_x，如图4-3所示。由以前对平面问题的分析极易得知，平面应力为

$$\sigma_x = -\frac{F_x}{\delta}, \quad \sigma_x = 0, \quad \tau_{xy} = 0$$

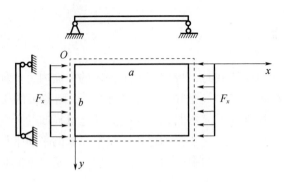

图 4-3　四边简支的矩形薄板

于是得中面内力

$$F_{Tx} = -F_x, \quad F_{Ty} = 0, \quad F_{Txy} = 0$$

代入压曲微分方程（4-3），得到

$$D \nabla^4 w + F_x \frac{\partial^2 w}{\partial x^2} = 0 \tag{a}$$

与在薄板的小挠度弯曲问题中一样，取挠度的表达式为

$$w = \sum_{m=1}^{\infty} \sum_{n=1}^{\infty} A_{mn} \sin \frac{m\pi x}{a} \sin \frac{n\pi y}{b} \tag{b}$$

这是满足所有四边的边界条件，将式（b）代入式（a），除以 π^4，得到

$$\sum_{m=1}^{\infty} \sum_{n=1}^{\infty} A_{mn} \left[D \left(\frac{m^2}{a^2} + \frac{n^2}{b^2} \right)^2 - F_x \frac{m^2}{\pi^2 a^2} \right] \sin \frac{m\pi x}{a} \sin \frac{n\pi y}{b} = 0 \tag{c}$$

由式（c）可见，如果纵向荷载 F_x 很小，则不论 m 及 n 取任何整数值，方括号内的数值总是大于零，因而所有系数 A_{mn} 都必须等于零。这就表示，式（b）所示的挠度等于零，对应于薄板的平面平衡状态。但当 F_x 增大，使某一个方括号内的数值成为零，因而某一系数 A_{mn} 可以不等于零而式（c）仍能满足时，薄板可能压曲，而它的挠度将是

$$w = A_{mn} \sin \frac{m\pi x}{a} \sin \frac{n\pi y}{b}$$

其中 m 和 n 分别表示薄板压曲后沿 x 和 y 方向的正弦半波数目。由此可见，纵向荷载 F_x 的临界值一定满足如下的压曲条件

$$D \left(\frac{m^2}{a^2} + \frac{n^2}{b^2} \right)^2 - F_x \frac{m^2}{\pi^2 a^2} = 0$$

即

$$F_x = \frac{\pi^2 a^2 D \left(\frac{m^2}{a^2} + \frac{n^2}{b^2} \right)^2}{m^2} \tag{4-4}$$

现在来进一步考察，在一切满足这种条件的纵向荷载中间，哪一个数值最小，也就是，哪一个是临界荷载。由式（4-4）可知，当 n 增大时，F_x 增大，所以求临界荷载时，应当取 $n = 1$。这就表示压曲后的薄板沿 y 方向只有一个正弦半波。于是，在式（4-4）中令 $n = 1$，得临界荷载

$$(F_x)_c = \frac{\pi^2 a^2 D}{m^2}\left(\frac{m^2}{a^2} + \frac{1}{b^2}\right)^2 = \frac{\pi^2 D}{b^2}\left(\frac{mb}{a} + \frac{1}{\frac{mb}{a}}\right)^2 \tag{d}$$

或

$$(F_x)_c = k\frac{\pi^2 D}{b^2} \tag{4-5}$$

其中

$$k = \left(\frac{mb}{a} + \frac{1}{\frac{mb}{a}}\right)^2 \tag{4-6}$$

依次令 $m = 1$，2，3，…，针对 m 的每一数值，由式（4-6）算出 a/b 取不同数值时的 k 值，得出如图 4-4 所示的一组曲线。每根曲线起决定性作用的部分用实线表示（对于一定的 a/b 值，这部分曲线所给出的 k 值小于其他曲线所给出的 k 值）。临近两曲线的交点极易求出。例如，相应于 $m = 1$ 及 $m = 2$，有

$$\left(\frac{b}{a} + \frac{1}{\frac{b}{a}}\right)^2 = \left(\frac{2b}{a} + \frac{1}{\frac{2b}{a}}\right)^2$$

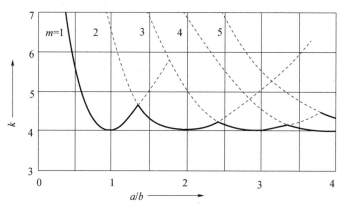

图 4-4　k 随 a/b 的变化曲线

由此得出 $a/b = \sqrt{2}$。同样，相应于 $m = 2$ 及 $m = 3$，将得出 $a/b = \sqrt{6}$；相应于 $m = 3$ 及 $m = 4$，将得出 $a/b = \sqrt{12}$，等等。

由图 4-4 可见，在 $a/b \leqslant \sqrt{2}$ 的范围内，最小临界荷载总是相应于 $m = 1$，并由式（d）得其数值为

$$(F_x)_c = \frac{\pi^2 D}{b^2}\left(\frac{b}{a} + \frac{a}{b}\right)^2 \tag{4-7}$$

在 $a/b \geqslant \sqrt{2}$ 的情况下，起决定作用的部分曲线都在 $k = 4.0$ 至 $k = 4.5$ 的范围内，也就是说，临界荷载总在 $4.0\pi^2 D/b^2$ 和 $4.5\pi^2 D/b^2$ 之间。

现在，设矩形薄板在双向受有均布压力，在板边的每单位宽度上分别为 F_x 及 $F_y = \alpha F_x$，如图 4-5 所示。这时的中面内力将为

$$F_{\text{T}x} = -F_x, \quad F_{\text{T}y} = -\alpha F_x, \quad F_{\text{T}xy} = 0$$

代入压曲微分方程（4-3），得出

$$D\nabla^4 w + F_x\left(\frac{\partial^2 w}{\partial x^2} + \alpha\frac{\partial^2 w}{\partial y^2}\right) = 0 \tag{e}$$

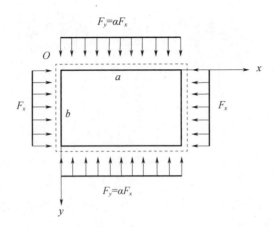

图 4-5 四边简支受双向均布荷载的矩形薄板

仍然取挠度的表达式如式（b）所示，则与上述相似地由式（e）得

$$\sum_{m=1}^{\infty} \sum_{m=1}^{\infty} A_{mn} \left[D \left(\frac{m^2}{a^2} + \frac{n^2}{b^2} \right)^2 - \frac{F_x}{\pi^2} \left(\frac{m^2}{a^2} + \alpha \frac{n^2}{b^2} \right) \right] \sin \frac{m\pi x}{a} \sin \frac{n\pi y}{b} = 0$$

从而得压曲条件

$$F_x = \frac{\pi^2 D}{a^2} \frac{\left(m^2 + n^2 \dfrac{a^2}{b^2} \right)^2}{m^2 + \alpha n^2 \dfrac{a^2}{b^2}} \tag{4-8}$$

对于任何已知的 a/b 及 $\alpha = F_y/F_x$，都可以在式（4-8）中命 m 及 n 取不同整数，求出不同的 F_x 值，从而得到最小的 F_x 值，即临界荷载 $(F_x)_c$。当 F_y 为拉力时，α 取负值，公式（4-8）仍然适用。

4.4　对边简支矩形薄板在均布压力下的压曲

设矩形薄板的对边为简支边，另两边为任意边，在简支边上受均布压力，如图 4-6 所示。

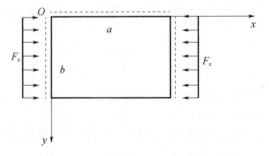

图 4-6　对边简支的矩形薄板

压曲微分方程（4-3）依然为

$$D \nabla^4 w + F_x \frac{\partial^2 w}{\partial x^2} = 0 \tag{a}$$

取挠度的表达式为

$$w = \sum_{m=1}^{\infty} w_m = \sum_{m=1}^{\infty} Y_m \sin\frac{m\pi x}{a} \tag{b}$$

式中，Y_m 只是 y 的函数，可满足左右两边的边界条件。

将式（b）代入式（a），通过与前一节中相同的论证，可以得出常系数微分方程

$$\frac{\mathrm{d}^4 Y_m}{\mathrm{d}y^4} - 2\frac{m^2\pi^2}{a^2}\frac{\mathrm{d}^2 Y_m}{\mathrm{d}y^2} + \left(\frac{m^4\pi^4}{a^4} - \frac{F_x}{D}\frac{m^2\pi^2}{a^2}\right)Y_m = 0 \tag{c}$$

它的特征方程是

$$r^4 - 2\frac{m^2\pi^2}{a^2}r^2 + \left(\frac{m^4\pi^4}{a^4} - \frac{F_x}{D}\frac{m^2\pi^2}{a^2}\right) = 0$$

这个代数方程的四个根为

$$\left.\begin{array}{c} \pm\sqrt{\dfrac{m\pi}{a}\left(\dfrac{m\pi}{a} + \sqrt{\dfrac{F_x}{D}}\right)} \\[3mm] \pm\sqrt{\dfrac{m\pi}{a}\left(\dfrac{m\pi}{a} - \sqrt{\dfrac{F_x}{D}}\right)} \end{array}\right\} \tag{d}$$

在绝大多数情况下，薄板的压曲状态相应于

$$\frac{F_x}{D} > \frac{m^2\pi^2}{a^2}$$

于是可见，式（d）所示的四个根必然是两实两虚，可写为

$$\pm\sqrt{\frac{m\pi}{a}\left(\sqrt{\frac{F_x}{D}} + \frac{m\pi}{a}\right)}$$

$$\pm\mathrm{i}\sqrt{\frac{m\pi}{a}\left(\sqrt{\frac{F_x}{D}} - \frac{m\pi}{a}\right)}$$

取正实数

$$\left.\begin{array}{c} \alpha = \sqrt{\dfrac{m\pi}{a}\left(\sqrt{\dfrac{F_x}{D}} + \dfrac{m\pi}{a}\right)} \\[3mm] \beta = \sqrt{\dfrac{m\pi}{a}\left(\sqrt{\dfrac{F_x}{D}} - \dfrac{m\pi}{a}\right)} \end{array}\right\} \tag{4-9}$$

则上述四根成为 $\pm\alpha$ 和 $\pm\mathrm{i}\beta$。于是，Y_m 的解答为

$$Y_m = C_1\cosh\alpha y + C_2\sinh\alpha y + C_3\cos\beta y + C_4\sin\beta y$$

而式（b）成为

$$w = \sum_{m=1}^{\infty} w_m = \sum_{m=1}^{\infty}(C_1\cosh\alpha y + C_2\sinh\alpha y + C_3\cos\beta y + C_4\sin\beta y)\sin\frac{m\pi x}{a} \tag{4-10}$$

在很少数情况下，薄板的压曲状态是相应于

$$\frac{F_x}{D} < \frac{m^2\pi^2}{a^2}$$

而式（d）所示的四个根都是实根。取正实数

$$\left. \begin{array}{l} \alpha' = \sqrt{\dfrac{m\pi}{a}\left(\dfrac{m\pi}{a} + \sqrt{\dfrac{F_x}{D}}\right)} \\[4mm] \beta' = \sqrt{\dfrac{m\pi}{a}\left(\dfrac{m\pi}{a} - \sqrt{\dfrac{F_x}{D}}\right)} \end{array} \right\} \tag{4-11}$$

则式（b）成为

$$w = \sum_{m=1}^{\infty} w_m = \sum_{m=1}^{\infty} (C_1\cosh\alpha y + C_2\sinh\alpha y + C_3\cosh\beta' y + C_4\sinh\beta' y)\sin\frac{m\pi x}{a} \tag{4-12}$$

为了薄板的压曲，式（4-10）或式（4-12）式中有某一个 w_m 必须具有满足边界条件的非零解。利用 $y=0$ 和 $y=b$ 处的四个边界条件，可以得出 C_1 至 C_4 的一组联立齐次线性方程。如果 C_1 至 C_4 全为零，则该方程组可以满足。但这时将得出 $w_m=0$，表示薄板保持平面平衡状态。当薄板被压曲时，C_1 至 C_4 不能全为零，因而只可能是该方程组的系数行列式等于零。令这个行列式等于零，就得到 F_x 的一个方程（总是超越方程）。针对不同的整数 m，解出 F_x，取其最小值，就是该薄板的临界荷载 $(F_x)_c$。

将求得的临界荷载表示成为

$$(F_x)_c = k\frac{\pi^2 D}{b^2} \tag{e}$$

则其中的 k 是量纲为 1 的因数，它主要依赖于边长比 a/b。当薄板具有自由边时，系数 k 还与 μ 有关，因为自由边的边界条件是与 μ 有关的。下面摘录一些分析成果，以供读者参考。

例如，设图 4-6 所示的矩形薄板，$y=0$ 的一边简支，$y=b$ 的一边自由。具体求解如下。

设挠度函数如式（4-10）所示，即

$$w = \sum_{m=1}^{\infty} (C_1\cosh\alpha y + C_2\sinh\alpha y + C_3\cos\beta y + C_4\sin\beta y)\sin\frac{m\pi x}{a} \tag{f}$$

边界条件为

$$(w=0)_{y=0}=0, \quad \left(\frac{\partial^2 w}{\partial y^2}\right)_{y=0}=0 \tag{g}$$

$$\left(\frac{\partial^2 w}{\partial y^2} + \mu\frac{\partial^2 w}{\partial x^2}\right)_{y=b}=0, \quad \left[\frac{\partial^3 w}{\partial y^3} + (2-\mu)\frac{\partial^3 w}{\partial x^2\partial y}\right]_{y=b}=0 \tag{h}$$

将式（f）代入式（g）得

$$\left. \begin{array}{l} C_1 + C_3 = 0 \\ \alpha^2 C_1 - \beta^2 C_3 = 0 \end{array} \right\} \Rightarrow C_1 = C_3 = 0$$

将式（f）代入式（h）得

$$C_2\left(\alpha^2 - \mu\frac{m^2\pi^2}{a^2}\right)\sinh\alpha b - C_4\left(\beta^2 + \mu\frac{m^2\pi^2}{a^2}\right)\sin\beta b = 0$$

$$C_2\left[\alpha^2 - (2-\mu)\frac{m^2\pi^2}{a^2}\right]\cosh\alpha b - C_4\left[\beta^2 + (2-\mu)\frac{m^2\pi^2}{a^2}\right]\cos\beta b = 0$$

因为 C_2 和 C_4 不能全为零，故存在

$$\begin{vmatrix} (\alpha^2 - k_1)\sinh\alpha b & -(\beta^2 + k_1)\sin\beta b \\ \alpha(\alpha^2 - k_2)\cosh\alpha b & \beta(\beta^2 + k_2)\cos\beta b \end{vmatrix} = 0$$

其中
$$k_1 = \mu \frac{m^2 \pi^2}{a^2}, \quad k_2 = (2 - \mu)\frac{m^2 \pi^2}{a^2}$$

推得

$$\beta \left(\alpha^2 - \mu \frac{m^2 \pi^2}{a^2} \right)^2 \tanh\alpha b = \alpha \left(\beta^2 + \mu \frac{m^2 \pi^2}{a^2} \right)^2 \tan\beta b \qquad \text{(i)}$$

当 $m = 1$ 时，式（i）简化为

$$\beta \left(\alpha^2 - \mu \frac{\pi^2}{a^2} \right)^2 \tanh\alpha b = \alpha \left(\beta^2 + \mu \frac{\pi^2}{a^2} \right)^2 \tan\beta b \qquad \text{(j)}$$

将式（4-9）代入式（j），可得与 F_x 有关的超越方程，通过迭代法或 MATLAB 求解技术，可求出临界荷载为

$$(F_x)_c = k \frac{\pi^2 D}{b^2}$$

其中，k 与 μ 有关。当 $\mu = 1/4$ 时，可算出系数 k 与板边长比的关系，如表 4-1 所示。

表 4-1　图 4-6 所示板系数 k 随板边长比的变化情况

a/b	0.5	1.0	1.2	1.4	1.6	1.8	2.0	2.5	3.0
k	4.40	1.44	1.14	0.95	0.84	0.76	0.70	0.61	0.56

又例如，当 $y = 0$ 及 $y = b$ 两边均为夹支边时，如图 4-7 所示，此时，临界荷载与 μ 无关，求得的 k 值如表 4-2 所示。

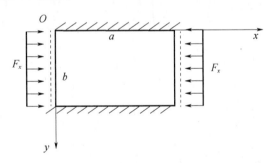

图 4-7　对边简支、对边夹支矩形板

表 4-2　图 4-7 所示板系数 k 随板边长比的变化情况

a/b	0.4	0.45	0.50	0.60	0.70	0.80	0.90	1.00
k	9.44	8.43	7.69	7.05	7.00	7.29	7.83	7.69

用上述方法，虽然可以求得临界荷载的精确值，但是代数运算和数值计算都很烦琐。因此，在工程实践中，计算矩形薄板的临界荷载值时，无论边界条件如何，都宜采用差分法或能量法。

4.5　矩形板临界荷载的一般解法

严宗达提出的矩形板通解式（1-28），不但能满足矩形板的任意边界约束条件，待定

常数又少，且具有明确的物理意义，同时该通解不仅能用于研究矩形板的弯曲问题，也可用于研究分析矩形板的振动问题和稳定问题。下面就用它来研究分析矩形板的稳定问题。

例4-1 分析计算图4-8所示三边简支一边自由矩形板的临界荷载。

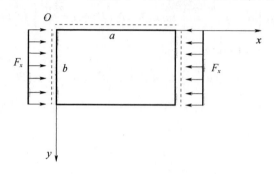

图4-8 三边简支一边自由矩形板

该板受 x 方向的中面力 F_x 作用，其边界条件为

$$(M_x)_{x=0}=0, \ (w)_{x=0}=0; \ (M_y)_{y=0}=0, \ (w)_{y=0}=0$$

$$(M_x)_{x=a}=0, \ (w)_{x=a}=0; \ (M_y)_{y=b}=0, \ (F_{Sy}^t)_{y=b}=0$$

将挠曲面函数设成式（1-28）的形式，根据各待定常数的含义并结合边界条件可知：$A_n=0$，$B_n=0$，$C_m=0$，$E_n=0$，$F_n=0$，$G_m=0$，$H_m=0$，$w_{oo}=0$，$w_{ao}=0$，$w_{ob}=0$，$w_{ab}=0$。将这些等于零的数代入式（1-28），得该边界约束下矩形板的挠曲面函数

$$w = \sum_{m=1}^{\infty}\sum_{n=1}^{\infty} b_{mn}\sin\frac{m\pi x}{a}\sin\frac{n\pi y}{b} + \sum_{m=1}^{\infty}\left[\frac{m^2\pi^2\mu D_m}{6a^2b}y^3+\left(\frac{D_m}{b}-\frac{m^2\pi^2\mu b D_m}{6a^2}\right)y\right]\sin\frac{m\pi x}{a}$$

$$(4\text{-}13)$$

式中，b_{mn}，D_m 为未知量，由式（4-13）求出直到四阶的各种偏导数，并代入4.3节中的方程（a），同样对 y 的多项式进行傅里叶展开，并比较等式两边对应级数的系数，得

$$\left(\frac{m\pi}{a}\right)^4\left(\frac{2}{n\pi}\right)\left[D-2\mu D-D\mu\left(\frac{b}{a}\right)^2\left(\frac{m}{n}\right)^2\right](-1)^{n+1}D_m+$$

$$\left[D\left(\frac{m\pi}{a}\right)^4+D\left(\frac{n\pi}{b}\right)^4+2D\left(\frac{m\pi}{a}\right)^2\left(\frac{n\pi}{b}\right)^2\right]b_{mn}-$$

$$F_x\frac{2}{n\pi}\left(\frac{m\pi}{a}\right)^2\left[1-\mu\left(\frac{b}{a}\right)^2\left(\frac{m}{n}\right)^2\right](-1)^{n+1}D_m-$$

$$F_x\left(\frac{m\pi}{a}\right)^2 b_{mn}=0 \ (m=1,2,\cdots;\ n=1,2,\cdots)$$

$$(4\text{-}14)$$

然后分别由未使用的边界条件 $(F_{Sy}^t)_{y=b}=0$，类似分析分别得以下代数方程组

$$\left(\frac{m\pi}{a}\right)^2\left[D(2-\mu)\left(\frac{m\pi}{a}\right)^2\frac{\mu b}{3}+\frac{2D(1-\mu)}{b}\right]D_m+$$

$$\sum_{n=1}^{\infty}\left[D\left(\frac{n\pi}{b}\right)^3+D(2-\mu)\left(\frac{n\pi}{b}\right)\left(\frac{m\pi}{a}\right)^2\right](-1)^n b_{mn}=0\,(m=1,2,\cdots)$$

$$(4\text{-}15)$$

求解临界荷载的方程组，由式（4-14）和式（4-15）共两组方程构成，联立这两组方程组，并转化为广义特征值问题：

$$(A^*-F_x B^*)X=0$$

式中，$\boldsymbol{A}^*$ 为由方程组中不与中面力 F_x 相乘的待定常数系数组成的矩阵，$\boldsymbol{B}^*$ 为与中面力 F_x 相乘的待定常数系数组成的矩阵，$\boldsymbol{X}$ 为所有待定常数组成的列向量。泊松比 $\mu = 0.25$，用 MATLAB 求解，得到板的临界荷载，见表 4-3。

表 4-3　三边简支一边自由矩形板的临界荷载 $F_x\left(\dfrac{\pi^2 D}{b^2}\right)$

a/b	$m \times n$				
	10×10	20×20	30×30	40×40	文献 [21]
0.5	4.5325	4.4698	4.4481	4.4371	4.40
1.0	1.4863	1.4604	1.4517	1.4473	1.44
1.2	1.1778	1.1556	1.1482	1.1445	1.14
1.4	0.9923	0.9724	0.9657	0.9624	0.95
1.6	0.8722	0.8537	0.8476	0.8445	0.84
1.8	0.7901	0.7726	0.7668	0.7639	0.76
2.0	0.7315	0.7147	0.7091	0.7063	0.70
2.5	0.6419	0.6261	0.6209	0.6183	0.61
3.0	0.5934	0.5782	0.5731	0.5706	0.56

例 4-2　分析计算图 4-7 所示的对边简支、对边夹支矩形板的临界荷载，该板受 x 方向的中面力 F_x 作用，其边界条件为：

$$(M_x)_{x=0} = 0, \quad (w)_{x=0} = 0; \quad \left(\frac{\partial w}{\partial y}\right)_{y=0} = 0, \quad (w)_{y=0} = 0$$

$$(M_x)_{x=a} = 0, \quad (w)_{x=a} = 0; \quad (w)_{y=b} = 0, \quad \left(\frac{\partial w}{\partial y}\right)_{y=b} = 0$$

将挠曲面函数设成式（1-28）的形式，根据各待定系数的含义并结合边界条件可知：$A_n = 0$，$B_n = 0$，$C_m = 0$，$D_m = 0$，$E_n = 0$，$F_n = 0$，$w_{oo} = 0$，$w_{ao} = 0$，$w_{ob} = 0$，$w_{ab} = 0$。将这些等于零的常数代入式（1-28），得该边界约束下矩形板的挠曲面函数

$$w = \sum_{m=1}^{\infty}\sum_{n=1}^{\infty} b_{mn}\sin\frac{m\pi x}{a}\sin\frac{n\pi y}{b} + \sum_{m=1}^{\infty}\left\{\frac{G_m - H_m}{6bD}y^3 - \frac{G_m}{2D}y^2 + \left[\frac{b}{6D}(H_m + 2G_m)\right]y\right\}\sin\frac{m\pi x}{a}$$

$$(4\text{-}16)$$

式中，b_{mn}、G_m、H_m 为未知量，由式（4-16）求出直到四阶的各种偏导数，并代入 4.3 节中的方程（a），同样对 y 的多项式进行傅里叶展开，并比较等式两边对应级数的系数，得

$$\left(\frac{m\pi}{a}\right)^2\left(\frac{2}{n\pi}\right)\left[\left(\frac{b}{a}\right)^2\left(\frac{m}{n}\right)^2 + 2\right]\left[G_m + (-1)^{n+1}H_m\right] +$$
$$\left[D\left(\frac{m\pi}{a}\right)^4 + D\left(\frac{n\pi}{b}\right)^4 + 2D\left(\frac{m\pi}{a}\right)^2\left(\frac{n\pi}{b}\right)^2\right]b_{mn} - \tag{4-17}$$
$$F_x\frac{2}{n\pi D}\left(\frac{b}{a}\right)^2\left(\frac{m}{n}\right)^2\left[G_m + (-1)^{n+1}H_m\right] - F_x\left(\frac{m\pi}{a}\right)^2 b_{mn} = 0$$
$$(m = 1, 2, \cdots; \ n = 1, 2, \cdots)$$

然后分别由未使用的边界条件 $\left(\dfrac{\partial w}{\partial y}\right)_{y=0} = 0$，$\left(\dfrac{\partial w}{\partial y}\right)_{y=b} = 0$，类似分析分别得以下代数

方程组

$$\frac{b}{3D}G_m + \frac{b}{6D}H_m + \sum_{n=1}^{\infty} \frac{n\pi}{b}b_{mn} = 0 \quad (m = 1, 2, \cdots) \tag{4-18}$$

$$-\frac{b}{6D}G_m - \frac{b}{3D}H_m + \sum_{n=1}^{\infty} \frac{n\pi}{b}(-1)^n b_{mn} = 0 \quad (m = 1, 2, \cdots) \tag{4-19}$$

求解临界荷载的方程组，由式（4-17）至式（4-19）共 3 组方程构成，联立这 3 组方程组并转化为广义特征值问题：

$$(A^* - F_x B^*)\, X = 0$$

式中，A^* 为由方程组中不与中面力 F_x 相乘的待定常数系数组成的矩阵，B^* 为与中面力 F_x 相乘的待定常数系数组成的矩阵，X 为所有待定常数组成的列向量。用 MATLAB 求解，得到板的临界荷载，见表 4-4。

表 4-4 对边简支、对边夹支矩形板的临界荷载 $F_x\left(\dfrac{\pi^2 D}{b^2}\right)$

a/b	$m \times n$				
	10×10	20×20	30×30	40×40	文献 [21]
0.4	9.4355	9.4462	9.4474	9.4477	9.44
0.5	7.6812	7.6899	7.6909	7.6911	7.69
0.6	7.0465	7.0541	7.0549	7.0551	7.05
0.7	6.9930	6.9998	7.0005	7.00074	7.00
0.8	7.2964	7.3027	7.3034	7.3036	7.29
0.9	7.8501	7.8560	7.8567	7.8568	7.83
1.0	7.6812	7.6899	7.6909	7.6911	7.69

从表 4-3 和表 4-4 的比较可以看出，本节介绍的通解和方法，不但求解足够精确，而且原理简单，条理清晰，最后问题归结为求广义特征值问题，借助计算机和 MATLAB 编程技术，求得板的临界荷载，这很容易实现。

这里介绍的通解，不但能满足矩形板的任意边界约束条件，而且既不需要叠加又不需要分类，待定常数又少，且具有明确的物理意义，使得矩形板稳定问题的求解统一化、简单化、规律化。

4.6 圆形薄板的压曲

在分析圆形薄板的压曲问题时，必须采用极坐标中的压曲微分方程。为此，把直角坐标中的压曲微分方程（4-3）向极坐标进行变换。

应力分量的变换式为

$$\left.\begin{aligned}
\sigma_x &= \sigma_\rho \cos^2\varphi + \sigma_\varphi \sin^2\varphi - 2\tau_{\rho\varphi}\sin\varphi\cos\varphi \\
\sigma_y &= \sigma_\rho \sin^2\varphi + \sigma_\varphi \cos^2\varphi + 2\tau_{\rho\varphi}\sin\varphi\cos\varphi \\
\tau_{xy} &= (\sigma_\rho - \sigma_\varphi)\sin\varphi\cos\varphi + \tau_{\rho\varphi}(\cos^2\varphi - \sin^2\varphi)
\end{aligned}\right\}$$

乘以薄板的厚度 δ，即可得中面内力的变换式

$$\left.\begin{array}{l} F_{\mathrm{T}x} = F_{\mathrm{T}\rho}\cos^2\varphi + F_{\mathrm{T}\varphi}\sin^2\varphi - 2F_{\mathrm{T}\rho\varphi}\sin\varphi\cos\varphi \\[2mm] F_{\mathrm{T}y} = F_{\mathrm{T}\rho}\sin^2\varphi + F_{\mathrm{T}\varphi}\cos^2\varphi + 2F_{\mathrm{T}\rho\varphi}\sin\varphi\cos\varphi \\[2mm] F_{\mathrm{T}xy} = (F_{\mathrm{T}\rho} - F_{\mathrm{T}\varphi})\sin\varphi\cos\varphi + F_{\mathrm{T}\rho\varphi}(\cos^2\varphi - \sin^2\varphi) \end{array}\right\} \tag{a}$$

式中

$$F_{\mathrm{T}\rho} = \delta\sigma_\rho, \quad F_{\mathrm{T}\varphi} = \delta\sigma_\varphi, \quad F_{\mathrm{T}\rho\varphi} = \delta\tau_{\rho\varphi} \tag{4-20}$$

为极坐标中的中面内力。此外，在 1.9 节中已经导出了关于 $\dfrac{\partial^2 w}{\partial x^2}$，$\dfrac{\partial^2 w}{\partial y^2}$，$\dfrac{\partial^2 w}{\partial x \partial y}$，$\nabla^2 w$ 的变换式。现在，将这些变换式一并代入直角坐标中的压曲微分方程（4-3），可得极坐标中的压曲微分方程

$$D\left(\frac{\partial^2}{\partial\rho^2} + \frac{1}{\rho}\frac{\partial}{\partial\rho} + \frac{1}{\rho^2}\frac{\partial^2}{\partial\varphi^2}\right)^2 w - \left[F_{\mathrm{T}\rho}\frac{\partial^2 w}{\partial\rho^2} + 2F_{\mathrm{T}\rho\varphi}\frac{\partial}{\partial\rho}\left(\frac{1}{\rho}\frac{\partial w}{\partial\varphi}\right) + F_{\mathrm{T}\varphi}\left(\frac{1}{\rho}\frac{\partial w}{\partial\rho} + \frac{1}{\rho^2}\frac{\partial^2 w}{\partial\varphi^2}\right)\right] = 0$$

$$\tag{4-21}$$

利用这一微分方程的满足边界条件的非零解，可以求得临界荷载。

例 4-3 设有圆形薄板，沿板边受到均布压力，在板边的每单位长度上为 F_ρ，如图 4-9 所示。

按照平面应力问题进行分析，可得应力分量为

$$\sigma_\rho = \sigma_\varphi = -\frac{F_\rho}{\delta}, \quad \tau_{\rho\varphi} = 0$$

从而由式（4-20）得中面内力为

$$F_{\mathrm{T}\rho} = F_{\mathrm{T}\varphi} = -F_\rho, \quad F_{\mathrm{T}\rho\varphi} = 0$$

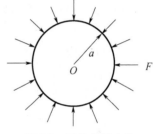

图 4-9　受均布压力的
圆形薄板

于是，压曲微分方程（4-21）为

$$D\left(\frac{\partial^2}{\partial\rho^2} + \frac{1}{\rho}\frac{\partial}{\partial\rho} + \frac{1}{\rho^2}\frac{\partial^2}{\partial\varphi^2}\right)^2 w + F_\rho\left(\frac{\partial^2 w}{\partial\rho^2} + \frac{1}{\rho}\frac{\partial w}{\partial\rho} + \frac{1}{\rho^2}\frac{\partial^2 w}{\partial\varphi^2}\right) = 0$$

试为上式取如下形式的解答

$$w = F(\rho)\cos n\varphi \tag{b}$$

其中 $n = 0, 1, 2, \cdots$。当 $n = 0$ 时，薄板的压曲形式是轴对称的。当 $n = 1$ 及 $n = 2$ 时，薄板的环向围线将分别具有一个及两个波，其余类推。将式（b）代入上述偏微分方程，得到 $F(\rho)$ 的四阶常微分方程，整理如下

$$\frac{\mathrm{d}^4 F}{\mathrm{d}\rho^4} + \frac{2}{\rho}\frac{\mathrm{d}^3 F}{\mathrm{d}\rho^3} - \left(\frac{1+2n^2}{\rho^2} - \frac{F_\rho}{D}\right)\frac{\mathrm{d}^2 F}{\mathrm{d}\rho^2} + \left(\frac{1+2n^2}{\rho^3} + \frac{1}{\rho}\frac{F_\rho}{D}\right)\frac{\mathrm{d}F}{\mathrm{d}\rho} - \left(\frac{4n^2 - n^4}{\rho^4} + \frac{n^2}{\rho^2}\frac{F_\rho}{D}\right)F = 0$$

引入量纲为 1 的变量 $x = \alpha\rho$，其中 $\alpha = \sqrt{F_\rho/D}$，则上列常微分方程变换为

$$x^4\frac{\mathrm{d}^4 F}{\mathrm{d}x^4} + 2x^3\frac{\mathrm{d}^3 F}{\mathrm{d}x^3} - x^2(1 + 2n^2 - x^2)\frac{\mathrm{d}^2 F}{\mathrm{d}x^2} +$$

$$x(1 + 2n^2 + x^2)\frac{\mathrm{d}F}{\mathrm{d}x} - (4n^2 - n^4 + n^2 x^2)F = 0 \tag{c}$$

它可以改写为

$$x^4 \frac{\mathrm{d}^4 F}{\mathrm{d}x^4} + 2x^3 \frac{\mathrm{d}^3 F}{\mathrm{d}x^3} - (1 + 2n^2)x^2 \frac{\mathrm{d}^2 F}{\mathrm{d}x^2} +$$

$$(1 + 2n^2)x \frac{\mathrm{d}F}{\mathrm{d}x} - n^2(4 - n^2)F + x^2 \left(x^2 \frac{\mathrm{d}^2 F}{\mathrm{d}x^2} + x \frac{\mathrm{d}F}{\mathrm{d}x} - n^2 F \right) = 0 \qquad (\mathrm{d})$$

还可以改写为

$$\left[x^2 \frac{\mathrm{d}^2}{\mathrm{d}x^2} - 3x \frac{\mathrm{d}}{\mathrm{d}x} + (4 - n^2) \right] \left[x^2 \frac{\mathrm{d}^2 F}{\mathrm{d}x^2} + x \frac{\mathrm{d}}{\mathrm{d}x} + (x^2 - n^2)F \right] = 0 \qquad (\mathrm{e})$$

贝塞尔微分方程

$$x^2 \frac{\mathrm{d}^2 F}{\mathrm{d}x^2} + x \frac{\mathrm{d}F}{\mathrm{d}x} + (x^2 - n^2)F = 0 \qquad (\mathrm{f})$$

的解答为

$$F(x) = C_1 J_n(x) + C_2 N_n(x) \qquad (\mathrm{g})$$

式中，$J_n(x)$ 及 $N_n(x)$ 分别为实宗量的 n 阶的第一种及第二种贝塞尔函数。由式（f）及式（e）可见，式（g）也是式（e）的解答，因而也是式（c）的解答。

但是，式（d）又指出另一种可能的解答

$$F(x) = x^m \qquad (\mathrm{h})$$

代入到式（d）以后，得

$$[m^4 - 4m^3 + (4 - 2n^2)m^2 + 4n^2 m - n^2(4 - n^2)]x^m + (m^2 - n^2)x^{m+2} = 0$$

要满足这一方程，必须有

$$\left. \begin{array}{l} m^2 - n^2 = 0 \\ m^4 - 4m^3 + (4 - 2n^2)m^2 + 4n^2 m - n^2(4 - n^2) = 0 \end{array} \right\} \qquad (\mathrm{i})$$

取 $m = \pm n$，则（i）中的两式都满足。于是，由式（g）及式（h）得

$$F(x) = C_1 J_n(x) + C_2 N_n(x) + C_3 x^n + C_4 x^{-n} \qquad (\mathrm{j})$$

从而由式（b）得

$$w = [C_1 J_n(x) + C_2 N_n(x) + C_3 x^n + C_4 x^{-n}]\cos n\varphi \qquad (4\text{-}22)$$

对于无孔圆板，在薄板的中心（$x = \alpha\rho = 0$），w 不能为无限大，而 $N_n(x)$ 和 x^{-n} 在 $x \to 0$ 时将趋于无限大，所以必须取 $C_2 = C_4 = 0$，于是，式（4-22）简化为

$$w = [C_1 J_n(x) + C_3 x^n]\cos n\varphi \qquad (\mathrm{k})$$

利用板的两个边界条件，可得出 C_1 及 C_3 的一组两个齐次线性方程。令该方程组的系数行列式等于零，就得到计算临界荷载的方程。

对于中心有圆孔的圆形薄板，并在板边和孔边受到不同大小的均布压力时，也可以先由拉梅解答求出中面内力，然后应用压曲微分方程（4-21），利用贝塞尔函数求解，从而求得临界荷载。

4.7 用能量法求临界荷载

当薄板在一定分布方式的纵向荷载作用下处于平面平衡状态时，为了判断这个状态是否稳定，只须辨别：如果薄板受有横向干扰力而进入邻近的某一弯曲状态，在干扰力除去以后，它是否恢复原来的平面状态。为此，又只需辨别：当薄板从该

平面状态进入弯曲状态时，总势能是增加还是减少。如果总势能增加，就表示该平面状面状态下的总势能为极小，对应于稳定平衡；如果总势能减少，就表示该平面状态下的总势能为极大，对应于不稳定平衡；如果总势能保持不变，表示该平面状态下的平衡是稳定平衡的极限，而相应于这一极限状态下的纵向荷载就是临界荷载。

总势能之所以不变，是因为外力势能的减少等于应变能的增加，而外力势能的减少又等于外力所做的功。因此，从能量的角度来看，临界荷载可以这样求得：薄板从平面状态进入邻近的弯曲状态时，纵向荷载所做的功 W 等于应变能的增加。

当薄板从平面状态进入弯曲状态时，和它受横向荷载作用而弯曲时一样，挠度 w 是从零开始的，所以应变能的增加也就是薄板的全部弯曲应变能 V_ε。于是，有

$$W = V_\varepsilon \text{ 或 } W - V_\varepsilon = 0 \tag{4-23}$$

式中，V_ε 如式（2-1）或式（2-2）所示。

纵向荷载所做的功 W 可以按照该荷载引起的中面内力所做的功来计算。设该荷载在薄板的某一微分块处引起的中面内力为 F_{Tx}，F_{Ty}，F_{Txy}，如图 4-10 所示。

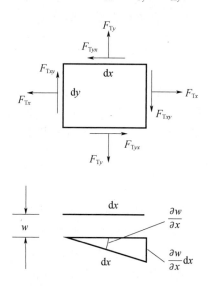

图 4-10　薄板微分块的中面内力

左右两边的内力 $F_{Tx}\mathrm{d}y$ 原来相距 $\mathrm{d}x$，在薄板弯曲后，这个距离变为

$$\left[\mathrm{d}x^2 - \left(\frac{\partial w}{\partial x}\mathrm{d}x \right)^2 \right]^{1/2} = \left[1 - \left(\frac{\partial w}{\partial x} \right)^2 \right]^{1/2} \mathrm{d}x \approx \left[1 - \frac{1}{2}\left(\frac{\partial w}{\partial x} \right)^2 \right] \mathrm{d}x = \mathrm{d}x - \frac{1}{2}\left(\frac{\partial w}{\partial x} \right)^2 \mathrm{d}x$$

缩短了 $\dfrac{1}{2}\left(\dfrac{\partial w}{\partial x} \right)^2 \mathrm{d}x$，于是可见，内力 $F_{Tx}\mathrm{d}y$ 所做的功为

$$\mathrm{d}W_1 = F_{Tx}\mathrm{d}y\left[-\frac{1}{2}\left(\frac{\partial w}{\partial x} \right)^2 \mathrm{d}x \right] = -\frac{1}{2}F_{Tx}\left(\frac{\partial w}{\partial x} \right)^2 \mathrm{d}x\mathrm{d}y \tag{a}$$

同理，该微分块上下两边的内力 $F_{Tx}\mathrm{d}y$ 所做的功为

$$\mathrm{d}W_2 = -\frac{1}{2}F_{Ty}\left(\frac{\partial w}{\partial y} \right)^2 \mathrm{d}x\mathrm{d}y \tag{b}$$

对于平错力 $F_{\mathrm{T}xy} = F_{\mathrm{T}yx}$，算出 $\dfrac{\pi}{4}$ 方向的拉压力和伸缩，然后利用式（a）和式（b），可以得出它们所做的功为

$$\mathrm{d}W_3 = -F_{\mathrm{T}xy}\frac{\partial w}{\partial x}\frac{\partial w}{\partial y}\mathrm{d}x\mathrm{d}y \tag{4-24}$$

将以上三部分叠加，得出该微分块上全部中面内力所做的功

$$\mathrm{d}W = -\frac{1}{2}\Big[F_{\mathrm{T}x}\Big(\frac{\partial w}{\partial x}\Big)^2\mathrm{d}x\mathrm{d}y + F_{\mathrm{T}y}\Big(\frac{\partial w}{\partial y}\Big)^2\mathrm{d}x\mathrm{d}y + 2F_{\mathrm{T}xy}\frac{\partial w}{\partial x}\frac{\partial w}{\partial y}\mathrm{d}x\mathrm{d}y\Big]$$

于是纵向荷载在压曲过程中所做的功为

$$W = -\frac{1}{2}\iint\Big[F_{\mathrm{T}x}\Big(\frac{\partial w}{\partial x}\Big)^2 + F_{\mathrm{T}y}\Big(\frac{\partial w}{\partial y}\Big)^2 + 2F_{\mathrm{T}xy}\frac{\partial w}{\partial x}\frac{\partial w}{\partial y}\Big]\mathrm{d}x\mathrm{d}y \tag{4-25}$$

在具体计算时，先求出用纵向荷载表示中面内力的表达式，并设定薄板压曲以后的满足位移边界条件的挠度表达式，然后按照这些表达式，用式（2-1）或式（2-2）求出 V_ε，并利用式（4-25）求出 W。然后令 $W = V_\varepsilon$，即得出用纵向荷载表示的压曲条件，从而得到薄板的临界荷载。

为了使得设定的挠度较好地符合临界荷载下的挠度，从而求得较精确的临界荷载，可设定挠度的表达式为

$$w = \sum_m C_m w_m \tag{4-26}$$

式中，w_m 为满足位移边界条件的函数，C_m 为互不依赖的待定系数，选择 C_m 时，可以应用最小势能原理。以薄板在平面状态下的应变势能即外力势能均为零，则薄板在压曲状态下的应变势能为 V_ε，外力势能为 $V_p = -W$，而总势能为 $V_\varepsilon + V_p$，即 $V_\varepsilon - W$。于是，由最小势能原理得到

$$\frac{\partial}{\partial C_m}(V_\varepsilon - W) = 0 \tag{4-27}$$

这将给出 C_m 的 m 个齐次线性方程，为了使 w 具有非零解，C_m 就必须具有非零解，因而这个系数行列式必须等于零，便可得到临界荷载的方程。

对于用肋条加强了的薄板，即加肋板，仍然可以用能量法求得临界荷载。计算的步骤同上，但须按照肋条的弯曲刚度和设定的挠度，求出各个肋条的应变能，归入 V_ε 的表达式。如果肋条还直接受到纵向荷载，则须按照设定的挠度，取出此纵向荷载在薄板压曲过程中所做的功，归入 W 的表达式，然后进行计算。

4.8 用能量法求临界荷载举例

例 4-4 如图 4-3 所示的四边简支的矩形薄板，两对边受均布压力，在板边每单位长度上为 F_x。中面内力为

$$F_{\mathrm{T}x} = -F_x, \ \ F_{\mathrm{T}y} = 0, \ \ F_{\mathrm{T}xy} = 0 \tag{a}$$

仍然取压曲以后的挠度表达式为

$$w = \sum_{m=1}^{\infty}\sum_{n=1}^{\infty}A_{mn}\sin\frac{m\pi x}{a}\sin\frac{n\pi y}{b} \tag{b}$$

将式（b）代入式（2-2），对 x 从 0 到 a 积分，对 y 从 0 到 b 积分，最后得到

$$V_\varepsilon = \frac{\pi^4 abD}{8} \sum_{m=1}^{\infty} \sum_{n=1}^{\infty} A_{mn}^2 \left(\frac{m^2}{a^2} + \frac{n^2}{b^2} \right)^2 \tag{c}$$

将式（a）及式（b）代入式（4-25）得到

$$W = \frac{F_x}{2} \int_0^a \int_0^b \left(\frac{\partial w}{\partial x} \right)^2 \mathrm{d}x\mathrm{d}y$$

$$= \frac{F_x}{2} \int_0^a \int_0^b \left(\sum_{m=1}^{\infty} \sum_{n=1}^{\infty} \frac{m\pi}{a} A_{mn} \cos \frac{m\pi x}{a} \sin \frac{n\pi y}{b} \right)^2 \mathrm{d}x\mathrm{d}y \tag{d}$$

$$= \frac{\pi^2 b}{8a} F_x \sum_{m=1}^{\infty} \sum_{n=1}^{\infty} A_{mn}^2 m^2$$

方程（4-27）在这里成为

$$\frac{\partial}{\partial A_{mn}} (V_\varepsilon - W) = 0$$

将式（c）及式（d）代入，得

$$\frac{\pi^4 abD}{8} 2A_{mn} \left(\frac{m^2}{a^2} + \frac{n^2}{b^2} \right)^2 - \frac{\pi^2 b}{8a} F_x 2A_{mn} m^2 = 0$$

令这一方程的系数行列式（即方程的唯一系数）等于零，即得

$$F_x = \frac{\pi^2 a^2 D \left(\dfrac{m^2}{a^2} + \dfrac{n^2}{b^2} \right)^2}{m^2}$$

例 4-5 设有四边简支矩形薄板，在两个对边的中点处受有大小相等而方向相反的两个集中力 F 的作用，如图 4-11 所示。

首先，在挠度表达式中只取一项

$$w = A_{11} \sin \frac{\pi x}{a} \sin \frac{\pi y}{b} \tag{e}$$

代入式（2-2），得

$$V_\varepsilon = \frac{\pi^4 abD}{8} A_{11}^2 \left(\frac{1}{a^2} + \frac{1}{b^2} \right)^2$$

由于本例的平面应力难以给出显式的表达式，中面内力也是如此，因此式（4-25）难以应用。但是，直接

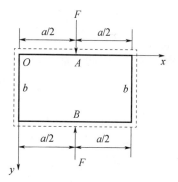

图 4-11　四边简支的矩形薄板

计算纵向荷载在薄板压曲时所做的功，却很简单：这个功等于力 F 乘以距离 AB 的缩短量，即

$$W = F \int_0^b \frac{1}{2} \left(\frac{\partial w}{\partial y} \right)^2_{x=\frac{a}{2}} \mathrm{d}y = \frac{F}{2} \int_0^b \frac{\pi^2}{b^2} \left(A_{11} \sin \frac{\pi x}{a} \cos \frac{\pi y}{b} \right)^2_{x=\frac{a}{2}} \mathrm{d}y$$

$$= \frac{\pi^2 F}{2b^2} A_{11}^2 \int_0^b \cos^2 \frac{\pi y}{b} \mathrm{d}y = \frac{\pi^2 F}{4b} A_{11}^2$$

于是，由 $\dfrac{\partial}{\partial A_{11}} (V_\varepsilon - W) = 0$ 得

$$\frac{\pi^4 abD}{8} 2A_{11} \left(\frac{1}{a^2} + \frac{1}{b^2} \right)^2 - \frac{\pi^2 F}{4b} 2A_{11} = 0$$

令这一方程的系数 A_{11} 等于零，即得

$$F = F_c = \frac{\pi^2 D}{2a}\left(\frac{a}{b} + \frac{b}{a}\right)^2 \tag{f}$$

现在，在挠度表达式中取两项

$$w = A_{11}\sin\frac{\pi x}{a}\sin\frac{\pi y}{b} + A_{31}\sin\frac{3\pi x}{a}\sin\frac{\pi y}{b} \tag{g}$$

由式 (2-2) 得

$$V_\varepsilon = \frac{\pi^4 abD}{8}\left[A_{11}^2\left(\frac{1}{a^2} + \frac{1}{b^2}\right)^2 + A_{31}^2\left(\frac{9}{a^2} + \frac{1}{b^2}\right)^2\right]$$

力 F 所做的功是

$$W = F\int_0^b \frac{1}{2}\left(\frac{\partial w}{\partial y}\right)_{x=\frac{a}{2}}^2 \mathrm{d}y = \frac{\pi^2 F}{4b}(A_{11} - A_{31})^2$$

由 $\dfrac{\partial}{\partial A_{11}}(V_\varepsilon - W) = 0$ 和 $\dfrac{\partial}{\partial A_{31}}(V_\varepsilon - W) = 0$ 得

$$\frac{\pi^4 abD}{8}\,2A_{11}\left(\frac{1}{a^2} + \frac{1}{b^2}\right)^2 - \frac{\pi^2 F}{4b}\,2(A_{11} - A_{31}) = 0$$

$$\frac{\pi^4 abD}{8}\,2A_{31}\left(\frac{9}{a^2} + \frac{1}{b^2}\right)^2 + \frac{\pi^2 F}{4b}\,2(A_{11} - A_{31}) = 0$$

简化以后得

$$\left[F - \frac{\pi^2 D}{2b}\left(\frac{b}{a} + \frac{a}{b}\right)^2\right]A_{11} - FA_{31} = 0$$

$$-FA_{11} + \left[F - \frac{\pi^2 D}{2a}\left(\frac{9b}{a} + \frac{a}{b}\right)^2\right]A_{31} = 0$$

命上列方程组的系数行列式等于零，得

$$\begin{vmatrix} F - \dfrac{\pi^2 D}{2a}\left(\dfrac{b}{a} + \dfrac{a}{b}\right)^2 & -F \\[2mm] -F & F - \dfrac{\pi^2 D}{2a}\left(\dfrac{9b}{a} + \dfrac{a}{b}\right)^2 \end{vmatrix} = 0$$

从而得到解答

$$F = F_c = \frac{\pi^2 D}{2a}\frac{\left(\dfrac{b}{a} + \dfrac{a}{b}\right)^2\left(\dfrac{9b}{a} + \dfrac{a}{b}\right)^2}{\left(\dfrac{b}{a} + \dfrac{a}{b}\right)^2 + \left(\dfrac{9b}{a} + \dfrac{a}{b}\right)^2} \tag{h}$$

当 $\dfrac{a}{b} = 1$ 时，挠度函数取一项时得到的 $F_c = 2\dfrac{\pi^2 D}{a}$，取两项时为 $F_c = 1.92\dfrac{\pi^2 D}{a}$，如果取三项或者更多的项，则会得到 $F_c = 1.91\dfrac{\pi^2 D}{a}$。

由此题可见，当薄板在两对边上受有任意多个成对、大小相等而方向相反的纵向荷载时，都不难用能量法求得临界荷载。同样，如果薄板在两对边上受有分布的纵向荷载，只要两对边上的荷载分布方式相同、大小相等而方向相反，就不难求得临界荷载。

例 4-6 设有三边简支、一边自由的矩形薄板，在两简支对边上受均布荷载 F_x，如图 4-12 所示，试用能量法求临界荷载。

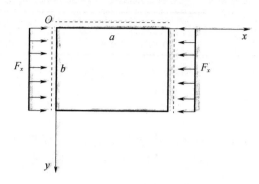

图 4-12 三边简支一边自由的矩形薄板

取压曲后的挠度方程为

$$w = Ay\sin\frac{\pi x}{a}$$

可以满足位移边界条件（未能满足全部内力边界条件），由此可得 w 的一阶和二阶导数

$$\frac{\partial w}{\partial x} = A\frac{\pi}{a}y\cos\frac{\pi x}{a}, \quad \frac{\partial w}{\partial y} = A\sin\frac{\pi x}{a}$$

$$\frac{\partial^2 w}{\partial x^2} = -A\frac{\pi^2}{a^2}y\sin\frac{\pi x}{a}, \quad \frac{\partial^2 w}{\partial y^2} = 0, \quad \frac{\partial^2 w}{\partial x\partial y} = A\frac{\pi}{a}\cos\frac{\pi x}{a} \tag{i}$$

将上式代入式（2-1），得

$$V_\varepsilon = \frac{D}{2}\int_0^a\int_0^b\left[A^2\frac{\pi^4}{a^4}y^2\sin^2\frac{\pi x}{a} + 2(1-\mu)A^2\frac{\pi^2}{a^2}\cos^2\frac{\pi x}{a}\right]\mathrm{d}x\mathrm{d}y$$

$$= \frac{DA^2\pi^4 b}{12a}\left[\frac{b^2}{a^2} + \frac{6(1-\mu)}{\pi^2}\right]$$

另一方面，将式（a）及式（i）代入式（4-25），得

$$W = -\frac{1}{2}\int_0^a\int_0^b(-F_x)\left(A\frac{\pi}{a}y\cos\frac{\pi x}{a}\right)^2\mathrm{d}x\mathrm{d}y = \frac{FA^2\pi^2 b^3}{12a}$$

由 $W = V_\varepsilon$，得

$$F_x = (F_x)_c = \frac{\pi^2 D}{b^2}\left[\frac{b^2}{a^2} + \frac{6(1-\mu)}{\pi^2}\right] \tag{j}$$

当 $\mu = 1/4$ 时，式（j）成为

$$(F_x)_c = \frac{\pi^2 D}{b^2}\left(\frac{b^2}{a^2} + \frac{4.5}{\pi^2}\right) = \left(\frac{b^2}{a^2} + 0.46\right)\frac{\pi^2 D}{b^2}$$

仍然采用表达式

$$(F_x)_c = k\frac{\pi^2 D}{b^2}$$

则

$$k = 0.46 + \frac{b^2}{a^2}$$

算出的 k 值如表 4-5 所示，与表 4-1 中给出的 k 值很接近。

表 4-5　三边简支、一边自由矩形板 k 值随板边长比的变化情况

a/b	0.5	1.0	1.2	1.4	1.6	1.8	2.0	2.5	3.0
k	4.46	1.46	1.15	0.97	0.85	0.77	0.71	0.62	0.57

习题

4-1　有一矩形板，两对边简支，另外两对边自由，在顶边的中点处，作用一集中力 F，如图 4-13 所示。试求：（a）薄板的临界荷载。（b）若 $a=b$，求 $\mu=0.3$ 时方板的临界荷载。

提示：可以用挠度函数 $w=\left(-f_1+\dfrac{f_2-f_1}{b}y\right)\sin\dfrac{\pi x}{a}$，$f_1$，$f_2$ 分别为矩形板上下面自由边中点的挠度，它们都是未知系数。该挠度函数能满足全部几何边界条件。

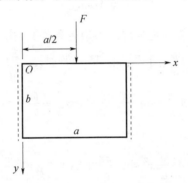

图 4-13　对边简支矩形板

答案：（a）$F_c=\dfrac{\pi^2 D}{a}\left(-\dfrac{\pi^2 b^2}{2a^2}+\dfrac{\pi b}{a}\sqrt{\dfrac{\pi^2}{3}\dfrac{b^2}{a^2}+2(1-\mu)}\right)$

（b）$F_c=18.44\dfrac{D}{a}$

4-2　在图 4-5 中所示的薄板中，设 $b=a$，试求 $\alpha=1$ 及 $\alpha=\pm1/2$ 时的临界荷载。

答案：$\alpha=1$ 时，$(F_x)_c=2\pi^2\dfrac{D}{a^2}$；

$\alpha=1/2$ 时，$(F_x)_c=\dfrac{8}{3}\pi^2\dfrac{D}{a^2}$；

$\alpha=-1/2$ 时，$(F_x)_c=\dfrac{50\pi^2}{7}\dfrac{D}{a^2}$。

4-3　有一矩形板，两对边夹支，另外两对边自由，在顶边上有均布荷载 q_3 作用，如图 4-14 所示。试用挠度函数

$$w=\left(f_1+\dfrac{f_2-f_1}{b}y\right)\left(\cos\dfrac{2\pi x}{a}-1\right)$$

（其中，f_1，f_2 分别为矩形板上下面自由边中点的挠度。）

求：（a）薄板的临界荷载。（b）若 $a=b$，求 $\mu=0.3$ 时方板的临界荷载。

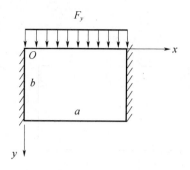

图 4-14 对边夹支矩形板

答案：（a）$(F_y)_c = \dfrac{16}{3}\dfrac{\pi^2 D}{a}\left(-\dfrac{\pi^2 b^2}{a^2} + \dfrac{\pi b}{a}\sqrt{\dfrac{4\pi^2}{3}\dfrac{b^2}{a^2} + 2(1-\mu)}\right)$

（b）$F_c = 111.47\dfrac{D}{a^2}$

4-4 圆形薄板，半径为 a，边界固定，沿板边受均布压力 F_ρ。

（1）试利用贝塞尔函数求出临界荷载。

（2）试取压曲后的挠度函数为 $w = C\left(1 - \dfrac{\rho^2}{a^2}\right)^2$，用能量法求出临界荷载。

答案：（1）$(F_\rho)_c = 14.7\dfrac{D}{a^2}$

（2）$(F_\rho)_c = 16.0\dfrac{D}{a^2}$

4-5 矩形薄板、对边简支，另外两边固定，在简支边上受均布压力 F_x，如图 4-7 所示。试取压曲以后的挠度表达式为

$$w = A\sin\dfrac{m\pi x}{a}\left(1 - \cos\dfrac{2\pi y}{b}\right)$$

用能量法求临界荷载，并将计算结果与 4.4 节中例题的成果进行比较。

答案：$(F_x)_c = \dfrac{\pi^2 D}{b^2}\left[\left(\dfrac{mb}{a}\right)^2 + \dfrac{16}{3}\left(\dfrac{a}{mb}\right)^2 + \dfrac{8}{3}\right]$，令 $(F_x)_c = k\dfrac{\pi^2 D}{b^2}$，则其中的 k 值如表 4-6 所示。

表 4-6　对边简支、两边固定矩形板 k 值随边长比的变化情况

a/b	0.4	0.5	0.6	0.7	0.8	0.9	1.0
k	9.77	8.00	7.37	7.32	7.64	8.22	8.00

4-6 四边简支的矩形薄板，受四个集中荷载，如图 4-15 所示。试取压曲以后的挠度表达式为

$$w = A\sin\dfrac{m\pi x}{a}\sin\dfrac{\pi y}{b}$$

用能量法求临界荷载。

答案：$F_c = \dfrac{\pi^2}{3a}\left(\dfrac{a}{b} + \dfrac{b}{a}\right)^2 D$

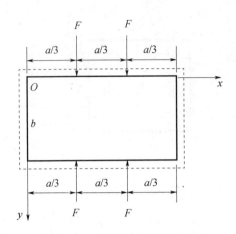

图 4-15　四边简支的矩形薄板

人物篇 4

铁木辛柯

铁木辛柯是美籍俄罗斯力学家，美国斯坦福大学应用力学荣誉教授，1878 年 12 月 23 日生于乌克兰，1972 年 5 月 29 日卒于德国他女儿的家中。

铁木辛柯中学时代就希望自己成为公路交通工程师，1896 年中学毕业后，进入交通道路工程学院，这是俄罗斯铁路系统唯一培养工程师的高等学校，铁木辛柯向往成为一名从事铁路工程实践的工程师。但是，有一件事改变了铁木辛柯的方向，1900 年暑假他赴巴黎参加国际博览会，发现很多欧洲国家如德国、比利时、法国等在文化和工业发展方面都胜过俄罗斯，他认识到，要使俄罗斯进步，必须开展创新性的学术工作，推动科学技术发展。因此，他决定大学毕业后留在彼得堡的高等学校工作，这有利于他从事学术工作。1901 年，铁木辛柯在交通道路工程学院毕业，第二年回到学院任机械实验室工程师，从事材料试验工作，同时在学院学习一些高级的数学、力学课程。

1903 年春，他获得彼得堡工学院讲师席位，配合教授的讲课，给学生上习题课。他花费大量时间准备习题和作业，这些习题后来大部分被纳入他编著的《理论力学》和《材料力学》教科书。

1903—1904 年，铁木辛柯学习了乐甫的《弹性理论》和瑞利的《声学理论》两本经典著作，这对他此后的学术工作有重要影响。

1904 年夏，他来到德国的慕尼黑工学院，在著名力学家弗普尔指导下从事强度理论的实验研究，这年秋，铁木辛柯回到彼得堡，他以极大的热情和创意，写出了他的第一篇论文《各种强度理论》并发表。

1905 年，铁木辛柯来到德国哥廷根大学应用数学与应用力学研究所工作，在力学家克莱因和普朗特指导下，开始弹性稳定的研究并发表了《在工字梁最大刚度平面内的作用力的影响下平面弯曲的稳定性》，这项研究成为开口薄壁截面杆约束扭转的创始。

1906 年，铁木辛柯再次去德国，开始致力于薄板稳定的理论工作，当时，他已熟悉基尔霍夫的薄板弯曲理论，以及 Bryan 用能量法所得的压应力的临界值，但铁木辛柯根据圣维南 1883 年提出的板弯曲的基本方程，由边界条件得到压应力的临界值，对弹性薄板的稳定性问题做了研究，解决了用板的挠度微分方程求板受压的临界值问题，后来又完成数篇有关弹性体稳定性的论文，论文对船舶和飞机设计具有指导性的意义。

1906 年 2 月，铁木辛柯任基辅工学院材料力学课程教授，他决定改革材料力学的传统讲法，从等直杆拉伸和压缩的简单情形开始，然后讲三维应力状态，这使他的讲课易于理解，深受学生欢迎。1908 年秋，铁木辛柯给工程师讲授"弹性理论"，当时，"弹性理论"是理论物理的一部分，只对理科学生开课，铁木辛柯考虑到工程师的兴趣在于应用弹性理论解决工程问题，因此，他讲课着重阐释课程内容的物理意义及其应用，并以一些光弹性实验来验证理论，讲课深受工程师欢迎，在基辅工学院的授课，显示了铁木辛柯讲课的才华。

1908 年，铁木辛柯对杆、管及板的弯曲问题以及沿梁轴运动的横向力所引起的梁的横向振动进行了研究。并将瑞利-里茨法应用于弹性稳定问题上，1910 年，其研究的结果以《弹性体的稳定性》为题单独发表，1911 年又再次在基辅工业学院院报上刊登，并获得十年一次的茹拉夫斯基奖。他不仅用能量原理解决了稳定性问题，而且还把它用于梁、板的弯曲问题和梁的受迫振动问题上。这篇文章受到法国工程师协会的高度评价，它的法译文 1913 年刊登在法国桥梁和公路杂志上。

1912 年，铁木辛柯受聘于波罗的海舰队造船厂，任强度问题顾问，他用自己得到的膜板稳定性研究结论设计船舶结构，并同时进行大巡洋舰侧翻模型的实验验证；同时解决了质量沿梁横向冲击的问题；对杆件在微小横向振动情形下的剪应力也进行了研究。此外，推导了考虑剪力和转动惯量的梁横向振动微分方程，这种计算模型又称为"铁木辛柯梁"。

1920 年，铁木辛柯离开俄罗斯，在南斯拉夫的萨格勒布工学院任力学教授。1923 年，铁木辛柯任职于匹兹堡威斯汀豪斯电气公司力学部，从事力学研究工作，1927 年，他组织成立美国机械工程师学会应用力学学部，后来，这个学部是该学会中最大、最活跃的学部，出版了力学领域具领先地位的期刊《应用力学学报》。

1927 年，铁木辛柯到密歇根大学研究生院任力学教授，指导研究生。他开设了一系列应用力学方面的研究生课程，吸引了大批相关专业研究生来听课。他讲课深入浅出，解析精辟，清晰易懂，即使很高深的理论，经他讲解，学生也感到易于接受。由于铁木辛柯的声誉，密歇根大学的应用力学研究生数量增加很快。在密歇根大学，每年夏天组织夏季应用力学讨论会，吸引了国际上很多著名力学家参加，讨论会成为应用力学界的盛事。铁木辛柯在密歇根执教 9 年，是他著作多产的一段时间，出版了《工程振动》等 7 本著作。

1936 年秋，铁木辛柯应聘到斯坦福大学任工程力学教授，主持一个授"工程师"学位的二年制研究生专业，研究生人数很多。在斯坦福大学，铁木辛柯改进本科力学课程的教学，使之更具活力，他亲自上讲台讲授静力学和材料力学课，这对听课的学生都是一种享受。铁木辛柯虽于 1944 年退休，但他仍作为工程力学"荣誉教授"继续在斯坦福大学执教，为表彰铁木辛柯对工程力学的贡献，斯坦福大学建立了一个以他个人命名的铁木辛柯工程力学实验室，并作为"工程力学学部"教师和研究生聚会，开展

"应用力学讨论会"和学术活动的场所。

1965 年，铁木辛柯迁居联邦德国，直到 1972 年逝世。

铁木辛柯在工程力学领域辛勤耕耘约 60 年，致力于科学研究、教学工作和人才培养。铁木辛柯是 20 世纪在工程力学领域研究成果最丰硕的力学家，并致力于应用力学理论解决工程实践中的技术难题，他活跃在工程力学领域的那一段时间，正是 20 世纪飞机、钢船等工程结构迅速发展的几十年，他的研究工作，都有一定的工程背景，他的研究成果，都有一定的工程应用。如弹性稳定性理论、板壳理论、工程振动理论等方面的研究成果，与飞机、钢船等薄壁结构设计关联密切，有力地推动了 20 世纪飞机、钢船等工程结构设计的发展。

铁木辛柯同时也是 20 世纪工程力学领域著作最多的力学家之一，基于他授课的讲义编著的教材大概有 20 部，如《材料力学》《弹性理论》《弹性稳定理论》《板壳理论》《工程力学》等。这些教材广泛应用在力学领域，作为各国本科生和研究生的教学用书。

铁木辛柯在工程力学领域建立和培养了一支庞大的工程力学人才队伍，他们遍布世界各地，在铁木辛柯的众多研究生中，有不少中国留学生，如北京航空航天大学王俊奎教授，他们在铁木辛柯指导下攻读研究生学位，在治学和为人方面，深受导师的影响，他们学成后回国，大多选择在高校执教并从事研究工作。他们以很高的学术造诣和对教学工作的热情而深受学生欢迎，很多人成为名师，为国家培养了大批工程力学领域的人才。

铁木辛柯不仅是伟大的力学家，更是伟大的教育家。

5 各向异性矩形薄板

至今所分析的板，都是由均匀的各向同性材料所组成。在实际工程中，使用各向异性板的情况比比皆是。所谓各向异性，是指材料的力学特性，在不同方向是不相同的，其中最常用的是正交各向异性板，即材料力学特性在三个互相垂直的方向上是不相同的。木材是人们最熟悉的一种正交各向异性材料，许多加工后的板材如波纹板、碾压成的金属材料、纤维增强复合材料的层压板和增强混凝土板等都具有正交各向异性的性质。

本章介绍各向异性矩形薄板的弯曲、振动与稳定问题，并对工程中最常用的正交各向异性矩形板，结合我们的研究成果，给出了正交各向异性矩形薄板弯曲、稳定、振动问题的一般解法。

5.1 各向异性弹性体的物理方程

一个弹性体，如果它在所有各个方向的弹性性质都相同，就称为各向同性体；如果它在所有各个方向的弹性性质不相同，就称为各向异性体；如果它在任何两个方向的弹性性质不相同，就称为极端各向异性体。在板中，胶合板以及钢筋混凝土板是典型的各向异性体。在工程中，由于构造上的原因，或者出于力学上的需要，有目的地把它们做成在不同的方向上具有不同的弹性性质，如单向加肋板、纵横双向加肋板、波纹板等，这些板常被作为各向异性体来处理。

5.1.1 极端各向异性体

在极端各向异性体中，不论坐标轴放在什么方向，每一个应力分量一般都将引起 6 个形变分量。因此，按照广义胡克定律，即形变分量和引起形变分量的应力分量成正比，各向异性弹性体的物理方程将取如下最普遍的形式

$$\left.\begin{aligned}
\varepsilon_x &= a_{11}\sigma_x + a_{12}\sigma_y + a_{13}\sigma_z + a_{14}\tau_{yz} + a_{15}\tau_{zx} + a_{16}\tau_{xy} \\
\varepsilon_y &= a_{21}\sigma_x + a_{22}\sigma_y + a_{23}\sigma_z + a_{24}\tau_{yz} + a_{25}\tau_{zx} + a_{26}\tau_{xy} \\
\varepsilon_z &= a_{31}\sigma_x + a_{32}\sigma_y + a_{33}\sigma_z + a_{34}\tau_{yz} + a_{35}\tau_{zx} + a_{36}\tau_{xy} \\
\gamma_{yz} &= a_{41}\sigma_x + a_{42}\sigma_y + a_{43}\sigma_z + a_{44}\tau_{yz} + a_{45}\tau_{zx} + a_{46}\tau_{xy} \\
\gamma_{zx} &= a_{51}\sigma_x + a_{52}\sigma_y + a_{53}\sigma_z + a_{54}\tau_{yz} + a_{55}\tau_{zx} + a_{56}\tau_{xy} \\
\gamma_{xy} &= a_{61}\sigma_x + a_{62}\sigma_y + a_{63}\sigma_z + a_{64}\tau_{yz} + a_{65}\tau_{zx} + a_{66}\tau_{xy}
\end{aligned}\right\} \tag{5-1}$$

式中的系数 a_{ij}（$i, j = 1, 2, 3, \cdots, 6$）为弹性常数，它表示由单位应力分量引起的形变分量。例如，系数 a_{12} 表示单位应力 σ_y 引起的 ε_x。在这里，我们仍然假定弹性体是均匀的，并且是完全弹性的，则各弹性常数都不随位置坐标而变，并且也不随应力的大小而变。但是，一般说来，它们将随坐标轴方向的改变而改变。

物理方程（5-1）也可以改写成

$$
\left.
\begin{aligned}
\sigma_x &= b_{11}\varepsilon_x + b_{12}\varepsilon_y + b_{13}\varepsilon_z + b_{14}\gamma_{yz} + b_{15}\gamma_{zx} + b_{16}\gamma_{xy} \\
\sigma_y &= b_{21}\varepsilon_x + b_{22}\varepsilon_y + b_{23}\varepsilon_z + b_{24}\gamma_{yz} + b_{25}\gamma_{zx} + b_{26}\gamma_{xy} \\
\sigma_z &= b_{31}\varepsilon_x + b_{32}\varepsilon_y + b_{33}\varepsilon_z + b_{34}\gamma_{yz} + b_{35}\gamma_{zx} + b_{36}\gamma_{xy} \\
\tau_{yz} &= b_{41}\varepsilon_x + b_{42}\varepsilon_y + b_{43}\varepsilon_z + b_{44}\gamma_{yz} + b_{45}\gamma_{zx} + b_{46}\gamma_{xy} \\
\tau_{zx} &= b_{51}\varepsilon_x + b_{52}\varepsilon_y + b_{53}\varepsilon_z + b_{54}\gamma_{yz} + b_{55}\gamma_{zx} + b_{56}\gamma_{xy} \\
\tau_{xy} &= b_{61}\varepsilon_x + b_{62}\varepsilon_y + b_{63}\varepsilon_z + b_{64}\gamma_{yz} + b_{65}\gamma_{zx} + b_{66}\gamma_{xy}
\end{aligned}
\right\}
\tag{5-2}
$$

考察式（5-2）的第 2 式和第 5 式，并注意到格林公式

$$
\sigma_{ij} = \frac{\partial V_\varepsilon}{\partial \gamma_{ij}}
$$

有

$$
\sigma_y = \frac{\partial V_\varepsilon}{\partial \varepsilon_y} = b_{21}\varepsilon_x + b_{22}\varepsilon_y + b_{23}\varepsilon_z + b_{24}\gamma_{yz} + b_{25}\gamma_{zx} + b_{26}\gamma_{xy}
\tag{a}
$$

$$
\tau_{zx} = \frac{\partial V_\varepsilon}{\partial \gamma_{zx}} = b_{51}\varepsilon_x + b_{52}\varepsilon_y + b_{53}\varepsilon_z + b_{54}\gamma_{yz} + b_{55}\gamma_{zx} + b_{56}\gamma_{xy}
\tag{b}
$$

将式（a）和式（b）分别对 γ_{zx} 和 ε_y 求偏导数，得

$$
\frac{\partial^2 V_\varepsilon}{\partial \gamma_{zx} \partial \varepsilon_y} = b_{25}, \quad \frac{\partial^2 V_\varepsilon}{\partial \varepsilon_y \partial \gamma_{zx}} = b_{52}
\tag{c}
$$

由于 V_ε 具有二阶连续偏导数，故与求导次序无关，于是由式（c）得

$$
b_{25} = b_{52}
$$

同样，由于应变能 V_ε 的存在，对于其他任何两个常数 b_{ij} 和 b_{ji}，也可证明它们是相等的，即

$$
b_{ij} = b_{ji}
\tag{5-3}
$$

因此，式（5-3）中，对于对角线成对称的弹性常数均相等。故对于完全各向异性弹性体，在 36 个弹性常数中，独立的弹性常数最多也只有 $6 + (36 - 6)/2 = 21$ 个。

5.1.2 具有一个弹性对称面的各向异性弹性体

如果物体内的每一点都存在这样一个平面，与该平面对称的两个方向具有相同的弹性性质，则该平面称为物体的弹性对称面，而垂直于弹性对称面的方向，称为物体的弹性主方向。当然，在均匀体中，平行于弹性对称面的任一平面，也是一个弹性对称面；平行于弹性主方向的任一方向也是一个弹性主方向。如果取弹性主方向为坐标轴方向，由弹性对称面的定义可知，当该坐标轴反向以后，由式（5-2）所确定的应力-应变关系保持不变。换言之，弹性系数 b_{ij} 不因沿主方向坐标轴的倒置而发生改变。

设 yz 平面为弹性对称面，x 轴沿弹性主方向（图 5-1）。做坐标变换

$$
x' = -x, \quad y' = y, \quad z' = z
$$

根据应力符号的含义及应力正负号规定有

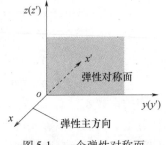

图 5-1 一个弹性对称面

$$\left.\begin{array}{l}\tau_{xy} = -\tau_{x'y'}, \ \tau_{zx} = -\tau_{z'x'}, \ \tau_{yz} = \tau_{y'z'}\\ \sigma_x = \sigma_{x'}, \ \sigma_y = \sigma_{y'}, \ \sigma_z = \sigma_{z'}\end{array}\right\} \tag{5-4}$$

依据两坐标系的倒置关系及弹性力学的几何方程，得

$$\gamma_{xy} = -\gamma_{x'y'}, \ \gamma_{zx} = -\gamma_{z'x'}, \ \gamma_{yz} = \gamma_{y'z'}, \ \varepsilon_x = \varepsilon_{x'}, \ \varepsilon_y = \varepsilon_{y'}, \ \varepsilon_z = \varepsilon_{z'} \tag{5-5}$$

将式（5-5）代入式（5-2），并结合式（5-4）得式（5-6）。

$$\left.\begin{array}{l}\sigma_{x'} = \sigma_x = b_{11}\varepsilon_{x'} + b_{12}\varepsilon_{y'} + b_{13}\varepsilon_{z'} + b_{14}\gamma_{y'z'} - b_{15}\gamma_{z'x'} - b_{16}\gamma_{x'y'}\\ \sigma_{y'} = \sigma_y = b_{21}\varepsilon_{x'} + b_{22}\varepsilon_{y'} + b_{23}\varepsilon_{z'} + b_{24}\gamma_{y'z'} - b_{25}\gamma_{z'x'} - b_{26}\gamma_{x'y'}\\ \sigma_{z'} = \sigma_z = b_{31}\varepsilon_{x'} + b_{32}\varepsilon_{y'} + b_{33}\varepsilon_{z'} + b_{34}\gamma_{y'z'} - b_{35}\gamma_{z'x'} - b_{36}\gamma_{x'y'}\\ \tau_{y'z'} = \tau_{yz} = b_{41}\varepsilon_{x'} + b_{42}\varepsilon_{y'} + b_{43}\varepsilon_{z'} + b_{44}\gamma_{y'z'} - b_{45}\gamma_{z'x'} - b_{46}\gamma_{x'y'}\\ -\tau_{z'x'} = \tau_{zx} = b_{51}\varepsilon_{x'} + b_{52}\varepsilon_{y'} + b_{53}\varepsilon_{z'} + b_{54}\gamma_{y'z'} - b_{55}\gamma_{z'x'} - b_{56}\gamma_{x'y'}\\ -\tau_{x'y'} = \tau_{xy} = b_{61}\varepsilon_{x'} + b_{62}\varepsilon_{y'} + b_{63}\varepsilon_{z'} + b_{64}\gamma_{y'z'} - b_{65}\gamma_{z'x'} - b_{66}\gamma_{x'y'}\end{array}\right\} \tag{5-6}$$

由于弹性对称性，在新坐标系 $ox'y'z'$ 下，应力-应变关系仍具有式（5-2）的形式

$$\left.\begin{array}{l}\sigma_{x'} = b_{11}\varepsilon_{x'} + b_{12}\varepsilon_{y'} + b_{13}\varepsilon_{z'} + b_{14}\gamma_{y'z'} + b_{15}\gamma_{z'x'} + b_{16}\gamma_{x'y'}\\ \sigma_{y'} = b_{21}\varepsilon_{x'} + b_{22}\varepsilon_{y'} + b_{23}\varepsilon_{z'} + b_{24}\gamma_{y'z'} + b_{25}\gamma_{z'x'} + b_{26}\gamma_{x'y'}\\ \sigma_{z'} = b_{31}\varepsilon_{x'} + b_{32}\varepsilon_{y'} + b_{33}\varepsilon_{z'} + b_{34}\gamma_{y'z'} + b_{35}\gamma_{z'x'} + b_{36}\gamma_{x'y'}\\ \tau_{y'z'} = b_{41}\varepsilon_{x'} + b_{42}\varepsilon_{y'} + b_{43}\varepsilon_{z'} + b_{44}\gamma_{y'z'} + b_{45}\gamma_{z'x'} + b_{46}\gamma_{x'y'}\\ \tau_{z'x'} = b_{51}\varepsilon_{x'} + b_{52}\varepsilon_{y'} + b_{53}\varepsilon_{z'} + b_{54}\gamma_{y'z'} + b_{55}\gamma_{z'x'} + b_{56}\gamma_{x'y'}\\ \tau_{x'y'} = b_{61}\varepsilon_{x'} + b_{62}\varepsilon_{y'} + b_{63}\varepsilon_{z'} + b_{64}\gamma_{y'z'} + b_{65}\gamma_{z'x'} + b_{66}\gamma_{x'y'}\end{array}\right\} \tag{5-7}$$

比较式（5-6）和式（5-7）两边对应项的系数，得

$$b_{15} = b_{16} = b_{25} = b_{26} = b_{35} = b_{36} = b_{45} = b_{46} = 0$$

这样，独立的弹性常数为 $21 - 8 = 13$ 个。于是式（5-2）简化为

$$\left.\begin{array}{l}\sigma_x = b_{11}\varepsilon_x + b_{12}\varepsilon_y + b_{13}\varepsilon_z + b_{14}\gamma_{yz}\\ \sigma_y = b_{21}\varepsilon_x + b_{22}\varepsilon_y + b_{23}\varepsilon_z + b_{24}\gamma_{yz}\\ \sigma_z = b_{31}\varepsilon_x + b_{32}\varepsilon_y + b_{33}\varepsilon_z + b_{34}\gamma_{yz}\\ \tau_{yz} = b_{41}\varepsilon_x + b_{42}\varepsilon_y + b_{43}\varepsilon_z + b_{44}\gamma_{yz}\\ \tau_{zx} = b_{55}\gamma_{zx} + b_{56}\gamma_{xy}\\ \tau_{xy} = b_{65}\gamma_{zx} + b_{66}\gamma_{xy}\end{array}\right\} \tag{5-8}$$

5.1.3 正交各向异性弹性体

如果存在两个弹性对称面，比如 yz 面和 zx 面，由于以 yz 面为弹性对称面时的应力-应变关系已由式（5-8）给出，只需要在此基础上讨论以 zx 面为弹性对称面，y 轴为弹性主方向的情况就可以了。做图 5-2 所示的坐标变换

$$x' = x, \ y' = -y, \ z' = z$$

同样有

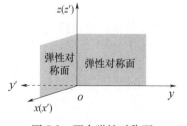

图 5-2 两个弹性对称面

$$\left.\begin{array}{l} \tau_{xy} = -\tau_{x'y'}, \ \tau_{zx} = \tau_{z'x'}, \ \tau_{yz} = -\tau_{y'z'} \\ \sigma_x = \sigma_{x'}, \ \sigma_y = \sigma_{y'}, \ \sigma_z = \sigma_{z'} \end{array}\right\} \quad (5\text{-}9)$$

$$\left.\begin{array}{l} \gamma_{xy} = -\gamma_{x'y'}, \ \gamma_{zx} = \gamma_{z'x'}, \ \gamma_{yz} = -\gamma_{y'z'} \\ \varepsilon_x = \varepsilon_{x'}, \ \varepsilon_y = \varepsilon_{y'}, \ \varepsilon_z = \varepsilon_{z'} \end{array}\right\} \quad (5\text{-}10)$$

将式（5-10）代入式（5-8），并结合式（5-9）得

$$\left.\begin{array}{l} \sigma_{x'} = \sigma_x = b_{11}\varepsilon_{x'} + b_{12}\varepsilon_{y'} + b_{13}\varepsilon_{z'} - b_{14}\gamma_{y'z'} \\ \sigma_{y'} = \sigma_y = b_{21}\varepsilon_{x'} + b_{22}\varepsilon_{y'} + b_{23}\varepsilon_{z'} - b_{24}\gamma_{y'z'} \\ \sigma_{z'} = \sigma_z = b_{31}\varepsilon_{x'} + b_{32}\varepsilon_{y'} + b_{33}\varepsilon_{z'} - b_{34}\gamma_{y'z'} \\ -\tau_{y'z'} = \tau_{yz} = b_{41}\varepsilon_{x'} + b_{42}\varepsilon_{y'} + b_{43}\varepsilon_{z'} - b_{44}\gamma_{y'z'} \\ \tau_{z'x'} = \tau_{zx} = b_{55}\gamma_{z'x'} - b_{56}\gamma_{x'y'} \\ -\tau_{x'y'} = \tau_{xy} = b_{65}\gamma_{z'x'} - b_{66}\gamma_{x'y'} \end{array}\right\} \quad (5\text{-}11)$$

由于弹性对称性，在新坐标系 $ox'y'z'$ 下，应力-应变关系仍具有式（5-8）的形式

$$\left.\begin{array}{l} \sigma_{x'} = b_{11}\varepsilon_{x'} + b_{12}\varepsilon_{y'} + b_{13}\varepsilon_{z'} + b_{14}\gamma_{y'z'} \\ \sigma_{y'} = b_{21}\varepsilon_{x'} + b_{22}\varepsilon_{y'} + b_{23}\varepsilon_{z'} + b_{24}\gamma_{y'z'} \\ \sigma_{z'} = b_{31}\varepsilon_{x'} + b_{32}\varepsilon_{y'} + b_{33}\varepsilon_{z'} + b_{34}\gamma_{y'z'} \\ \tau_{y'z'} = b_{41}\varepsilon_{x'} + b_{42}\varepsilon_{y'} + b_{43}\varepsilon_{z'} + b_{44}\gamma_{y'z'} \\ \tau_{z'x'} = b_{55}\gamma_{z'x'} + b_{56}\gamma_{x'y'} \\ \tau_{x'y'} = b_{65}\gamma_{z'x'} + b_{66}\gamma_{x'y'} \end{array}\right\} \quad (5\text{-}12)$$

比较式（5-11）和式（5-12）两边对应项的系数，得

$$b_{14} = b_{24} = b_{34} = b_{65} = 0$$

于是式（5-8）简化为

$$\left.\begin{array}{l} \sigma_x = b_{11}\varepsilon_x + b_{12}\varepsilon_y + b_{13}\varepsilon_z, \ \tau_{yz} = b_{44}\gamma_{yz} \\ \sigma_y = b_{21}\varepsilon_x + b_{22}\varepsilon_y + b_{23}\varepsilon_z, \ \tau_{zx} = b_{55}\gamma_{zx} \\ \sigma_z = b_{31}\varepsilon_x + b_{32}\varepsilon_y + b_{33}\varepsilon_z, \ \tau_{xy} = b_{66}\gamma_{xy} \end{array}\right\} \quad (5\text{-}13)$$

如果再设 xy 平面为弹性对称面，而 z 轴为弹性主方向，在式（5-13）的基础上，进行与前面相同方法的推演，发现没有新的结果。这表明，相互正交的 3 个平面中，如果有两个是弹性对称面，则第三个平面必然也是弹性对称面。这种具有 3 个弹性对称面的弹性体称为正交各向异性弹性体。式（5-13）表明：（1）正交各向异性弹性体只有 9 个独立的弹性常数；（2）当坐标轴方向取为弹性主方向时，正应力只与正应变有关，剪应力只与对应的剪应变有关，即拉压与剪切，以及不同平面内的剪切之间不耦合。

式（5-13）也可以改写成

$$\left.\begin{array}{l} \varepsilon_x = a_{11}\sigma_x + a_{12}\sigma_y + a_{13}\sigma_z \\ \varepsilon_y = a_{21}\sigma_x + a_{22}\sigma_y + a_{23}\sigma_z \\ \varepsilon_z = a_{31}\sigma_x + a_{32}\sigma_y + a_{33}\sigma_z \\ \gamma_{yz} = a_{44}\tau_{yz} \\ \gamma_{zx} = a_{55}\tau_{zx} \\ \gamma_{xy} = a_{66}\tau_{xy} \end{array}\right\} \quad (5\text{-}14)$$

各种增强纤维复合材料、木材等为正交各向异性弹性体。

5.2 各向异性板的平面应力问题

设有很薄的等厚度薄板，只在板边上受有平行于板面并且不沿厚度变化的面力，同时，体力也平行于板面，并且不沿厚度变化。假定薄板的中面（以及和它平行的任一平面）是弹性对称面，并且就以中面为 xy 面。通过与各向同性板类似分析，得出在整个薄板中都有

$$\sigma_z = 0, \quad \tau_{xz} = \tau_{zx} = 0, \quad \tau_{yz} = \tau_{zy} = 0 \tag{a}$$

而且应力分量 σ_x，σ_y，τ_{xy} 仍然只是 x，y 的函数，不随 z 变化。这样的问题仍然是平面应力问题。

平衡微分方程仍然是

$$\frac{\partial \sigma_x}{\partial x} + \frac{\partial \tau_{xy}}{\partial y} + f_x = 0, \quad \frac{\partial \sigma_y}{\partial y} + \frac{\partial \tau_{xy}}{\partial x} + f_y = 0 \tag{b}$$

如果体力分量 f_x 和 f_y 都是常量，则存在应力函数 Φ，且应力分量可用应力函数表示如下：

$$\sigma_x = \frac{\partial^2 \Phi}{\partial y^2} - f_x x, \quad \sigma_y = \frac{\partial^2 \Phi}{\partial x^2} - f_y y, \quad \tau_{xy} = \tau_{yx} = -\frac{\partial^2 \Phi}{\partial x \partial y} \tag{c}$$

由式（c）得到的应力，一定满足平衡微分方程（b）。

几何方程仍然是

$$\varepsilon_x = \frac{\partial u}{\partial x}, \quad \varepsilon_y = \frac{\partial v}{\partial y}, \quad \gamma_{xy} = \frac{\partial v}{\partial x} + \frac{\partial u}{\partial y} \tag{d}$$

在消去位移分量后，仍然得到相容方程

$$\frac{\partial^2 \varepsilon_x}{\partial y^2} + \frac{\partial^2 \varepsilon_y}{\partial x^2} = \frac{\partial^2 \gamma_{xy}}{\partial x \partial y} \tag{e}$$

将式（a）代入式（5-1）中的第 1 式、第 2 式及第 6 式，得到各向异性板的物理方程

$$\left. \begin{array}{l} \varepsilon_x = a_{11}\sigma_x + a_{12}\sigma_y + a_{16}\tau_{xy} \\ \varepsilon_y = a_{21}\sigma_x + a_{22}\sigma_y + a_{26}\tau_{xy} \\ \gamma_{xy} = a_{61}\sigma_x + a_{62}\sigma_y + a_{66}\tau_{xy} \end{array} \right\} \tag{5-15}$$

将式（5-15）代入式（e），然后将式（c）代入，即得用应力函数 Φ 表示的相容方程

$$a_{22}\frac{\partial^4 \Phi}{\partial x^4} - 2a_{26}\frac{\partial^4 \Phi}{\partial x^3 \partial y} + (2a_{12} + a_{66})\frac{\partial^4 \Phi}{\partial x^2 \partial y^2} - 2a_{16}\frac{\partial^4 \Phi}{\partial x \partial y^3} + a_{11}\frac{\partial^4 \Phi}{\partial y^4} = 0 \tag{5-16}$$

由相容方程（5-16）可见，把应力函数 Φ 取为 x 和 y 的不超过三次幂的多项式，总可以满足这个相容方程；又因为应力边界条件与弹性常数无关，所以对应力边界问题来说，各向异性板中的应力分量 σ_x，σ_y，τ_{xy} 都和各向同性板中完全一样。

例如，如果不计体力，取 $\Phi = \dfrac{qy^2}{2}$，就得到薄板在 x 方向受均匀拉压应力 q 时的应力分量

$$\sigma_x = q, \quad \sigma_y = 0, \quad \tau_{xy} = \tau_{yx} = 0 \tag{5-17}$$

取 $\Phi = \dfrac{qx^2}{2}$，就得到薄板在 y 方向受均匀拉压应力 q 时的应力分量

$$\sigma_x = 0, \quad \sigma_y = q, \quad \tau_{xy} = \tau_{yx} = 0$$

取 $\Phi = -qxy$，就得到薄板在 x 和 y 方向受均匀剪应力 q 时的应力分量

$$\sigma_x = 0, \quad \sigma_y = 0, \quad \tau_{xy} = \tau_{yx} = q$$

注意：虽然应力分量和各向同性板中完全相同，但形变及位移和各向同性板中并不完全相同。

如果应力函数 Φ 中包含了四次幂或四次幂以上的项，则由于相容方程（5-16）中包含弹性常数，应力分量一般将与弹性常数有关，当然也就和各向同性板中并不相同。

5.3 各向异性板的小挠度弯曲问题

实验结果指出，尽管薄板是各向异性的，只要它的中面（以及与中面平行的各平面）是弹性对称面，而且挠度远小于厚度，则 1.1 节中所述薄板小挠度弯曲理论中的假定，也都仍然是可用的。因此，可以和 1.2 节中完全一样地导出下列几何方程

$$\varepsilon_x = -z\frac{\partial^2 w}{\partial x^2}, \quad \varepsilon_y = -z\frac{\partial^2 w}{\partial y^2}, \quad \gamma_{xy} = -2z\frac{\partial^2 w}{\partial x \partial y} \tag{5-18}$$

但是，物理方程与各向同性板不同，需要重新进行推导。在物理方程（5-1）的第 1 式、第 2 式及第 6 式中，按照假定令 $\sigma_z = 0$，$\tau_{xz} = \tau_{zx} = 0$，$\tau_{yz} = \tau_{zy} = 0$，得到各向异性板简化后的物理方程

$$\left.\begin{array}{l}
\varepsilon_x = a_{11}\sigma_x + a_{12}\sigma_y + a_{16}\tau_{xy} \\[2mm]
\varepsilon_y = a_{21}\sigma_x + a_{22}\sigma_y + a_{26}\tau_{xy} \\[2mm]
\gamma_{xy} = a_{61}\sigma_x + a_{62}\sigma_y + a_{66}\tau_{xy}
\end{array}\right\} \tag{a}$$

求解应力分量，然后利用几何方程（5-18），可将应力分量用挠度 w 表示如下

$$\left.\begin{array}{l}
\sigma_x = -z\left(B_{11}\dfrac{\partial^2 w}{\partial x^2} + B_{12}\dfrac{\partial^2 w}{\partial y^2} + 2B_{16}\dfrac{\partial^2 w}{\partial x \partial y} \right) \\[3mm]
\sigma_y = -z\left(B_{12}\dfrac{\partial^2 w}{\partial x^2} + B_{22}\dfrac{\partial^2 w}{\partial y^2} + 2B_{26}\dfrac{\partial^2 w}{\partial x \partial y} \right) \\[3mm]
\tau_{xy} = -z\left(B_{16}\dfrac{\partial^2 w}{\partial x^2} + B_{26}\dfrac{\partial^2 w}{\partial y^2} + 2B_{66}\dfrac{\partial^2 w}{\partial x \partial y} \right)
\end{array}\right\} \tag{5-19}$$

其中

$$\left.\begin{array}{l}
B_{11} = \dfrac{a_{22}a_{66} - a_{26}^2}{\Delta}, \quad B_{22} = \dfrac{a_{11}a_{66} - a_{16}^2}{\Delta}, \quad B_{66} = \dfrac{a_{11}a_{22} - a_{12}^2}{\Delta} \\[3mm]
B_{12} = \dfrac{a_{16}a_{26} - a_{12}a_{66}}{\Delta}, \quad B_{16} = \dfrac{a_{12}a_{26} - a_{22}a_{16}}{\Delta}, \quad B_{26} = \dfrac{a_{12}a_{16} - a_{11}a_{26}}{\Delta}
\end{array}\right\} \tag{5-20}$$

而

$$\Delta = \begin{vmatrix} a_{11} & a_{12} & a_{16} \\ a_{12} & a_{22} & a_{26} \\ a_{16} & a_{26} & a_{66} \end{vmatrix}$$

现在，利用式（5-19），可将弯矩及扭矩用挠度 w 表示为

$$
\left.
\begin{aligned}
M_x &= \int_{-\delta/2}^{\delta/2} \sigma_x z\mathrm{d}z = -\left(D_{11}\frac{\partial^2 w}{\partial x^2} + D_{12}\frac{\partial^2 w}{\partial y^2} + 2D_{16}\frac{\partial^2 w}{\partial x \partial y} \right) \\
M_y &= \int_{-\delta/2}^{\delta/2} \sigma_y z\mathrm{d}z = -\left(D_{12}\frac{\partial^2 w}{\partial x^2} + D_{22}\frac{\partial^2 w}{\partial y^2} + 2D_{26}\frac{\partial^2 w}{\partial x \partial y} \right) \\
M_{xy} &= \int_{-\delta/2}^{\delta/2} \tau_{xy} z\mathrm{d}z = -\left(D_{16}\frac{\partial^2 w}{\partial x^2} + D_{26}\frac{\partial^2 w}{\partial y^2} + 2D_{66}\frac{\partial^2 w}{\partial x \partial y} \right)
\end{aligned}
\right\}
\tag{5-21}
$$

其中的常数

$$
D_{ij} = B_{ij}\frac{\delta^3}{12}
\tag{5-22}
$$

统称为各向异性板的弯扭刚度。

薄板的平衡方程与弹性常数无关，因此，以前针对各项同性板导出的平衡方程

$$
\frac{\partial^2 M_x}{\partial x^2} + 2 \times \frac{\partial^2 M_{xy}}{\partial x \partial y} + \frac{\partial^2 M_y}{\partial y^2} + q = 0
\tag{5-23}
$$

也适用于各向异性板。将弯矩及扭矩的表达式（5-21）代入方程（5-23），即得到各向异性板在横向荷载作用下的弹性曲面微分方程

$$
D_{11}\frac{\partial^4 w}{\partial x^4} + 4D_{16}\frac{\partial^4 w}{\partial x^3 \partial y} + 2\left(D_{12} + 2D_{66}\right)\frac{\partial^4 w}{\partial x^2 \partial y^2} + 4D_{26}\frac{\partial^4 w}{\partial y^3 \partial x} + D_{22}\frac{\partial^4 w}{\partial y^4} = q
\tag{5-24}
$$

可以用来在边界条件下求解薄板的挠度 w，从而用式（5-21）求得弯矩和扭矩，并用式（5-19）求得弯应力和扭应力。通过方程（5-21）及方程（1-15），不难把横向剪力也用 w 来表示。

对于正交各向异性板，将 x 轴及 y 轴也放在弹性主方向（三个坐标面都成为弹性对称面），则物理方程如式（5-14）所示。取出其中的第 1 式、第 2 式及第 6 式，按照薄板小挠度弯曲问题中的假定，令 $\sigma_z = 0$，得到

$$
\varepsilon_x = a_{11}\sigma_x + a_{12}\sigma_y, \ \ \varepsilon_y = a_{21}\sigma_x + a_{22}\sigma_y, \ \ \gamma_{xy} = a_{66}\tau_{xy}
\tag{b}
$$

在工程文献中，一般都将式（b）改写成为

$$
\varepsilon_x = \frac{\sigma_x - \mu_1\sigma_y}{E_1}, \ \ \varepsilon_y = \frac{\sigma_y - \mu_2\sigma_x}{E_2}, \ \ \gamma_{xy} = \frac{\tau_{xy}}{G}
\tag{c}
$$

由于式（b）具有对称性，有 $\dfrac{\mu_1}{E_1} = \dfrac{\mu_2}{E_2}$，求解应力分量，得

$$
\sigma_x = \frac{E_1\varepsilon_x + \mu_1 E_2\varepsilon_y}{1 - \mu_1\mu_2}, \ \ \sigma_y = \frac{E_2\varepsilon_y + \mu_2 E_1\varepsilon_x}{1 - \mu_1\mu_2}, \ \ \tau_{xy} = G\gamma_{xy}
$$

将几何方程（5-18）代入，得

$$
\left.
\begin{aligned}
\sigma_x &= -\frac{z}{1 - \mu_1\mu_2}\left(E_1\frac{\partial^2 w}{\partial x^2} + \mu_1 E_2\frac{\partial^2 w}{\partial y^2} \right) \\
\sigma_y &= -\frac{z}{1 - \mu_1\mu_2}\left(E_2\frac{\partial^2 w}{\partial y^2} + \mu_2 E_1\frac{\partial^2 w}{\partial x^2} \right) \\
\tau_{xy} &= -z\left(2G\frac{\partial^2 w}{\partial x \partial y} \right)
\end{aligned}
\right\}
\tag{5-25}
$$

于是可以得出用 w 表示弯矩及扭矩的表达式

$$M_x = \int_{-\delta/2}^{\delta/2} \sigma_x z \mathrm{d}z = -D_1 \left(\frac{\partial^2 w}{\partial x^2} + \mu_2 \frac{\partial^2 w}{\partial y^2} \right)$$

$$M_y = \int_{-\delta/2}^{\delta/2} \sigma_y z \mathrm{d}z = -D_2 \left(\frac{\partial^2 w}{\partial y^2} + \mu_1 \frac{\partial^2 w}{\partial x^2} \right) \qquad (5\text{-}26)$$

$$M_{xy} = \int_{-\delta/2}^{\delta/2} \tau_{xy} z \mathrm{d}z = -2D_k \frac{\partial^2 w}{\partial x \partial y}$$

其中

$$D_1 = \frac{E_1 \delta^3}{12 \ (1 - \mu_1 \mu_2)}, \ \ D_2 = \frac{E_2 \delta^3}{12 \ (1 - \mu_1 \mu_2)}, \ \ D_k = \frac{G \delta^3}{12} \qquad (5\text{-}27)$$

在这里，D_1 和 D_2 是薄板在弹性主向的弯曲刚度，D_k 是薄板在弹性主方向的扭转刚度，三者都称为主刚度。

将表达式（5-26）代入平衡方程（5-23），即得正交各向异性板在横向荷载作用下的弹性曲面微分方程

$$D_1 \frac{\partial^4 w}{\partial x^4} + D_2 \frac{\partial^4 w}{\partial y^4} + 2D_3 \frac{\partial^4 w}{\partial x^2 \partial y^2} = q \qquad (5\text{-}28)$$

其中

$$D_3 = \mu_2 D_1 + 2D_k = \mu_1 D_2 + 2D_k \qquad (5\text{-}29)$$

微分方程（5-28）可以用来在边界条件下求解薄板的挠度 w，从而用式（5-26）求得弯矩和扭矩，并用式（5-25）求得弯应力和扭应力。

5.4 正交各向异性板小挠度弯曲问题的经典解法

在各向异性板中，只有正交各向异性板是可能用经典解法求解的。首先考虑四边简支矩形薄板，图5-3 假定薄板的弹性主方向和边界平行，取坐标轴如图所示。边界条件：

$$(w)_{x=0} = 0, \ (M_x)_{x=0} = 0$$
$$(w)_{x=a} = 0, \ (M_x)_{x=a} = 0$$
$$(w)_{y=0} = 0, \ (M_y)_{y=0} = 0$$
$$(w)_{y=b} = 0, \ (M_y)_{y=b} = 0$$

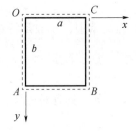

图5-3 四边简支正交
异性矩形板

仍然把挠度的表达式取为

$$w = \sum_{m=1}^{\infty} \sum_{n=1}^{\infty} A_{mn} \sin \frac{m\pi x}{a} \sin \frac{n\pi y}{b} \qquad (\text{a})$$

则上列关于挠度的边界条件可以满足；参阅式（5-26）中的前两式，可见上列关于弯矩的边界条件也可以满足。

将横向荷载 $q = q\ (x, y)$ 展为与式（a）同一形式的重三角级数，仍然得到

$$q(x,y) = \frac{4}{ab} \sum_{m=1}^{\infty} \sum_{n=1}^{\infty} \left[\int_0^a \int_0^b q(x,y) \sin \frac{m\pi x}{a} \sin \frac{n\pi y}{b} \mathrm{d}x \mathrm{d}y \right] \times \sin \frac{m\pi x}{a} \sin \frac{n\pi y}{b} \qquad (\text{b})$$

将式（a）及式（b）代入正交各向异性板的弹性曲面微分方程（5-28），得

$$D_1 \frac{\partial^4 w}{\partial x^4} + 2D_3 \frac{\partial^4 w}{\partial x^2 \partial y^2} + D_2 \frac{\partial^4 w}{\partial y^4} = q\ (x, y)$$

再将方程两边 $\sin\dfrac{m\pi x}{a}\sin\dfrac{n\pi y}{b}$ 的系数进行对比，得

$$A_{mn} = \frac{4\displaystyle\int_0^a\int_0^b q\sin\dfrac{m\pi x}{a}\sin\dfrac{n\pi y}{b}\mathrm{d}x\mathrm{d}y}{\pi^4 ab\left(D_1\dfrac{m^4}{a^4}+2D_3\dfrac{m^2 n^2}{a^2 b^2}+D_2\dfrac{n^4}{b^4}\right)} \tag{c}$$

当 $D_1=D_2=D_3=D$ 时，式（c）简化为

$$A_{mn} = \frac{4\displaystyle\int_0^a\int_0^b q\sin\dfrac{m\pi x}{a}\sin\dfrac{n\pi y}{b}\mathrm{d}x\mathrm{d}y}{\pi^4 abD\left(\dfrac{m^2}{a^2}+\dfrac{n^2}{b^2}\right)^2}$$

和 1.6 节中关于同性板的解答相同。

注意：如果薄板并不是正交各向异性板，而只是一般的各向异性板，或者，虽然薄板是正交各向异性板，但薄板的边界并不是沿着弹性主方向，因而与边界平行的坐标轴也就不是沿着弹性主方向，那么，不管边界如何，将式（a）及式（b）代入一般各向异性板的弹性曲面微分方程（5-24）以后，方程两边的级数不同，我们就无法比较系数，因而也就无从求得 A_{mn}，于是就不可能求得解答。

现在来考虑有两对边简支的正交各向异性矩形板，如图 5-4 所示。假定薄板的弹性主方向和边界平行，取坐标轴如图所示。左右两个简支边的边界条件是

$$\left.\begin{array}{l}(w)_{x=0}=0,\quad (M_x)_{x=0}=0\\ (w)_{x=a}=0,\quad (M_x)_{x=a}=0\end{array}\right\} \tag{d}$$

仍然把挠度的表达式取为

$$w = \sum_{m=1}^{\infty} Y_m(y)\sin\frac{m\pi x}{a} \tag{e}$$

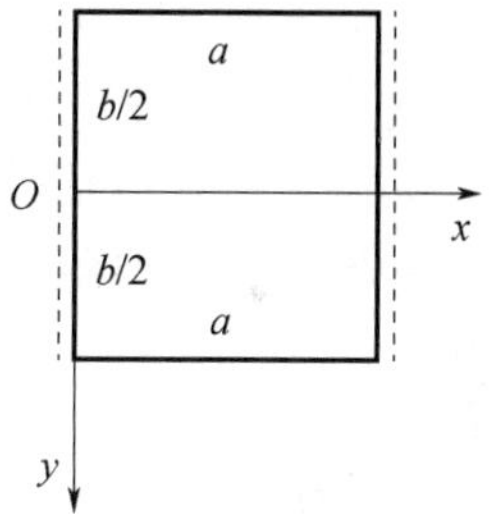

图 5-4　两对边简支正交
异性矩形板

则上列关于挠度的边界条件可以满足；参阅公式（5-26），可见上列关于弯矩 M_x 的边界条件也可以满足。

将横向荷载 $q = q(x, y)$ 展为与式（e）同样形式的级数，即

$$q = \sum_{m=1}^{\infty} q_m\sin\frac{m\pi x}{a} \tag{f}$$

这里

$$q_m = q_m(y) = \frac{2}{a}\int_0^a q\sin\frac{m\pi x}{a}\mathrm{d}x \tag{g}$$

将式（e）及式（f）代入正交各向异性板的弹性曲面微分方程（5-28），再将方程两边 $\sin\dfrac{m\pi x}{a}$ 的系数进行对比，即得

$$D_2\frac{d^4 Y_m}{dy^4} - 2D_3\left(\frac{m\pi}{a}\right)^2\frac{d^2 Y_m}{dy^2} + D_1\left(\frac{m\pi}{a}\right)^4 Y_m = q_m \tag{h}$$

常微分方程（h）的解答将包含两部分，一部分是任意一个特解 $f_m(y)$，可以按照 $q_m(y)$ 的形式来选取，另一部分是相应齐次方程的通解 $F_m(y)$。把通解 $F_m(y)$ 取为 $\mathrm{e}^{\frac{m\pi y}{a}}$ 的形式，则特征方程为

$$D_2 r^4 - 2D_3 r^2 + D_1 = 0 \tag{i}$$

依照刚度 D_1，D_2，D_3 的不同数值，可能出现三种不同的情况：

（1）$D_3^2 > D_1 D_2$。这时，式（i）将具有四个互不相等的实根

$$\pm r_1, \quad \pm r_2 \ (r_1 > 0, \ r_2 > 0)$$

通解将成为

$$F_m(y) = A_m \cosh \frac{m\pi r_1 y}{a} + B_m \sinh \frac{m\pi r_1 y}{a} + C_m \cosh \frac{m\pi r_2 y}{a} + D_m \sinh \frac{m\pi r_2 y}{a}$$

（2）$D_3^2 = D_1 D_2$。这时，式（i）将具有两两互等的实根

$$\pm r, \quad \pm r \ (r > 0)$$

通解将成为

$$F_m(y) = (A_m + B_m y) \cosh \frac{m\pi r y}{a} + (C_m + D_m y) \sinh \frac{m\pi r y}{a}$$

（3）$D_3^2 < D_1 D_2$。这时，式（i）将具有两对复根

$$r_1 \pm i r_2, \quad -r_1 \pm i r_2 \ (r_1 > 0, \ r_2 > 0)$$

通解将成为

$$F_m(y) = \cosh \frac{m\pi r_1 y}{a} \left(A_m \cos \frac{m\pi r_2 y}{a} + B_m \sin \frac{m\pi r_2 y}{a} \right) + \sinh \frac{m\pi r_1 y}{a} \left(C_m \cos \frac{m\pi r_2 y}{a} + D_m \sin \frac{m\pi r_2 y}{a} \right)$$

通解中的系数 A_m，B_m，C_m，D_m 仍然可用 $y = \pm b/2$ 处的边界条件来确定。其余的运算和各向同性板的情况类似，但不完全相同。

如果薄板并不是正交各向异性板，而只是一般的各向异性板，或者，虽然薄板是正交各向异性板，但薄板的边界并不是沿着弹性主方向，就不可能用经典方法求得解答，理由同上。

5.5　用变分法解小挠度弯曲问题

在 2.1 节中已经指出：在薄板的小挠度弯曲问题中，按照计算假定，用应力分量及形变分量表示的应变能表达式是

$$V_\varepsilon = \frac{1}{2} \iiint (\sigma_x \varepsilon_x + \sigma_y \varepsilon_y + \tau_{xy} \gamma_{xy}) \mathrm{d}x \mathrm{d}y \mathrm{d}z \tag{a}$$

对于正交各向异性板，将式（5-25）及几何方程（5-18）代入式（a），然后对 z 从 $-\delta/2$ 到 $\delta/2$ 积分，并应用式（5-27）及式（5-29），即得正交各向异性板中用挠度表示的应变能表达式

$$V_\varepsilon = \frac{1}{2} \iint \left[D_1 \left(\frac{\partial^2 w}{\partial x^2} \right)^2 + D_2 \left(\frac{\partial^2 w}{\partial y^2} \right)^2 + 2(D_3 - 2D_k) \frac{\partial^2 w}{\partial x^2} \frac{\partial^2 w}{\partial y^2} + 4D_k \left(\frac{\partial^2 w}{\partial x \partial y} \right)^2 \right] \mathrm{d}x \mathrm{d}y \tag{5-30}$$

同样，将式（5-19）及几何方程（5-18）代入式（a），然后对 z 从 $-\delta/2$ 到 $\delta/2$ 积分，并应用公式（5-22），即得一般各向异性板中用挠度表示的形变势能表达式

$$V_\varepsilon = \frac{1}{2} \iint \left[D_{11} \left(\frac{\partial^2 w}{\partial x^2} \right)^2 + D_{22} \left(\frac{\partial^2 w}{\partial y^2} \right)^2 + 2D_{12} \frac{\partial^2 w}{\partial x^2} \frac{\partial^2 w}{\partial y^2} + \right.$$

$$\left. 4D_{66} \left(\frac{\partial^2 w}{\partial x \partial y} \right)^2 + 4 \left(D_{16} \frac{\partial^2 w}{\partial x^2} + D_{26} \frac{\partial^2 w}{\partial y^2} \right) \frac{\partial^2 w}{\partial x \partial y} \right] \mathrm{d}x \mathrm{d}y \tag{5-31}$$

用里茨法求解时，仍然可以将挠度的表达式取为

$$w = w_0 + \sum_{m=1}^{n} C_m w_m \tag{5-32}$$

式中，w_0 为满足薄板位移边界条件的设定函数，w_m（m 不等于零）为满足薄板零位移边界条件的设定函数，但 w_0 和 w_m 并不一定要满足内力边界条件，C_m 为互不依赖的 n 个待定系数。应用

$$\frac{\partial V_\varepsilon}{\partial C_m} = \iint q w_m \mathrm{d}x\mathrm{d}y \quad (m = 1,2,\cdots,n) \tag{5-33}$$

式中，q 为横向荷载，V_ε 如式（5-30）或式（5-31）所示，可以得到 C_m 的 n 个线性方程，用来求解 C_m，从而确定薄板的挠度表达式。

例 5-1 设有正交各向异性的矩形板，四边夹支，见图 5-5，弹性主向沿坐标方向，受有均布荷载 q_0。坐标轴如图所示，则边界条件为

$$(w)_{x=\pm a} = 0, \quad \left(\frac{\partial w}{\partial x}\right)_{x=\pm a} = 0$$

$$(w)_{y=\pm b} = 0, \quad \left(\frac{\partial w}{\partial y}\right)_{y=\pm b} = 0$$

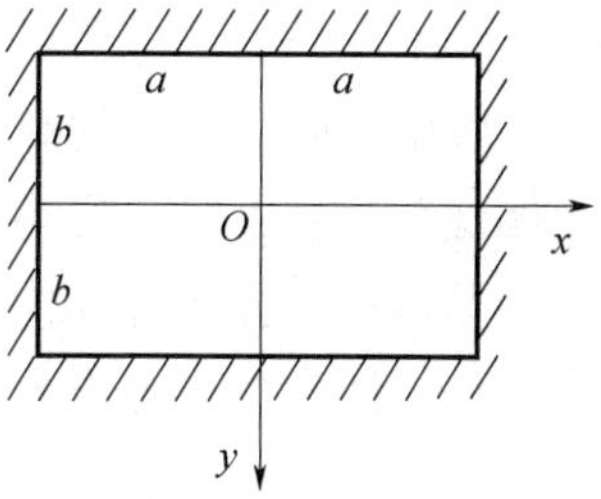

注意问题的对称性，将挠度表达式取为

$$w = C_1 w_1 = C_1 (x^2 - a^2)^2 (y^2 - b^2)^2 \tag{b}$$

图 5-5 四边夹支正交异性矩形板

可见，无论系数取任何值，都能满足全部边界条件。

代入式（5-30），进行积分，并应用式（5-29）得到关系式

$$2D_k = D_3 - \mu_2 D_1$$

得

$$V_\varepsilon = \frac{16384}{1575} a^5 b^5 C_1^2 \left(D_1 b^4 + D_2 a^4 + \frac{4}{7} D_3 a^2 b^2 \right) \tag{c}$$

另一方面，由式（b）得到

$$\iint q w_m \mathrm{d}x\mathrm{d}y = q_0 \iint w_1 \mathrm{d}x\mathrm{d}y$$

$$= 4q_0 \int_0^a \int_0^b (x^2 - a^2)^2 (y^2 - b^2)^2 \mathrm{d}x\mathrm{d}y = \frac{256}{225} q_0 a^5 b^5 \tag{d}$$

将式（c）及式（d）代入式（5-33），求出 C_1，再代入式（b），即得

$$w = \frac{7q_0 (x^2 - a^2)^2 (y^2 - b^2)^2}{128\left(D_2 a^4 + D_1 b^4 + \frac{4}{7} D_3 a^2 b^2 \right)}$$

对于各向同性板，$D_1 = D_2 = D_3 = D$，得

$$w = \frac{7q_0 (x^2 - a^2)^2 (y^2 - b^2)^2}{128\left(a^4 + b^4 + \frac{4}{7} a^2 b^2 \right) D}$$

和 2.5 节中对各向同性板的解答相同。

如果把挠度表达式取为

$$w = C_{11}\left(1 + \cos\frac{\pi x}{a}\right)\left(1 + \cos\frac{\pi y}{b}\right)$$

也可以满足边界条件。进行与上相同的运算，将得

$$w = \frac{4q_0\left(1 + \cos\dfrac{\pi x}{a}\right)\left(1 + \cos\dfrac{\pi y}{b}\right)}{\pi^4\left(3\dfrac{D_1}{a^4} + \dfrac{2D_3}{a^2 b^2} + 3\dfrac{D_2}{b^4}\right)}$$

对于各向同性板，$D_1 = D_2 = D_3 = D$，得

$$w = \frac{4q_0 a^4\left(1 + \cos\dfrac{\pi x}{a}\right)\left(1 + \cos\dfrac{\pi y}{b}\right)}{\pi^4 D\left(3 + 2\dfrac{a^2}{b^2} + 3\dfrac{a^4}{b^4}\right)}$$

也和 2.5 节中各向同性板的解答相同。

用伽辽金法求解时，仍然可以设定挠度表达式如式（5-32）所示，但其中的 w_0 必须同时满足位移边界条件和内力边界条件，而 w_m 必须同时满足零位移边界条件和零内力边界条件。注意伽辽金方程（2-14）

$$\iint (D\nabla^4 w - q)w_m \mathrm{d}x\mathrm{d}y = 0 \quad (m = 1,2,3,\cdots,n)$$

中的 $D\nabla^4 w - q$ 乃是各向同性板的弹性曲面微分方程

$$D\nabla^4 w - q = 0$$

的左边，参阅正交各向异性板的弹性曲面微分方程（5-28），可见正交各向异性板的伽辽金方程应当是

$$\iint\left(D_1\frac{\partial^4 w}{\partial x^4} + 2D_3\frac{\partial^4 w}{\partial x^2 \partial y^2} + D_2\frac{\partial^4 w}{\partial y^4} - q\right)w_m \mathrm{d}x\mathrm{d}y = 0 \quad (m = 1,2,3,\cdots,n) \quad (5\text{-}34)$$

同样，参阅一般各向异性板的弹性曲面微分方程（5-24），可见一般各向异性板的伽辽金方程应当是

$$\iint\Big[D_{11}\frac{\partial^4 w}{\partial x^4} + 4D_{16}\frac{\partial^4 w}{\partial x^3 \partial y} + 2(D_{12} + 2D_{66})\frac{\partial^4 w}{\partial x^2 \partial y^2} +$$
$$4D_{26}\frac{\partial^4 w}{\partial x \partial y^3} + D_{22}\frac{\partial^4 w}{\partial y^4} - q\Big]w_m \mathrm{d}x\mathrm{d}y = 0 \quad (m = 1,2,3,\cdots,n) \quad (5\text{-}35)$$

将表达式（5-32）代入方程（5-34）或方程（5-35），可以得到 C_m 的 n 个线性方程，用来求解 C_m，从而确定薄板的挠度表达式。

5.6 稳定问题及振动问题

各向同性板的弹性曲面微分方程是

$$D\nabla^4 w = q$$

而正交各向异性板的弹性曲面微分方程是

$$D_1\frac{\partial^4 w}{\partial x^4} + 2D_3\frac{\partial^4 w}{\partial x^2 \partial y^2} + D_2\frac{\partial^4 w}{\partial y^4} = q$$

可见，前一式中的微分算子 $D \nabla^4 = D \dfrac{\partial^4}{\partial x^4} + 2D \dfrac{\partial^4}{\partial x^2 \partial y^2} + D \dfrac{\partial^4}{\partial y^4}$ 在后一式中成为

$$D_0 \nabla^4 = D_1 \frac{\partial^4}{\partial x^4} + 2D_3 \frac{\partial^4}{\partial x^2 \partial y^2} + D_2 \frac{\partial^4}{\partial y^4} \tag{5-36}$$

实际上，$D \nabla^4 w$ 和 $D_0 \nabla^4 w$ 同样都表示一块单位面积上的薄板所受的横向弹性力，即薄板其余部分对它所施加的横向内力，而弹性曲面微分方程不过表示"横向弹性力与横向荷载平衡"而已。

根据这些论证，只需将各向同性板的压曲微分方程（4-3）中的算子 $D \nabla^4$ 变换为 $D_0 \nabla^4$，即得正交各向异性板的压曲微分方程

$$D_0 \nabla^4 w - \left(F_{\mathrm{T}x} \frac{\partial^2 w}{\partial x^2} + 2F_{\mathrm{T}xy} \frac{\partial^2 w}{\partial x \partial y} + F_{\mathrm{T}y} \frac{\partial^2 w}{\partial y^2} \right) = 0 \tag{5-37}$$

这一微分方程可以用来计算临界荷载。具体计算时，要首先按照 5.2 节中所述的方法，求出中面内力（用纵向荷载表示），代入上述压曲微分方程，然后分析该微分方程满足边界条件的非零解，即可据以计算临界荷载。当四边简支或两对边简支的矩形薄板在简支边上受有均布纵向力时，可以求得临界荷载的精确值。在其他情况下，可以用能量法求得临界荷载的近似值，计算步骤和各向同性板的情况下相同。

对于一般的各向异性板，也可以同样地导出压曲微分方程

$$D_a \nabla^4 w - \left(F_{\mathrm{T}x} \frac{\partial^2 w}{\partial x^2} + 2F_{\mathrm{T}xy} \frac{\partial^2 w}{\partial x \partial y} + F_{\mathrm{T}y} \frac{\partial^2 w}{\partial y^2} \right) = 0$$

其中 $D_a \nabla^4 = D_{11} \dfrac{\partial^4}{\partial x^4} + 4D_{16} \dfrac{\partial^4}{\partial x^3 \partial y} + 2 \left(D_{12} + 2D_{66} \right) \dfrac{\partial^4}{\partial x^2 \partial y^2} + 4D_{26} \dfrac{\partial^4}{\partial x \partial y^3} + D_{22} \dfrac{\partial^4}{\partial y^4}$

利用这一微分方程，可以求得临界荷载的近似值。

将各向同性板的自由振动微分方程（3-1）写成

$$D \nabla^4 w + \overline{m} \frac{\partial^2 w}{\partial t^2} = 0$$

然后根据上面的论证，将其中的算子 $D \nabla^4$ 改为 $D_0 \nabla^4$，即得正交各向异性板的自由振动微分方程

$$D_0 \nabla^4 w + \overline{m} \frac{\partial^2 w}{\partial t^2} = 0 \tag{5-38}$$

其中的算子 $D_0 \nabla^4$ 如式（5-36）所示。把它的通解仍然取为

$$w(x, y, t) = \sum_{m=1}^{\infty} w_m(x, y, t) = \sum_{m=1}^{\infty} (A_m \cos\omega_m t + B_m \sin\omega_m t) W_m(x, y) \tag{5-39}$$

同样，可以得到振型微分方程

$$D_0 \nabla^4 W - \overline{m} \omega^2 W = 0 \tag{5-40}$$

当 $\overline{m}$ 为常量时，分析振型函数 W 满足边界条件的非零解，可以求得自然频率

$$\omega = \sqrt{\frac{D_0 \nabla^4 W}{\overline{m} W}} \tag{5-41}$$

对四边简支的矩形薄板，还可以由各阶频率和相应的振型函数求得自由振动的完整解答。

对于一般的各向异性板，也可以用能量法求得自然频率的近似值。

将各向同性板的受迫振动微分方程（3-36）改写为

$$D \nabla^4 w + \bar{m} \frac{\partial^2 w}{\partial t^2} = q_t$$

根据上面的论证，将其中的算子 $D \nabla^4$ 改为 $D_0 \nabla^4$ 或 $D_a \nabla^4$，即得正交各向异性板的受迫振动微分方程

$$D_0 \nabla^4 w + \bar{m} \frac{\partial^2 w}{\partial t^2} = q_t \tag{5-42}$$

或一般各向异性板的受迫振动微分方程

$$D_a \nabla^4 w + \bar{m} \frac{\partial^2 w}{\partial t^2} = q_t$$

但是，只有当 $\bar{m}$ 为常量时，才可以对四边简支的正交各向异性板进行具体分析。

5.7 正交各向异性矩形薄板弯曲、稳定、振动通解及应用

在5.4节小挠度弯曲问题的经典解法中，我们看到弹性主方向和边界平行的对边简支正交各向异性矩形薄板，即使简支边没有沉降，也不受弯矩作用，在用经典莱维解法求解时，分了三种情况，即 $D_3^2 > D_1 D_2$，$D_3^2 = D_1 D_2$，$D_3^2 < D_1 D_2$ 三种情况，这有些麻烦。同时，当边界不是对边简支或简支边有沉降或受有分布弯矩作用，也就是其他边界情况下，正交各向异性矩形板弯曲、稳定、振动问题如何求解？目前，有好多方法求其解析解，如叠加法。现介绍我们提出的四阶连续可导的解析通解（文献［27］）。

$$w = \sum_{m=1}^{\infty} \sum_{n=1}^{\infty} b_{mn} \sin \frac{m\pi x}{a} \sin \frac{n\pi y}{b} + \sum_{n=1}^{\infty} \left\{ \frac{1}{6a} \left[\frac{E_n - F_n}{D_1} + \frac{n^2 \pi^2 \mu_2 (B_n - A_n)}{b^2} \right] x^3 + \right.$$

$$\frac{1}{2} \left(\frac{n^2 \pi^2 \mu_2}{b^2} A_n - \frac{E_n}{D_1} \right) x^2 + \left[\frac{B_n - A_n}{a} + \frac{a}{6D_1} (F_n + 2E_n) - \frac{n^2 \pi^2 \mu_2 a (B_n + 2A_n)}{6b^2} \right] x +$$

$$A_n \left. \right\} \sin \frac{n\pi y}{b} + \sum_{m=1}^{\infty} \left\{ \frac{1}{6b} \left[\frac{G_m - H_m}{D_2} + \frac{m^2 \pi^2 \mu_1 (D_m - C_m)}{a^2} \right] y^3 + \frac{1}{2} \left(\frac{m^2 \pi^2 \mu_1 C_m}{a^2} - \frac{G_m}{D_2} \right) y^2 + \right.$$

$$\left[\frac{D_m - C_m}{b} + \frac{b}{6D_2} (H_m + 2G_m) - \frac{m^2 \pi^2 b \mu_1 (D_m + 2C_m)}{6a^2} \right] y + C_m \left. \right\} \sin \frac{m\pi x}{a} +$$

$$\frac{1}{ab} (w_{oo} - w_{ob} - w_{ao} + w_{ab}) xy + \frac{1}{a} (w_{ao} - w_{oo}) x + \frac{1}{b} (w_{ob} - w_{oo}) y + w_{oo} \tag{5-43}$$

显然，当材料各向同性时，该解就退化成1.8节中的各向同性矩形板的通解。这里，w_{oo}，w_{ao}，w_{ob}，w_{ab} 与1.8节中一样分别为矩形板4个角点的挠度，A_n，B_n，C_m，D_m，E_n，F_n，G_m，H_m 也如1.8节中所述，分别为边界挠度及边界弯矩正弦级数展式的系数。13组待定常数 b_{mn}，w_{oo}，w_{ao}，w_{ob}，w_{ab}，A_n，B_n，E_n，F_n，C_m，D_m，G_m，H_m 可用8个边界条件、4个角点条件及1个控制方程确定。

5.7.1 弯曲分析

例 5-2　四边夹支正交各向异性矩形板的弯曲分析。

考虑图 5-6 所示，四边夹支正交各向异性矩形板，受垂直于板面横向分布力 $q(x,y)$ 作用，则控制微分方程为式（5-28），边界条件为在边界上挠度和转角均为零。即

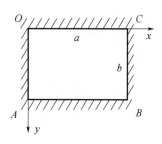

$$(w)_{x=0} = 0, \quad \left(\frac{\partial w}{\partial x}\right)_{x=0} = 0; \quad (w)_{x=a} = 0, \quad \left(\frac{\partial w}{\partial x}\right)_{x=a} = 0$$

$$(w)_{y=0} = 0, \quad \left(\frac{\partial w}{\partial y}\right)_{y=0} = 0; \quad (w)_{y=b} = 0, \quad \left(\frac{\partial w}{\partial y}\right)_{y=b} = 0$$

图 5-6　四边夹支正交
各向异性矩形

将挠度仍设成式（5-43）的形式，由各待定常数的含义及边界上挠度为零的边界条件得 $A_n = B_n = C_m = D_m = 0$，$w_{00} = w_{a0} = w_{0b} = w_{ab} = 0$，将这些等于零的常数代入式（5-43），得该边界约束条件下矩形板的通解

$$w = \sum_{m=1}^{\infty}\sum_{n=1}^{\infty} b_{mn}\sin\frac{m\pi x}{a}\sin\frac{n\pi y}{b} + \sum_{n=1}^{\infty}\left[\frac{E_n - F_n}{6aD_1}x^3 - \right.$$
$$\left.\frac{E_n}{2D_1}x^2 + \frac{a}{6D_1}(F_n + 2E_n)x\right]\sin\frac{n\pi y}{b} + \sum_{m=1}^{\infty}\left[\frac{G_m - H_m}{6bD_2}y^3 - \right.$$
$$\left.\frac{G_m}{2D_2}y^2 + \frac{b}{6D_2}(H_m + 2G_m)y\right]\sin\frac{m\pi x}{a} \tag{5-44}$$

由式（5-44）求出直到四阶的各种偏导数，并将荷载展成双重正弦级数

$$q(x,y) = \sum_{m=1}^{\infty}\sum_{n=1}^{\infty} q_{mn}\sin\frac{m\pi x}{a}\sin\frac{n\pi y}{b}$$

$$q_{mn} = \frac{4}{ab}\int_0^a\int_0^b q(x,y)\sin\frac{m\pi x}{a}\sin\frac{n\pi y}{b}\mathrm{d}x\mathrm{d}y$$

然后代入方程（5-28），化简可得

$$D_1\left[\sum_{m=1}^{\infty}\sum_{n=1}^{\infty}\left(\frac{m\pi}{a}\right)^4 b_{mn}\sin\frac{n\pi y}{b}\sin\frac{m\pi x}{a} + \right.$$

$$\sum_{m=1}^{\infty}\left(\frac{m\pi}{a}\right)^4\left(\frac{G_m - H_m}{6bD_2}y^3 - \frac{G_m}{2D_2}y^2 + \frac{b}{6D_2}(H_m + 2G_m)y\right)\sin\frac{m\pi x}{a}\right] +$$

$$2D\left[\sum_{m=1}^{\infty}\sum_{n=1}^{\infty}\left(\frac{m\pi}{a}\right)^2\left(\frac{n\pi}{b}\right)^2 b_{mn}\sin\frac{n\pi y}{b}\sin\frac{m\pi x}{a} - \sum_{n=1}^{\infty}\left(\frac{n\pi}{b}\right)^2\left(\frac{E_n - F_n}{aD_1}x - \frac{E_n}{D_1}\right) \times \right.$$

$$\left.\sin\frac{n\pi y}{b} - \sum_{m=1}^{\infty}\left(\frac{m\pi}{a}\right)^2\left(\frac{G_m - H_m}{bD_2}y - \frac{G_m}{D_2}\right)\sin\frac{m\pi x}{a}\right] + \tag{5-45}$$

$$D_2\left\{\sum_{m=1}^{\infty}\sum_{n=1}^{\infty} b_{mn}\left(\frac{n\pi}{b}\right)^4\sin\frac{n\pi y}{b}\sin\frac{m\pi x}{a} + \sum_{n=1}^{\infty}\left(\frac{n\pi}{b}\right)^4\left[\frac{E_n - F_n}{6aD_1}x^3 - \frac{E_n}{2D_1}x^2 + \right.\right.$$

$$\left.\left.\frac{a}{6D_1}(F_n + 2E_n)x\right]\sin\frac{n\pi y}{b}\right\} = \sum_{m=1}^{\infty}\sum_{n=1}^{\infty} q_{mn}\sin\frac{n\pi y}{b}\sin\frac{m\pi x}{a}$$

再将 1、x、x^2、x^3 解析延拓，并进行傅里叶展开，其傅里叶展开系数分别为 $b_m^{(0)}$、$b_m^{(1)}$、$b_m^{(2)}$、$b_m^{(3)}$，即

$$x = \sum_{m=1}^{\infty} \left(\frac{2}{a} \int_0^a x\sin\frac{m\pi x}{a}\mathrm{d}x \right)\sin\frac{m\pi x}{a} = \sum_{m=1}^{\infty} (-1)^{m+1}\frac{2a}{m\pi}\sin\frac{m\pi x}{a} = \sum_{m=1}^{\infty} b_m^{(1)}\sin\frac{m\pi x}{a}$$

同理有

$$x^2 = \sum_{m=1}^{\infty} \left[(-1)^{m+1}\left(\frac{2a^2}{m\pi} - \frac{4a^2}{m^3\pi^3} \right) - \frac{4a^2}{m^3\pi^3} \right]\sin\frac{m\pi x}{a} = \sum_{m=1}^{\infty} b_m^{(2)}\sin\frac{m\pi x}{a}$$

$$x^3 = \sum_{m=1}^{\infty} (-1)^{m+1}\left(\frac{2a^3}{m\pi} - \frac{12a^3}{m^3\pi^3} \right)\sin\frac{m\pi x}{a} = \sum_{m=1}^{\infty} b_m^{(3)}\sin\frac{m\pi x}{a}$$

$$1 = \sum_{m=1}^{\infty} \frac{2}{m\pi}[1 + (-1)^{m+1}]\sin\frac{m\pi x}{a} = \sum_{m=1}^{\infty} b_m^{(0)}\sin\frac{m\pi x}{a}$$

若 $a_n^{(0)}$, $a_n^{(1)}$, $a_n^{(2)}$, $a_n^{(3)}$ 分别为 1, y, y^2, y^3 的傅里叶展开系数，同理也有

$$y = \sum_{n=1}^{\infty} (-1)^{n+1}\frac{2b}{n\pi}\sin\frac{n\pi y}{b} = \sum_{n=1}^{\infty} a_n^{(1)}\sin\frac{n\pi y}{b}$$

$$y^2 = \sum_{n=1}^{\infty} \left[(-1)^{n+1}\left(\frac{2b^2}{n\pi} - \frac{4b^2}{n^3\pi^3} \right) - \frac{4b^2}{n^3\pi^3} \right]\sin\frac{n\pi y}{b} = \sum_{n=1}^{\infty} a_n^{(2)}\sin\frac{n\pi y}{b}$$

$$y^3 = \sum_{n=1}^{\infty} (-1)^{n+1}\left(\frac{2b^3}{n\pi} - \frac{12b^3}{n^3\pi^3} \right)\sin\frac{n\pi y}{b} = \sum_{n=1}^{\infty} a_n^{(3)}\sin\frac{n\pi y}{b}$$

$$1 = \sum_{n=1}^{\infty} \frac{2}{n\pi}[1 + (-1)^{n+1}]\sin\frac{n\pi y}{b} = \sum_{n=1}^{\infty} a_n^{(0)}\sin\frac{n\pi y}{b}$$

将 $b_m^{(0)}$、$b_m^{(1)}$、$b_m^{(2)}$、$b_m^{(3)}$、$a_n^{(0)}$、$a_n^{(1)}$、$a_n^{(2)}$、$a_n^{(3)}$ 的表达式代入方程（5-45），按待定常数 b_{mn}、G_m、H_m、E_n、F_n 合并，令 $\alpha_m = \dfrac{m\pi}{a}$，$\beta_n = \dfrac{n\pi}{b}$ 整理化简后，比较方程两边对应级数的系数，得

$$(D_1\alpha_m^4 + D_2\beta_n^4 + 2D_3\alpha_m^2\beta_n^2) b_{mn} + \left[D_1\alpha_m^4\left(a_n^{(1)}\frac{b}{6D_2} - a_n^{(3)}\frac{1}{6bD_2} \right) + 2D_3\alpha_m^2\frac{a_n^{(1)}}{bD_2} \right]H_m +$$

$$\left[D_1\alpha_m^4\left(a_n^{(1)}\frac{b}{3D_2} - a_n^{(2)}\frac{1}{2D_2} + a_n^{(3)}\frac{1}{6bD_2} \right) - 2D_3\alpha_m^2\left(\frac{a_n^{(1)}}{bD_2} - \frac{a_n^{(0)}}{D_2} \right) \right]G_m +$$

$$\left[D_2\beta_n^4\left(b_m^{(1)}\frac{a}{6D_1} - b_m^{(3)}\frac{1}{6aD_1} \right) + 2D_3\beta_n^2\frac{b_m^{(1)}}{aD_1} \right]F_n +$$

$$\left[D_2\beta_n^4\left(b_m^{(1)}\frac{a}{3D_1} - b_m^{(2)}\frac{1}{2D_1} + b_m^{(3)}\frac{1}{6aD_1} \right) - 2D_3\beta_n^2\left(\frac{b_m^{(1)}}{aD_1} - \frac{b_m^{(0)}}{D_1} \right) \right]E_n = qmn$$

$$(m = 1, 2, \cdots; n = 1, 2, \cdots) \tag{5-46}$$

由式（5-44）可得

$$\frac{\partial w}{\partial x} = \sum_{m=1}^{\infty}\sum_{n=1}^{\infty} b_{mn}\frac{m\pi}{a}\cos\frac{m\pi x}{a}\sin\frac{n\pi y}{b} + \sum_{n=1}^{\infty}\left[\frac{E_n - F_n}{2aD_1}x^2 - \frac{E_n}{D_1}x + \right.$$

$$\left. \frac{a}{6D_1}(F_n + 2E_n) \right]\sin\frac{n\pi y}{b} + \sum_{m=1}^{\infty}\left[\frac{G_m - H_m}{6bD_2}y^3 - \frac{G_m}{2D_2}y^2 + \right.$$

$$\left. \frac{b}{6D_2}(H_m + 2G_m)y \right]\frac{m\pi}{a}\cos\frac{m\pi x}{a}$$

$$\frac{\partial w}{\partial y} = \sum_{m=1}^{\infty}\sum_{n=1}^{\infty} b_{mn}\frac{n\pi}{b}\sin\frac{m\pi x}{a}\cos\frac{n\pi y}{b} + \sum_{n=1}^{\infty}\Big[\frac{E_n - F_n}{6aD_1}x^3 - \frac{E_n}{2D_1}x^2 +$$

$$\frac{a}{6D_1}(F_n + 2E_n)x\Big]\cos\frac{n\pi y}{b}\frac{n\pi}{b} + \sum_{m=1}^{\infty}\Big[\frac{G_m - H_m}{2bD_2}y^2 - \frac{G_m}{D_2}y +$$

$$\frac{b}{6D_2}(H_m + 2G_m)\Big]\sin\frac{m\pi x}{a}$$

由各边界转角为零，可得下列方程

$$\frac{\partial w}{\partial x}\Big|_{x=0} = \sum_{m=1}^{\infty}\sum_{n=1}^{\infty} b_{mn}\frac{m\pi}{a}\sin\frac{n\pi y}{b} + \sum_{n=1}^{\infty}\Big[\frac{a}{6D_1}(F_n + 2E_n)\Big]\sin\frac{n\pi y}{b} +$$

$$\sum_{m=1}^{\infty}\Big[\frac{G_m - H_m}{6bD_2}y^3 - \frac{G_m}{2D_2}y^2 + \frac{b}{6D_2}(H_m + 2G_m)y\Big]\frac{m\pi}{a} = 0$$

$$\frac{\partial w}{\partial x}\Big|_{x=a} = \sum_{m=1}^{\infty}\sum_{n=1}^{\infty}(-1)^m b_{mn}\frac{m\pi}{a}\sin\frac{n\pi y}{b} + \sum_{n=1}^{\infty}\Big[\frac{E_n - F_n}{2aD_1}a^2 - \frac{E_n}{D_1}a +$$

$$\frac{a}{6D_1}(F_n + 2E_n)\Big]\sin\frac{n\pi y}{b} + \sum_{m=1}^{\infty}(-1)^m\Big[\frac{G_m - H_m}{6bD_2}y^3 - \frac{G_m}{2D_2}y^2 +$$

$$\frac{b}{6D_2}(H_m + 2G_m)y\Big]\frac{m\pi}{a} = 0$$

$$\frac{\partial w}{\partial y}\Big|_{y=0} = \sum_{m=1}^{\infty}\sum_{n=1}^{\infty} b_{mn}\frac{n\pi}{b}\sin\frac{m\pi x}{a} + \sum_{m=1}^{\infty}\Big[\frac{b}{6D_2}(H_m + 2G_m)\Big]\sin\frac{m\pi x}{a} +$$

$$\sum_{n=1}^{\infty}\Big[\frac{E_n - F_n}{6aD_1}x^3 - \frac{E_n}{2D_1}x^2 + \frac{a}{6D_1}(F_n + 2E_n)x\Big]\frac{n\pi}{b} = 0$$

$$\frac{\partial w}{\partial y}\Big|_{y=b} = \sum_{m=1}^{\infty}\sum_{n=1}^{\infty}(-1)^n b_{mn}\frac{n\pi}{b}\sin\frac{m\pi x}{a} + \sum_{n=1}^{\infty}(-1)^n\Big[\frac{E_n - F_n}{6aD_1}x^3 - \frac{E_n}{2D_1}x^2 +$$

$$\frac{a}{6D_1}(F_n + 2E_n)x\Big]\frac{n\pi}{b} + \sum_{m=1}^{\infty}\Big[\frac{G_m - H_m}{2bD_2}b^2 - \frac{G_m}{D_2}b +$$

$$\frac{b}{6D_2}(H_m + 2G_m)\Big]\sin\frac{m\pi x}{a} = 0$$

同样对 1、x、x^2、x^3 和 1、y、y^2、y^3 进行傅里叶展开，化简上述边界条件并比较等式两边对应级数的系数，得

$$\sum_{m=1}^{\infty}\frac{m\pi}{a}b_{mn} + \frac{a}{6D_1}(F_n + 2E_n) +$$

$$\sum_{m=1}^{\infty}\Big[\frac{2b^2}{n^3\pi^3 D_2}\frac{m\pi}{a}G_m + (-1)^{n+1}\frac{2b^2}{n^3\pi^3 D_2}\frac{m\pi}{a}H_m\Big] = 0 \quad (n = 1,2,\cdots) \tag{5-47}$$

$$\sum_{m=1}^{\infty}(-1)^m\frac{m\pi}{a}b_{mn} - \frac{a}{6D_1}E_n - \frac{a}{3D_1}F_n +$$

$$\sum_{m=1}^{\infty}(-1)^m\Big[\frac{2b^2}{n^3\pi^3 D_2}G_m + (-1)^{n+1}\frac{2b^2}{n^3\pi^3 D_2}H_m\Big]\frac{m\pi}{a} = 0 \quad (n = 1,2,\cdots) \tag{5-48}$$

$$\sum_{n=1}^{\infty} \frac{n\pi}{b} b_{mn} + \sum_{n=1}^{\infty} \left[\frac{2a^2}{m^3 \pi^3 D_1} E_n + (-1)^{m+1} \frac{2a^2}{m^3 \pi^3 D_1} F_n \right] \frac{n\pi}{b} +$$

$$\frac{b}{6D_2} (H_m + 2G_m) = 0 \quad (m = 1,2,\cdots) \tag{5-49}$$

$$\sum_{n=1}^{\infty} (-1)^n \frac{n\pi}{b} b_{mn} + \sum_{n=1}^{\infty} (-1)^n \left[\frac{2a^2}{m^3 \pi^3 D_1} E_n + (-1)^{m+1} \frac{2a^2}{m^3 \pi^3 D_1} F_n \right] \frac{n\pi}{b} -$$

$$\frac{b}{6D_2} G_m - \frac{b}{3D_2} H_m = 0, (m = 1,2,\cdots) \tag{5-50}$$

设 m 和 n 最大分别取到 M 和 N，则方程（5-46）至方程（5-50）共有（$MN+2M+2N$）个方程，借助 MATLAB 或别的计算工具求解上述线性方程组，可解得 b_{mn}，E_n，F_n，G_m，H_m 共（$MN+2M+2N$）个未知量。再代入挠度表达式（5-44）可解得挠度，最后代入由挠度求内力的表达式中，可解得内力。

取边长 $a = 4\text{m}$，厚度 $\delta = 0.2\text{m}$ 的方板，板的泊松比 $\mu_1 = 0.3$，弹性模量 $E_1 = 34300\text{MPa}$，$E_1/E_2 = 40$，$G/E_2 = 1$。板上作用均布荷载 $q = 0.98\text{MPa}$，或受作用于板中点的集中力 $P = 9.8 \times 10^5 \text{N}$。采用本节的方法所得结果和文献［28］的计算结果列于表 5-1。

表 5-1　四边夹支正交各向异性板最大挠度　　　　　单位：m

$m \times n$	12×12	20×20	40×40	60×60	文献［28］
均布荷载	0.0294	0.0294	0.0294	0.0294	0.0294
中心集中力	0.0139	0.0142	0.0143	0.0143	0.0143

例 5-3　分析图 5-7 所示两邻边夹支、两邻边自由正交各向异性矩形板的弯曲。板受垂直于板面的横向荷载作用。边界条件及角点条件为

$$(w)_{x=0} = 0, \quad \left(\frac{\partial w}{\partial x} \right)_{x=0} = 0$$

$$(w)_{y=0} = 0, \quad \left(\frac{\partial w}{\partial y} \right)_{y=0} = 0$$

$$(M_x)_{x=a} = 0, \quad (F_{Sx}^t)_{x=a} = 0$$

$$(M_y)_{y=b} = 0, \quad (F_{Sy}^t)_{y=b} = 0$$

$$\left(\frac{\partial^2 w}{\partial x \partial y} \right)_{x=a, y=b} = 0$$

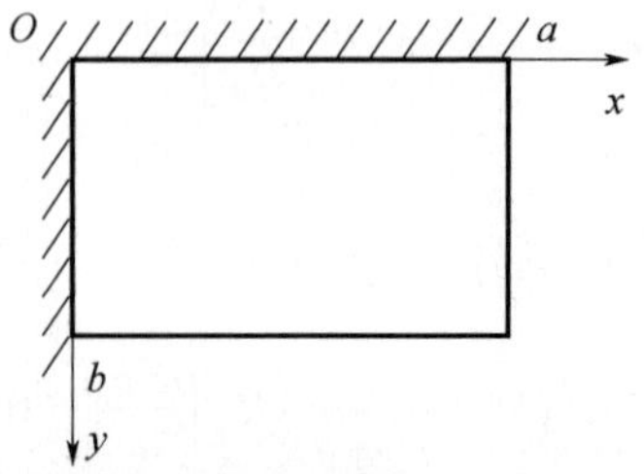

图 5-7　两邻边夹支、两邻边自由各向异性矩形板

将挠度仍设成式（5-43）的形式，根据各待定常数的含义，并结合边界条件可知：$A_n = 0$，$C_m = 0$，$F_n = 0$，$H_m = 0$，$w_{oo} = 0$，$w_{ao} = 0$，$w_{ob} = 0$。将这些等于零的常数代入式（5-43），得该边界约束下矩形板的挠度解析解如下

$$w = \sum_{m=1}^{\infty} \sum_{n=1}^{\infty} b_{mn} \sin \frac{m\pi x}{a} \sin \frac{n\pi y}{b} +$$

$$\sum_{n=1}^{\infty} \left\{ \frac{1}{6a} \left[\frac{E_n}{D_1} + \frac{n^2\pi^2\mu_2 B_n}{b^2} \right] x^3 - \frac{E_n}{2D_1} x^2 + \left[\frac{B_n}{a} + \frac{aE_n}{3D_1} - \frac{n^2\pi^2\mu_2 a B_n}{6b^2} \right] x \right\} \sin \frac{n\pi y}{b} +$$

$$\sum_{m=1}^{\infty} \left\{ \frac{1}{6b} \left[\frac{G_m}{D_2} + \frac{m^2\pi^2\mu_1 D_m}{a^2} \right] y^3 - \frac{G_m}{2D_2} y^2 + \left[\frac{D_m}{b} - \frac{b G_m}{3D_2} - \frac{m^2\pi^2\mu_1 b D_m}{6a^2} \right] y \right\} \sin \frac{m\pi x}{a} +$$

$$\frac{1}{ab} w_{ab} xy \tag{5-51}$$

式中，b_{mn}，B_n，D_m，E_n，G_m，w_{ab} 为未知量，由式（5-51）求出直到四阶的各种偏导数，类似将荷载也展成双重正弦级数，一并代入方程（5-28），同样对 1，x，x^2，x^3 和 1，y，y^2，y^3 进行傅里叶展开，并比较等式两边对应级数的系数，得

$$\left(\frac{n\pi}{b}\right)^4 \left(\frac{2}{m\pi}\right) \left[D_2 - 2\mu_2 D_3 - D_2\mu_2 \left(\frac{a}{b}\right)^2 \left(\frac{n}{m}\right)^2 \right] (-1)^{m+1} B_n +$$

$$\left(\frac{m\pi}{a}\right)^4 \left(\frac{2}{n\pi}\right) \left[D_1 - 2\mu_1 D_3 - D_1\mu_1 \left(\frac{b}{a}\right)^2 \left(\frac{m}{n}\right)^2 \right] (-1)^{n+1} D_m +$$

$$\left(\frac{n\pi}{b}\right)^2 \left(\frac{2}{m\pi D_1}\right) \left[D_2 \left(\frac{a}{b}\right)^2 \left(\frac{n}{m}\right)^2 + 2D_3 \right] E_n + \left(\frac{m\pi}{a}\right)^2 \left(\frac{2}{n\pi D_2}\right) \left[D_1 \left(\frac{b}{a}\right)^2 \left(\frac{m}{n}\right)^2 + 2D_3 \right] G_m +$$

$$\left[D_1 \left(\frac{m\pi}{a}\right)^4 + D_2 \left(\frac{n\pi}{b}\right)^4 + 2D_3 \left(\frac{m\pi}{a}\right)^2 \left(\frac{n\pi}{b}\right)^2 \right] b_{mn} = q_{mn} \quad (m = 1, 2, \cdots; \; n = 1, 2, \cdots) \tag{5-52}$$

然后分别由未使用的边界条件：

$$(F_{Sx}^t)_{x=a} = 0, \quad (F_{Sy}^t)_{y=b} = 0, \quad \left(\frac{\partial w}{\partial x}\right)_{x=0} = 0, \quad \left(\frac{\partial w}{\partial y}\right)_{y=0} = 0, \quad \left(\frac{\partial^2 w}{\partial x\partial y}\right)_{x=a, y=b} = 0,$$

类似分析分别得以下代数方程组

$$\left(\frac{n\pi}{b}\right)^2 \left[(\mu_2 D_1 + 4D_k) \left(\frac{n\pi}{b}\right)^2 \frac{a\mu_2}{3} + \frac{4D_k}{a} \right] B_n - \left[(\mu_2 D_1 + 4D_k) \left(\frac{n\pi}{b}\right)^2 \frac{a}{6D_1} + \frac{1}{a} \right] E_n +$$

$$\sum_{m=1}^{\infty} \frac{2}{n\pi} \left(\frac{m\pi}{a}\right)^3 \left[D_1 - \mu_1 (\mu_2 D_1 + 4D_k) - D_1\mu_1 \left(\frac{b}{a}\right)^2 \left(\frac{m}{n}\right)^2 \right] (-1)^{m+n+1} D_m +$$

$$\sum_{m=1}^{\infty} \frac{2}{aD_2} \left[D_1 \left(\frac{m}{n}\right)^3 \left(\frac{b}{a}\right)^2 + (\mu_2 D_1 + 4D_k) \left(\frac{m}{n}\right) \right] (-1)^m G_m +$$

$$\sum_{m=1}^{\infty} \left[D_1 \left(\frac{m\pi}{a}\right)^3 + (\mu_2 D_1 + 4D_k) \left(\frac{m\pi}{a}\right) \left(\frac{n\pi}{b}\right)^2 \right] (-1)^m b_{mn} = 0 \quad (n = 1, 2, \cdots) \tag{5-53}$$

$$\sum_{n=1}^{\infty} \frac{2}{m\pi} \left(\frac{n\pi}{b}\right)^3 \left[D_2 - \mu_2 (\mu_1 D_2 + 4D_k) - D_2\mu_2 \left(\frac{a}{b}\right)^2 \left(\frac{n}{m}\right)^2 \right] (-1)^{m+n+1} B_n +$$

$$\left(\frac{m\pi}{a}\right)^2 \left[(\mu_1 D_2 + 4D_k) \left(\frac{m\pi}{a}\right)^2 \frac{\mu_1 b}{3} + \frac{4D_k}{b} \right] D_m +$$

$$\sum_{n=1}^{\infty} \frac{2}{bD_1}\Big[D_2\Big(\frac{n}{m}\Big)^3\Big(\frac{a}{b}\Big)^2 + (\mu_1 D_2 + 4D_k)\Big(\frac{n}{m}\Big)\Big](-1)^n E_n -$$

$$\Big[(\mu_1 D_2 + 4D_k)\Big(\frac{m\pi}{a}\Big)^2\frac{b}{6D_2} + \frac{1}{b}\Big]G_m +$$

$$\sum_{n=1}^{\infty}\Big[D_2\Big(\frac{n\pi}{b}\Big)^3 + (\mu_1 D_2 + 4D_k)\Big(\frac{n\pi}{b}\Big)\Big(\frac{m\pi}{a}\Big)^2\Big](-1)^n b_{mn} = 0 \quad (m = 1,2,\cdots) \quad (5\text{-}54)$$

$$\sum_{m=1}^{\infty} \frac{2m}{an}\Big[1 - \mu_1\Big(\frac{b}{a}\Big)^2\Big(\frac{m}{n}\Big)^2\Big](-1)^{n+1} D_m - \Big(\frac{\pi^2 n^2 a\mu_2}{6b^2} - \frac{1}{a}\Big)B_n + \frac{a}{3D_1}E_n +$$

$$\sum_{m=1}^{\infty} \frac{2b^2 m}{aD_2 n^3\pi^2}G_m + \frac{2}{n\pi a}(-1)^{n+1}w_{ab} + \sum_{m=1}^{\infty}\frac{m\pi}{a}b_{mn} = 0 \quad (n = 1,2,\cdots) \quad (5\text{-}55)$$

$$\sum_{n=1}^{\infty} \frac{2n}{bm}\Big[1 - \mu_2\Big(\frac{a}{b}\Big)^2\Big(\frac{n}{m}\Big)^2\Big](-1)^{m+1} B_n - \Big(\frac{\pi^2 m^2 b\mu_1}{6a^2} - \frac{1}{b}\Big)D_m + \sum_{n=1}^{\infty}\frac{2a^2 n}{bD_1 m^3\pi^2}E_n +$$

$$\frac{b}{3D_2}G_m + \frac{2}{m\pi b}(-1)^{m+1}w_{ab} + \sum_{n=1}^{\infty}\frac{n\pi}{b}b_{mn} = 0 \quad (m = 1,2,\cdots) \quad (5\text{-}56)$$

$$\sum_{n=1}^{\infty} \frac{n\pi}{b}\Big(\frac{n^2\pi^2\mu_2 a}{3b^2} + \frac{1}{a}\Big)(-1)^n B_n + \sum_{m=1}^{\infty}\frac{m\pi}{a}\Big(\frac{m^2\pi^2\mu_1 b}{3a^2} + \frac{1}{b}\Big)(-1)^m D_m -$$

$$\sum_{n=1}^{\infty} \frac{n\pi a}{6bD_1}(-1)^n E_n - \sum_{m=1}^{\infty}\frac{m\pi b}{6aD_2}(-1)^m G_m + \frac{1}{ab}w_{ab} + \sum_{m=1}^{\infty}\sum_{n=1}^{\infty}\frac{mn\pi^2}{ab}(-1)^{m+n}b_{mn} = 0$$

$$(5\text{-}57)$$

取板的边长为 $a = 4\text{m}$，$b = 4\text{m}$，厚度为 $\delta = 0.2\text{m}$，泊松比 $\mu_1 = 0.25$；弹性模量 $E_1 = 34300\text{MPa}$，$E_1/E_2 = 40$，$G/E_2 = 1$，受均布荷载 $q = 0.98\text{MPa}$ 作用，或受作用于板中点的集中力 $P = 9.8 \times 10^5 \text{N}$。

求解未知量的方程组由式（5-52）至式（5-57）共 6 组方程构成，用 MATLAB 求解该方程组，得到未知量，再将未知量代入式（5-51），得到板的挠度，见表 5-2。

表 5-2　两邻边夹支两邻边自由正交各向异性板最大挠度　　　　　单位：m

$m \times n$	40×40	80×80	100×100	120×120	文献 [28]
均布荷载	1.38	1.40	1.40	1.40	1.37
中心集中力	0.0853	0.0864	0.0866	0.0866	0.0884

从表 5-1 和表 5-2 的比较可以看出，本节介绍的通解和方法，不但求解足够精确，而且原理简单，条理清晰，最后将正交各向异性矩形板的弯曲问题的求解，归结为求解线性方程组的解，这借助计算机很容易实现。

而且这里介绍的通解，不但能满足矩形板的任意边界约束条件，而且既不需要叠加又不需要分类，待定常数又少且具有明确的物理意义，使得正交各向异性矩形板弯曲问题的求解统一化、简单化、规律化。

5.7.2　振动分析

例 5-4　考虑角点支承四边自由正交各向异性矩形板的自由振动。其边界条件及角点条件为

$(M_x)_{x=0}=0$，$(F^t_{Sx})_{x=0}=0$；$(M_x)_{x=a}=0$，$(F^t_{Sx})_{x=a}=0$；

$(M_y)_{y=0}=0$，$(F^t_{Sy})_{y=0}=0$；$(M_y)_{y=b}=0$，$(F^t_{Sy})_{y=b}=0$；

$(w)_{x=0,y=0}=0$，$(w)_{x=a,y=0}=0$，$(w)_{x=0,y=b}=0$，$(w)_{x=a,y=b}=0$。

将振型函数设成式（5-43）的形式，根据各待定常数的含义，并结合边界条件可知：$E_n=0$，$F_n=0$，$G_m=0$，$H_m=0$，$w_{oo}=0$，$w_{ao}=0$，$w_{ob}=0$，$w_{ab}=0$。将这些等于零的常数代入式（5-43），得该边界约束下矩形板的振型解析解如下

$$
\begin{aligned}
w =& \sum_{m=1}^{\infty}\sum_{n=1}^{\infty} b_{mn}\sin\frac{m\pi x}{a}\sin\frac{n\pi y}{b} + \sum_{n=1}^{\infty}\left\{\frac{n^2\pi^2\mu_2(B_n-A_n)}{6ab^2}x^3 + \frac{n^2\pi^2\mu_2 A_n}{2b^2}x^2 + \right.\\
& \left[\frac{B_n-A_n}{a} - \frac{n^2\pi^2\mu_2 a(B_n+2A_n)}{6b^2}\right]x + A_n\Bigg\}\sin\frac{n\pi y}{b} + \\
& \sum_{m=1}^{\infty}\left\{\frac{m^2\pi^2\mu_1(D_m-C_m)}{6a^2 b}y^3 + \frac{m^2\pi^2\mu_1 C_m}{2a^2}y^2 + \right.\\
& \left[\frac{D_m-C_m}{b} - \frac{m^2\pi^2\mu_1 b(D_m+2C_m)}{6a^2}\right]y + C_m\Bigg\}\sin\frac{m\pi x}{a} \qquad (5\text{-}58)
\end{aligned}
$$

式中，b_{mn}，A_n，B_n，C_m，D_m 为未知量，由式（5-58）求出直到四阶的各种偏导数，并代入方程（5-38），同样对 1，x，x^2，x^3 和 1，y，y^2，y^3 进行傅里叶展开，并比较等式两边对应级数的系数，得

$$
\begin{aligned}
& \left(\frac{n\pi}{b}\right)^4\left(\frac{2}{m\pi}\right)\left[D_2 - 2\mu_2 D_3 - D_2\mu_2\left(\frac{a}{b}\right)^2\left(\frac{n}{m}\right)^2\right]\left[A_n+(-1)^{m+1}B_n\right] + \left(\frac{m\pi}{a}\right)^4\left(\frac{2}{n\pi}\right) \\
& \left[D_1 - 2\mu_1 D_3 - D_1\mu_1\left(\frac{b}{a}\right)^2\left(\frac{m}{n}\right)^2\right]\left[C_m+(-1)^{n+1}D_m\right] + \left[D_1\left(\frac{m\pi}{a}\right)^4 + \right. \\
& D_2\left(\frac{n\pi}{b}\right)^4 + 2D_3\left(\frac{m\pi}{a}\right)^2\left(\frac{n\pi}{b}\right)^2\Bigg]b_{mn} - \overline{m}\omega^2\left(\frac{2}{m\pi}\right)\left[1-\mu_2\left(\frac{a}{b}\right)^2\left(\frac{n}{m}\right)^2\right] \\
& \left[A_n+(-1)^{m+1}B_n\right] - \overline{m}\omega^2\left(\frac{2}{n\pi}\right)\left[1-\mu_1\left(\frac{b}{a}\right)^2\left(\frac{m}{n}\right)^2\right] \\
& \left[C_m+(-1)^{n+1}D_m\right] - \overline{m}\omega^2 b_{mn} = 0 \quad (m=1,2,\cdots;\ n=1,2,\cdots)
\end{aligned}
$$

$$(5\text{-}59)$$

然后分别由未使用的边界条件

$$(F^t_{Sx})_{x=0}=0,\ (F^t_{Sx})_{x=a}=0,\ (F^t_{Sy})_{y=0}=0,\ (F^t_{Sy})_{y=b}=0$$

类似分析分别得以下代数方程组

$$
\begin{aligned}
& \left(\frac{n\pi}{b}\right)^2\left[\frac{\mu_2 D_1}{a} - (\mu_2 D_1 + 4D_k)\left(\frac{1}{a} + \frac{n^2\pi^2\mu_2 a}{3b^2}\right)\right]A_n + \left(\frac{n\pi}{b}\right)^2 \\
& \left[(\mu_2 D_1 + 4D_k)\left(\frac{1}{a} - \frac{n^2\pi^2\mu_2 a}{6b^2}\right) - \frac{\mu_2 D_1}{a}\right]B_n + \sum_{m=1}^{\infty}\frac{2}{n\pi}\left(\frac{m\pi}{a}\right)^3 \\
& \left[D_1 - \mu_1(\mu_2 D_1 + 4D_k) - D_1\mu_1\left(\frac{b}{a}\right)^2\left(\frac{m}{n}\right)^2\right]\left[C_m+(-1)^{n+1}D_m\right] + \\
& \sum_{m=1}^{\infty}\left[D_1\left(\frac{m\pi}{a}\right)^3 + (\mu_2 D_1 + 4D_k)\left(\frac{m\pi}{a}\right)\left(\frac{n\pi}{b}\right)^2\right]b_{mn} = 0 \quad (n=1,2,\cdots)
\end{aligned}
$$

$$(5\text{-}60)$$

$$\left(\frac{n\pi}{b}\right)^2\left[(\mu_2 D_1 + 4D_k)\left(\frac{n\pi}{b}\right)^2\frac{a\mu_2}{6} - \frac{4D_k}{a}\right]A_n + \left(\frac{n\pi}{b}\right)^2\left[(\mu_2 D_1 + 4D_k)\left(\frac{n\pi}{b}\right)^2\frac{a\mu_2}{3} + \right.$$

$$\left.\frac{4D_k}{a}\right]B_n + \sum_{m=1}^{\infty}\frac{2}{n\pi}\left(\frac{m\pi}{a}\right)^3\left[D_1 - \mu_1(\mu_2 D_1 + 4D_k) - D_1\mu_1\left(\frac{b}{a}\right)^2\left(\frac{m}{n}\right)^2\right](-1)^m \times$$

$$[C_m + (-1)^{n+1}D_m] + \sum_{m=1}^{\infty}\left[D_1\left(\frac{m\pi}{a}\right)^3 + (\mu_2 D_1 + 4D_k)\left(\frac{m\pi}{a}\right)\left(\frac{n\pi}{b}\right)^2\right] \times$$

$$(-1)^m b_{mn} = 0 \quad (n = 1,2,\cdots) \tag{5-61}$$

$$\sum_{n=1}^{\infty}\frac{2}{m\pi}\left(\frac{n\pi}{b}\right)^3\left[D_2 - \mu_2(\mu_1 D_2 + 4D_k) - D_2\mu_2\left(\frac{a}{b}\right)^2\left(\frac{n}{m}\right)^2\right][A_n + (-1)^{m+1}B_n] -$$

$$\left(\frac{m\pi}{a}\right)^2\left[(\mu_1 D_2 + 4D_k)\left(\frac{m\pi}{a}\right)^2\frac{\mu_1 b}{3} + \frac{4D_k}{b}\right]C_m - \left(\frac{m\pi}{a}\right)^2 \times$$

$$\left[(\mu_1 D_2 + 4D_k)\left(\frac{m\pi}{a}\right)^2\frac{\mu_1 b}{6} - \frac{4D_k}{b}\right]D_m + \sum_{n=1}^{\infty}\left[D_2\left(\frac{n\pi}{b}\right)^3 + \right.$$

$$\left.(\mu_1 D_2 + 4D_k)\left(\frac{n\pi}{b}\right)\left(\frac{m\pi}{a}\right)^2\right]b_{mn} = 0 \quad (m = 1,2,\cdots) \tag{5-62}$$

$$\sum_{n=1}^{\infty}\frac{2}{m\pi}\left(\frac{n\pi}{b}\right)^3\left[D_2 - \mu_2(\mu_1 D_2 + 4D_k) - D_2\mu_2\left(\frac{a}{b}\right)^2\left(\frac{n}{m}\right)^2\right](-1)^n \times$$

$$[A_n + (-1)^{m+1}B_n] + \left(\frac{m\pi}{a}\right)^2\left[(\mu_1 D_2 + 4D_k)\left(\frac{m\pi}{a}\right)^2\frac{\mu_1 b}{6} - \frac{4D_k}{b}\right]C_m +$$

$$\left(\frac{m\pi}{a}\right)^2\left[(\mu_1 D_2 + 4D_k)\left(\frac{m\pi}{a}\right)^2\frac{\mu_1 b}{3} + \frac{4D_k}{b}\right]D_m +$$

$$\sum_{n=1}^{\infty}\left[D_2\left(\frac{n\pi}{b}\right)^3 + (\mu_1 D_2 + 4D_k)\right.$$

$$\left.\left(\frac{n\pi}{b}\right)\left(\frac{m\pi}{a}\right)^2\right](-1)^n b_{mn} = 0 \quad (m = 1,2,\cdots) \tag{5-63}$$

求解频率的方程组由式（5-59）至式（5-63）共 5 组方程构成，联立这 5 组方程组并转化为广义特征值问题

$$(\boldsymbol{A}^* - \overline{m}\omega^2 \boldsymbol{B}^*)\ \boldsymbol{X} = 0$$

式中，$\boldsymbol{A}^*$ 为由方程组中不与频率相乘的待定常数系数组成的矩阵，$\boldsymbol{B}^*$ 为与频率相乘的待定常数系数组成的矩阵，$\boldsymbol{X}$ 为所有待定常数组成的列向量。取边长 $a = b$，板的泊松比 $\mu_1 = 0.24$；$\mu_1/\mu_2 = 2$；$G/E_1 = 0.205$，用 MATLAB 求解得到板的自由振动频率，见表 5-3。

以下给出关于 $x = \frac{1}{2}a$，$y = \frac{1}{2}b$ 双轴对称（AA），关于 $x = \frac{1}{2}a$，$y = \frac{1}{2}b$ 双轴反对称（SS）的频率值。

从表 5-3 的比较可以看出，本节介绍的通解和方法，求解不但足够精确，而且原理简单，条理清晰，最后将正交各向异性矩形板的自由振动问题的求解归结为求广义特征值问题，借助计算机和 MATLAB 编程技术，很容易实现。

表 5-3　角点支承四边自由正交各向异性板的自由振动频率($a^2\sqrt{m/D_1}$)

对称性	$m \times n$	10×10	20×20	30×30	40×40	文献 [28]
SS	1 阶	5.5254	5.5522	5.5609	5.5650	5.5778
	2 阶	19.7412	18.7818	18.4960	18.3590	17.9687
	3 阶	37.5975	36.1941	35.7598	35.5494	34.9388
	4 阶	75.6902	73.6315	73.0122	72.7145	71.8657
	5 阶	101.5568	99.2808	97.9727	97.3692	95.7267
AA	1 阶	30.3773	30.2475	30.2029	30.1802	30.1150
	2 阶	64.7053	62.4602	61.4000	60.8834	59.3807
	3 阶	101.8744	99.3685	98.5324	98.1144	96.8685

5.7.3　稳定分析

例 5-5　考虑图 5-8 所示四边夹支正交各向异性矩形板的稳定问题，板受 x 方向的中面压力 F_x 作用。其边界条件为

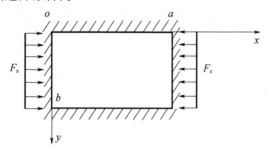

图 5-8　四边夹支正交各向异性矩形板

$$(w)_{x=0} = 0,\quad \left(\frac{\partial w}{\partial x}\right)_{x=0} = 0$$

$$(w)_{y=0} = 0,\quad \left(\frac{\partial w}{\partial y}\right)_{y=0} = 0$$

$$(w)_{x=a} = 0,\quad \left(\frac{\partial w}{\partial x}\right)_{x=a} = 0$$

$$(w)_{y=b} = 0,\quad \left(\frac{\partial w}{\partial y}\right)_{y=b} = 0$$

将挠曲面函数设成式（5-43）的形式，根据各待定常数的含义，并结合边界条件可知：$A_n = 0$，$B_n = 0$，$C_m = 0$，$D_m = 0$，$w_{oo} = 0$，$w_{ao} = 0$，$w_{ob} = 0$，$w_{ab} = 0$。将这些等于零的常数代入式（5-43），得该边界约束下矩形板的挠曲面函数

$$w = \sum_{m=1}^{\infty}\sum_{n=1}^{\infty} b_{mn}\sin\frac{m\pi x}{a}\sin\frac{n\pi y}{b} +$$

$$\sum_{n=1}^{\infty}\left\{\frac{E_n - F_n}{6aD_1}x^3 - \frac{E_n}{2D_1}x^2 + \left[\frac{a}{6D_1}(F_n + 2E_n)\right]x\right\}\sin\frac{n\pi y}{b} +$$

$$\sum_{m=1}^{\infty}\left\{\frac{G_m - H_m}{6bD_2}y^3 - \frac{G_m}{2D_2}y^2 + \left[\frac{b}{6D_2}(H_m + 2G_m)\right]y\right\}\sin\frac{m\pi x}{a} \qquad (5\text{-}64)$$

b_{mn}，E_n，F_n，G_m，H_m 为待定常数，由式（5-64）求出直到四阶的各种偏导数，并代入方程（5-37），同样对 1，x，x^2，x^3 和 1，y，y^2，y^3 进行傅里叶展开，并比较等式两边对应级数的系数，得

$$\left(\frac{n\pi}{b}\right)^2\left(\frac{2}{m\pi D_1}\right)\left[D_2\left(\frac{a}{b}\right)^2\left(\frac{n}{m}\right)^2+2D_3\right]\left[E_n+(-1)^{m+1}F_n\right]+$$

$$\left(\frac{m\pi}{a}\right)^2\left(\frac{2}{n\pi D_2}\right)\left[D_1\left(\frac{b}{a}\right)^2\left(\frac{m}{n}\right)^2+2D_3\right]\left[G_m+(-1)^{n+1}H_m\right]+$$

$$\left[D_1\left(\frac{m\pi}{a}\right)^4+D_2\left(\frac{n\pi}{b}\right)^4+2D_3\left(\frac{m\pi}{a}\right)^2\left(\frac{n\pi}{b}\right)^2\right]b_{mn}-$$

$$F_x\frac{2}{m\pi D_1}\left[E_n+(-1)^{m+1}F_n\right]-F_x\frac{2}{n\pi D_2}\left(\frac{b}{a}\right)^2\left(\frac{m}{n}\right)^2\left[G_m+(-1)^{n+1}H_m\right]-$$

$$F_x\left(\frac{m\pi}{a}\right)^2 b_{mn}=0 \quad (m=1,2,\cdots; \; n=1,2,\cdots) \tag{5-65}$$

然后分别由未使用的边界条件

$$\left(\frac{\partial w}{\partial x}\right)_{x=0}=0, \; \left(\frac{\partial w}{\partial x}\right)_{x=a}=0, \; \left(\frac{\partial w}{\partial y}\right)_{y=0}=0, \; \left(\frac{\partial w}{\partial y}\right)_{y=b}=0$$

类似分析分别得以下代数方程组：

$$\frac{a}{3D_1}E_n+\frac{a}{6D_1}F_n+\sum_{m=1}^{\infty}\frac{2b^2 m}{aD_2 n^3\pi^2}\left[G_m+(-1)^{n+1}H_m\right]+ \tag{5-66}$$

$$\sum_{m=1}^{\infty}\frac{m\pi}{a}b_{mn}=0 \quad (n=1,2,\cdots)$$

$$-\frac{a}{6D_1}E_n-\frac{a}{3D_1}F_n+\sum_{m=1}^{\infty}\frac{2b^2 m}{aD_2 n^3\pi^2}(-1)^m\left[G_m+(-1)^{n+1}H_m\right]+ \tag{5-67}$$

$$\sum_{m=1}^{\infty}\frac{m\pi}{a}(-1)^m b_{mn}=0 \quad (n=1,2,\cdots)$$

$$\sum_{n=1}^{\infty}\frac{2a^2 n}{bD_1 m^3\pi^2}\left[E_n+(-1)^{m+1}F_n\right]+\frac{b}{3D_2}G_m+\frac{b}{6D_2}H_m+ \tag{5-68}$$

$$\sum_{n=1}^{\infty}\frac{n\pi}{b}b_{mn}=0 \quad (m=1,2,\cdots)$$

$$\sum_{n=1}^{\infty}\frac{2a^2 n}{bD_1 m^3\pi^2}(-1)^n\left[E_n+(-1)^{m+1}F_n\right]-\frac{b}{6D_2}G_m-\frac{b}{3D_2}H_m+ \tag{5-69}$$

$$\sum_{n=1}^{\infty}(-1)^n\frac{n\pi}{b}b_{mn}=0 \quad (m=1,2,\cdots)$$

求解临界荷载的方程组由式（5-65）至式（5-69）共 5 组方程构成，联立这 5 组方程组，并转化为广义特征值问题

$$(\boldsymbol{A}^*-F_x\boldsymbol{B}^*)\boldsymbol{X}=0$$

式中，$\boldsymbol{A}^*$ 为由方程组中不与中面力 F_x 相乘的待定常数系数组成的矩阵，$\boldsymbol{B}^*$ 为与中面力

F_x 相乘的待定常数系数组成的矩阵，X 为所有待定常数组成的列向量。取板的泊松比 $\mu_1 = 0.25$；弹性模量 $E_1/E_2 = 40$，$G/E_2 = 0.5$。用 MATLAB 求解得到板的临界荷载，见表5-4。

表5-4 四边夹支正交各向异性板的临界荷载 $F_x\left(\dfrac{b^2}{D_1}\right)$

a/b	m × n				
	10 × 10	20 × 20	30 × 30	40 × 40	文献〔29〕
1	41.2228	41.1873	41.1838	41.1829	41.1823
1.2	29.5667	29.5425	29.5401	29.5396	29.5319
1.5	20.4503	20.4355	20.4341	20.4337	20.4334
1.8	16.0000	15.9907	15.9898	15.9896	15.9894
2.0	14.3696	14.3629	14.3623	14.3621	14.3620

从表5-4的比较可以看出，本节介绍的通解和方法，求解不但足够精确，而且原理简单，条理清晰，最后将正交各向异性矩形板的稳定问题归结为求广义特征值问题，借助计算机和 MATLAB 编程技术，很容易实现。

这里构造的四次逐项可导的带有补充项的双重正弦傅里叶级数通解，不仅可以求解任意边界约束的正交各向异性矩形薄板，受任何形式横向荷载作用下的弯曲问题，而且可以求正交各向异性矩形薄板的稳定和振动问题，仅需要修改与控制方程相对应的，用于求解待定常数的线性代数方程组，其余定常数的方程不变。

该解析解既不需要叠加，且对不同的物性参数又不需要分类，而且待定常数少且常数具有明确的物理含义，这使得正交各向异性矩形薄板的弯曲、稳定、振动问题求解统一化、简单化、规律化。

同时该方法，也能用于研究可分割成若干小矩形板的正交各向异性薄板，如混合边界条件矩形板、L形板、回字形矩形板的弯曲、振动与稳定问题。

习题

5-1 异性薄板与同性薄板应变能计算式相同吗？里茨法求解时确定常数的方程又如何？

5-2 同一异性薄板弯曲、振动问题的控制方程和边界条件有什么异同？用里茨法求解异性薄板弯曲问题，对同性板选取的函数能否用作边界条件相同，形状大小完全一样的各向异性薄板的求解？

5-3 试将一般各向异性板及正交各向异性板中的横向剪力用挠度表示。

答案：$F_{Sx} = -\left[D_{11}\dfrac{\partial^3 w}{\partial x^3} + 3D_{16}\dfrac{\partial^3 w}{\partial x^2 \partial y} + (D_{12} + 2D_{66})\dfrac{\partial^3 w}{\partial x \partial y^2} + D_{26}\dfrac{\partial^3 w}{\partial y^3}\right]$

$F_{Sx} = -\dfrac{\partial}{\partial x}\left(D_1\dfrac{\partial^2 w}{\partial x^2} + D_3\dfrac{\partial^2 w}{\partial y^2}\right)$

5-4 设图5-9中的椭圆薄板为正交各向异性板，其弹性主方向沿坐标轴方向，试求最大挠度。

答案：$w_{\max} = \dfrac{q_0 a^4}{8\left(3 + 3\dfrac{D_2 a^4}{D_1 b^4} + 2\dfrac{D_3 a^2}{D_1 b^2}\right)D_1}$

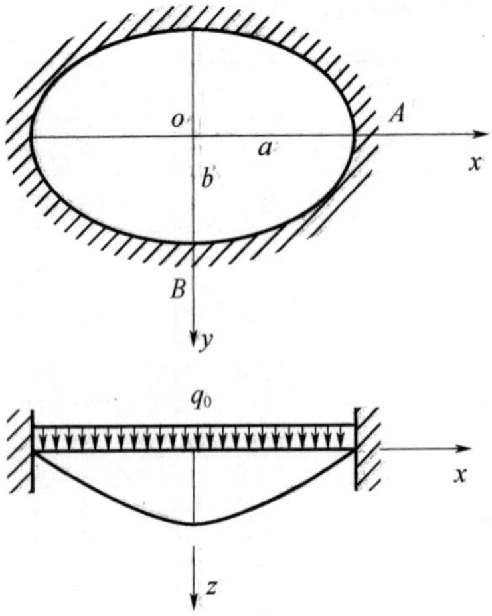

图 5-9

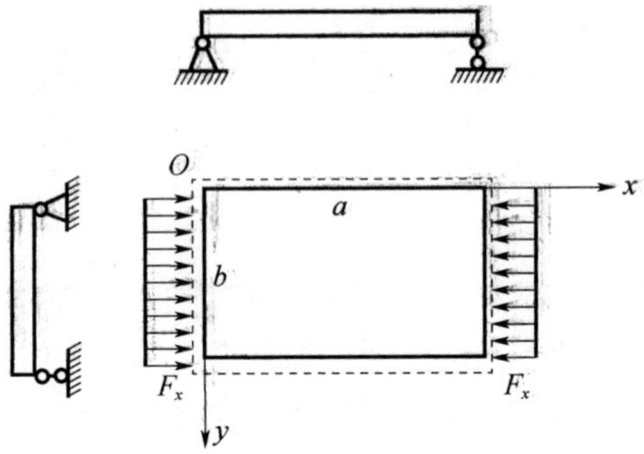

图 5-10

5-5 设图 5-10 中的矩形薄板为正交各向异性板，其弹性主方向沿坐标轴方向，试求临界荷载。

答案：$F_x = \dfrac{\pi^2 a^2}{m^2}\left[D_1\left(\dfrac{m}{a}\right)^4 + D_2\left(\dfrac{n}{b}\right)^4 + 2D_3\left(\dfrac{mn}{ab}\right)^2\right]$

5-6 设有四边简支的正交各向异性板，其弹性主向系沿坐标轴方向，试导出自然频率的公式。

答案：$\omega^2 = \dfrac{\pi^4}{m}\left[D_1\left(\dfrac{m}{a}\right)^4 + D_2\left(\dfrac{n}{b}\right)^4 + 2D_3\left(\dfrac{mn}{ab}\right)^2\right]$

人物篇 5

叶开沅

叶开沅（1926—2007），我国著名力学家。1926 年出生于浙江省衢州市，其父曾任衢州农会会长及县参议员，中年后家道中落。

1938 年，叶开沅考入省立衢州中学学习，由于他学业优秀，后成为该校高中部的公费生。日军侵华时，衢州成为战场，他随全家避难于寺庙。当时衣食无着，更无法求学。1944 年，他来到北京进入灯市口的育英中学学习，1945 年高中毕业时，叶开沅进入北京大学土木工程系学习，后转入燕京大学数学系，1946 年，考入国立唐山工学院（即唐山交通大学，现西南交通大学），1947 年，以二年级生考入清华大学电机系，1948 年，回浙江，在浙江大学电机工程系就读半年后又重返清华大学电机系学习。

1951 年大学毕业后，他师从我国著名的力学大师钱伟长先生，开始攻读硕士研究生，1952 年，又转入北京大学数学力学系为研究生，导师仍为钱伟长先生。1953 年，硕士毕业后，叶开沅留在北京大学数学力学系任讲师。

20 世纪 50～60 年代，固体力学界关注的热点课题就是求解薄板结构非线性变形的著名冯·卡门大挠度方程，这是固体力学界的一个尖端问题，该问题的解决涉及当时还没有得到很好发展的非线性数学的理论及其在力学中的应用。钱伟长在 1947 年提出的求解大挠度方程的摄动方法，为非线性力学问题的解决提供了一个有力的工具，叶开沅在读研究生期间，在导师钱伟长的指导下开始专攻这一力学界尖端课题，并取得一系列的成果。1953 年，第一篇论文《边缘荷载下环形薄板的大挠度问题》在《中国科学》上发表，他的研究生毕业论文《矩形板的大挠度问题》在第九届国际应用力学大会上发表，与钱伟长先生合著的《弹性圆薄板大挠度问题》被译成俄文在苏联出版，在国内外产生了广泛的影响，1956 年，又与钱伟长、胡海昌在这个课题上获得了国家自然科学奖二等奖。这些高水平的学术成果奠定了年仅 30 岁的叶开沅在力学界的学术地位，其在 1956 年科技大进军的高潮中被作为优秀青年科学工作者在主要报刊上报道，成为当时年轻学子们学习的榜样。

1959 年，为响应支援大西北的号召，叶开沅来到兰州大学，开始了在兰州大学筹建力学系的工作。学校既没有基本的力学实验设备，也缺少有关图书资料，师资力量更为薄弱。虽然临时选调了几名数学教师，也从各地分配来了几名力学专业大学生，但远不能满足专业建设的需要。为此，他带领这些年轻人，边搞教学边收集资料、研制实验设备，同时还指导学生毕业论文，付出了极大的劳动和心血。当时正值三年困难时期，他与师生同甘共苦，开创了兰州大学力学专业。短短几年的时间力学专业从无到有，兰州大学的力学专业已有了相当不错的设备和图书资料，教师队伍已比较成熟，为兰州大学力学系的发展奠定了重要的基础。

在筹备兰州大学力学系的过程中，叶开沅时时不忘开展科学研究，继续着板壳非线性力学领域的研究。针对"钱氏摄动法"在扁球壳非线性稳定性研究中遇到的困难，1965 年叶开沅与他的学生刘人怀一起提出了"修正迭代法"，为板壳非线性弯曲的求解提供了一种高精度的有效分析方法。这一研究成果于 1965 年发表在当时国内顶级学术期刊《科学通报》上，在非线性薄壁结构研究领域被公认为是一种有效方法，并被用于求解波纹板、扁壳、板等各类仪表弹性元件的非线性力学特性分析。

1976 年 10 月后，叶开沅与其学生致力于大挠度问题的精确解的解析表达及收敛性的证明，得到了中心受集中荷载的圆板大挠度问题的解析表达及其收敛性的证明，并对过去一些方法的收敛性做了系统的总结，为板、壳大挠度问题的最终解决做出了重要的贡献。1983 年，他作为大会秘书长，在钱伟长主持召开的国际非线性力学会议上发表了《柔韧构件研究在中国的进展》一文，全面总结了中国学者在该领域内的工作，受到了与会者的好评，该文中所涉及的工作有相当一部分是叶开沅和他的学生们的研究成果。

40 余年来，叶开沅与他的合作者在板、壳研究方面共完成了两本专著，发表论文 36 篇，其内容涉及板、壳理论的各个方面，为板、壳大挠度理论在中国的发展和应用做出了承前启后的贡献。

叶开沅还致力于非均匀弹塑性力学的研究，提出了用阶梯折算法处理一维非均匀规则弹性构件，获得了成功，并在结构优化计算中得到了应用。他发表了一系列文章，对柱、梁、板的变形、振动、稳定性及结构优化设计进行了完整的探讨。

叶开沅除了在科学研究方面取得瞩目的成果外，还十分重视人才培养，他培养的学生中已有多人成长为我国力学界的学术带头人，包括中国工程院院士刘人怀、郑晓静，南非科学院院士孙博华，国家杰出青年基金获得者周又和等，为我国力学学科的人才培养做出了重要贡献。

叶开沅一生为人真诚，刚正不阿，工作期间，真诚、热情地团结同事们一道工作，他不忘记每一位培养过自己的长者，尤其与自己的老师钱伟长先生建立了深厚的感情。他教书育人，诲人不倦，以自己的崇高品德和良好科学素养影响和教育后来者，是一位德高望重的好师长。

叶开沅一生襟怀坦荡，热爱祖国。他始终以极大的热情和毅力投入力学研究和人才培养工作中，将力学研究与国家需要紧密结合，为我国力学科学的发展做出了重要贡献。

6 壳体的一般理论

本章首先建立了曲线坐标理论，然后从一般壳体出发，基于壳体的基本假设，建立壳体的几何方程、物理方程以及壳体平衡微分方程的基本方程式，最后建立壳体的各种边界条件，包括简支边、固定边和自由边。

6.1 曲线坐标和正交曲线坐标

要建立完整的壳体一般理论，须借助于弹性力学空间问题在一般正交曲线坐标系中的几何方程。因此，本节将介绍一般曲线坐标的概念。

如图 6-1 所示，设有三个参数 α、β、γ，它们与笛卡儿直角坐标系 x、y、z 有如下的关系

$$\left. \begin{array}{l} x = f_1(\alpha, \beta, \gamma) \\ y = f_2(\alpha, \beta, \gamma) \\ z = f_3(\alpha, \beta, \gamma) \end{array} \right\} \tag{6-1}$$

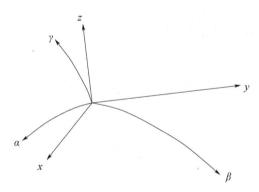

图 6-1　直角坐标系 x、y、z 与参数 α、β、γ 的关系图

若有一组坐标 (x, y, z) 对应空间某一点 P，则必然有一组坐标 (α, β, γ) 对应同样空间一点 P，如图 6-2 所示，因此 (α, β, γ) 也可以作为 P 点的位置坐标。

如果在式（6-1）中 α 取某一常数，而 β 和 γ 为变数，则可以得到一个曲面，表示为

$$x = f_1(\beta, \gamma), \ y = f_2(\beta, \gamma), \ z = f_3(\beta, \gamma) \tag{6-2}$$

α 取一系列常数时，就得到不同的 α 值表示的一簇曲面。同样，β 和 γ 分别取不同常数值，也能得到不同 β 和 γ 值表示的一簇曲面。

假定 α、β、γ 与 x、y、z 在某一区域内互为单值一一对应，则对任意一点 P，每簇曲面中必有而且只有一个曲面通过该点，这三个曲面分别称为 P 点的 α 面、β 面和 γ

面，如图 6-2 所示。

在图 6-2 中，在 β 面与 γ 面相交的曲线上，β 和 γ 均为常数，而只有 α 是变化的，则这条经过 P 点的曲线称为 P 点的 α 线；同理，在 γ 面与 α 面相交的曲线上，γ 和 α 均为常数，而只有是 β 变化的，则这条经过 P 点的曲线称为 P 点的 β 线；在 α 面与 β 面相交的曲线上，α 和 β 均为常数，而有 γ 是变化的，则这条经过 P 点的曲线称为 P 点的 γ 线。

当 α 改变 $d\alpha$，而 β 和 γ 保持不变时，即点 $P(\alpha,\ \beta,\ \gamma)$ 就变为 $P_1(\alpha+d\alpha,\ \beta,\ \gamma)$，$P$ 和 P_1 位于同一根 α 线上，用 ds_1 表示弧长 $\widehat{PP_1}$，有

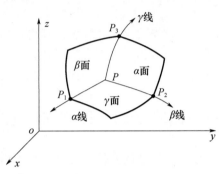

图 6-2 P 点的 α 面、β 面、γ 面

$$ds_1 = (dx^2 + dy^2 + dz^2)^{\frac{1}{2}} \qquad (6\text{-}3)$$

由式（6-1）可知

$$dx = \frac{\partial x}{\partial \alpha}d\alpha + \frac{\partial x}{\partial \beta}d\beta + \frac{\partial x}{\partial \gamma}d\gamma$$

$$dy = \frac{\partial y}{\partial \alpha}d\alpha + \frac{\partial y}{\partial \beta}d\beta + \frac{\partial y}{\partial \gamma}d\gamma \qquad (6\text{-}4)$$

$$dz = \frac{\partial z}{\partial \alpha}d\alpha + \frac{\partial z}{\partial \beta}d\beta + \frac{\partial z}{\partial \gamma}d\gamma$$

由于 β 和 γ 保持不变，式（6-4）中 $d\beta$ 和 $d\gamma$ 均为零，将式（6-4）代入式（6-3）中，可得

$$ds_1 = (dx^2 + dy^2 + dz^2)^{\frac{1}{2}} = \left[\left(\frac{\partial x}{\partial \alpha}d\alpha\right)^2 + \left(\frac{\partial y}{\partial \alpha}d\alpha\right)^2 + \left(\frac{\partial z}{\partial \alpha}d\alpha\right)^2\right]^{\frac{1}{2}}$$

$$= \left[\left(\frac{\partial x}{\partial \alpha}\right)^2 + \left(\frac{\partial y}{\partial \alpha}\right)^2 + \left(\frac{\partial z}{\partial \alpha}\right)^2\right]^{\frac{1}{2}}d\alpha$$

$$= H_1 d\alpha \qquad [6\text{-}5\ (a)]$$

同理，β 方向和 γ 方向用 ds_2 和 ds_3 分别代表弧长 $\widehat{PP_2}$ 和 $\widehat{PP_3}$，则用与式 $[6\text{-}5\ (a)]$ 类似推导可得到如下的关系式

$$ds_2 = H_2 d\beta \qquad [6\text{-}5\ (b)]$$

$$ds_3 = H_3 d\gamma \qquad [6\text{-}5\ (c)]$$

式（6-5）中

$$\left.\begin{array}{l} H_1 = \left[\left(\dfrac{\partial x}{\partial \alpha}\right)^2 + \left(\dfrac{\partial y}{\partial \alpha}\right)^2 + \left(\dfrac{\partial z}{\partial \alpha}\right)^2\right]^{\frac{1}{2}} \\[3mm] H_2 = \left[\left(\dfrac{\partial x}{\partial \beta}\right)^2 + \left(\dfrac{\partial y}{\partial \beta}\right)^2 + \left(\dfrac{\partial z}{\partial \beta}\right)^2\right]^{\frac{1}{2}} \\[3mm] H_3 = \left[\left(\dfrac{\partial x}{\partial \gamma}\right)^2 + \left(\dfrac{\partial y}{\partial \gamma}\right)^2 + \left(\dfrac{\partial z}{\partial \gamma}\right)^2\right]^{\frac{1}{2}} \end{array}\right\} \qquad (6\text{-}6)$$

称为拉梅（Lame）系数，它表示沿坐标轴的弧长增量与该坐标轴增量的比值。如 H_1 的几何意义为当 α 坐标改变 $d\alpha$ 时，α 线弧长增量 ds_1 与 α 坐标的增量 $d\alpha$ 两者之间的比值，称为 α 方向的拉梅系数。同理，H_2 和 H_3 分别称为 β 和 γ 方向的拉梅系数。

坐标增量与弧长增量并不总是相等的，例如，在我们惯用的圆柱坐标系 $(r,\ \theta,\ z)$ 中，坐标增量分别为 $(dr,\ d\theta,\ dz)$，但是弧长增量则是 $(dr,\ rd\theta,\ dz)$，故圆柱坐标系

的拉梅系数为

$$H_1 = 1, \quad H_2 = r, \quad H_3 = 1$$

同理，球坐标系的拉梅系数

$$H_1 = 1, \quad H_2 = r, \quad H_3 = r\sin\varphi$$

如果曲线坐标 α、β、γ 线是互相正交（坐标面也就互相正交），这样的坐标就是正交曲线坐标。可以证明，在正交曲线坐标中，三个拉梅系数 H_1、H_2、H_3 是 α、β、γ 的函数，具有如下六个关系式，即

科达齐条件：

$$\left.\begin{array}{l} \dfrac{\partial^2 H_1}{\partial\beta\partial\gamma} - \dfrac{1}{H_2}\dfrac{\partial H_1}{\partial\beta}\dfrac{\partial H_2}{\partial\gamma} - \dfrac{1}{H_3}\dfrac{\partial H_1}{\partial\gamma}\dfrac{\partial H_3}{\partial\beta} = 0 \\[3mm] \dfrac{\partial^2 H_2}{\partial\gamma\partial\alpha} - \dfrac{1}{H_3}\dfrac{\partial H_2}{\partial\gamma}\dfrac{\partial H_3}{\partial\alpha} - \dfrac{1}{H_1}\dfrac{\partial H_2}{\partial\alpha}\dfrac{\partial H_1}{\partial\gamma} = 0 \\[3mm] \dfrac{\partial^2 H_3}{\partial\alpha\partial\beta} - \dfrac{1}{H_1}\dfrac{\partial H_3}{\partial\alpha}\dfrac{\partial H_1}{\partial\beta} - \dfrac{1}{H_2}\dfrac{\partial H_3}{\partial\beta}\dfrac{\partial H_2}{\partial\alpha} = 0 \end{array}\right\} \tag{6-7}$$

高斯条件：

$$\left.\begin{array}{l} \dfrac{1}{H_1^2}\dfrac{\partial H_2}{\partial\alpha}\dfrac{\partial H_3}{\partial\alpha} + \dfrac{\partial}{\partial\beta}\left(\dfrac{1}{H_2}\dfrac{\partial H_3}{\partial\beta}\right) + \dfrac{\partial}{\partial\gamma}\left(\dfrac{1}{H_3}\dfrac{\partial H_2}{\partial\gamma}\right) = 0 \\[3mm] \dfrac{1}{H_2^2}\dfrac{\partial H_3}{\partial\beta}\dfrac{\partial H_1}{\partial\beta} + \dfrac{\partial}{\partial\gamma}\left(\dfrac{1}{H_3}\dfrac{\partial H_1}{\partial\gamma}\right) + \dfrac{\partial}{\partial\alpha}\left(\dfrac{1}{H_1}\dfrac{\partial H_3}{\partial\alpha}\right) = 0 \\[3mm] \dfrac{1}{H_3^2}\dfrac{\partial H_1}{\partial\gamma}\dfrac{\partial H_2}{\partial\gamma} + \dfrac{\partial}{\partial\alpha}\left(\dfrac{1}{H_1}\dfrac{\partial H_2}{\partial\alpha}\right) + \dfrac{\partial}{\partial\beta}\left(\dfrac{1}{H_2}\dfrac{\partial H_1}{\partial\beta}\right) = 0 \end{array}\right\} \tag{6-8}$$

上面两式是拉梅系数必须满足的方程，实际上表达了三个拉梅系数 H_1，H_2，H_3 和坐标 α、β、γ 的关系。

6.2　正交曲线坐标中的弹性力学几何方程

在空间正交曲线坐标中，弹性体内任一点 P 的位移在 α、β、γ 三个坐标方向的位移分量分别用 u_1、u_2、u_3 表示，沿坐标方向的正应变用 e_1、e_2、e_3 表示，切应变用 e_{23}、e_{31}、e_{12} 表示。

为了建立形变与位移之间的关系，从而导出几何方程，我们在任意一点 P 处取一微小的曲线六面体，它的所有各棱边都沿着坐标线 α、β、γ 的方向，而以 PQ 为其对顶线，如图 6-3 所示，设 P 点的曲线坐标为 α、β、γ、Q 点的坐标则为 $\alpha + \mathrm{d}\alpha$、$\beta + \mathrm{d}\beta$、$\gamma + \mathrm{d}\gamma$。

现在求六面体上通过 P 点的各棱边的曲率半径。如图 6-3 所示，棱边 PP_3 与 P_1Q_2 的交角 $\mathrm{d}\varphi_{13}$ 为

$$\mathrm{d}\varphi_{13} = \frac{P_3Q_2 - PP_1}{PP_3} = \frac{\left(H_1 + \dfrac{\partial H_1}{\partial\gamma}\mathrm{d}\gamma\right)\mathrm{d}\alpha - H_1\mathrm{d}\alpha}{H_3\mathrm{d}\gamma} = \frac{1}{H_3}\frac{\partial H_1}{\partial\gamma}\mathrm{d}\alpha \tag{6-9}$$

而 PP_1 在 β 面内的曲率 k_{13} 为

$$k_{13} = \frac{\mathrm{d}\varphi_{13}}{H_1\mathrm{d}\alpha} = \frac{1}{H_1H_3}\frac{\partial H_1}{\partial\gamma} \tag{6-10}$$

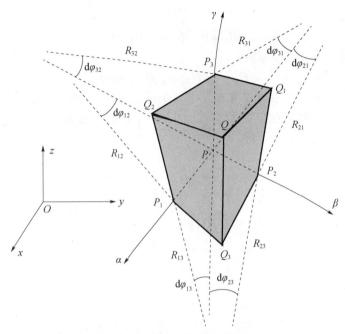

图 6-3　P 点的曲线六面单元体

曲率半径 R_{13} 为

$$R_{13} = \frac{1}{k_{13}} \qquad (6\text{-}11)$$

同理，可得其他棱边的曲率及曲率半径，总共可以得出 PP_1、PP_2、PP_3 三个棱边在不同坐标面内的六个曲率如下

$$PP_1: \quad \frac{1}{R_{12}} = k_{12} = \frac{1}{H_1 H_2} \frac{\partial H_1}{\partial \beta} \ , \ \frac{1}{R_{13}} = k_{13} = \frac{1}{H_1 H_3} \frac{\partial H_1}{\partial \gamma}$$

$$PP_2: \quad \frac{1}{R_{23}} = k_{23} = \frac{1}{H_2 H_3} \frac{\partial H_2}{\partial \gamma} \ , \ \frac{1}{R_{21}} = k_{21} = \frac{1}{H_2 H_1} \frac{\partial H_2}{\partial \alpha} \qquad (6\text{-}12)$$

$$PP_3: \quad \frac{1}{R_{31}} = k_{31} = \frac{1}{H_3 H_1} \frac{\partial H_3}{\partial \alpha} \ , \ \frac{1}{R_{32}} = k_{32} = \frac{1}{H_3 H_2} \frac{\partial H_3}{\partial \beta}$$

对于某一坐标方向总的正应变 e_i（$i=1$，2，3）分别是由位移 u_1、u_2、u_3 共同引起的。下面推导微元弧 PP_1 的正应变 e_1 的表达式，由于 u_1，PP_1 的正应变为

$$e_1{}' = \frac{\left(u_1 + \dfrac{\partial u_1}{\partial s_1} ds_1\right) - u_1}{ds_1} = \frac{\partial u_1}{\partial s_1} = \frac{1}{H_1} \frac{\partial u_1}{\partial \alpha}$$

由于 u_2，PP_1 的正应变为

$$e_1{}'' = \frac{(R_{12} + u_2)\ d\varphi_{12} - R_{12} d\varphi_{12}}{R_{12} d\varphi_{12}} = \frac{u_2}{R_{12}}$$

由于 u_3，PP_1 的正应变为

$$e_1{}''' = \frac{(R_{13} + u_3)\ d\varphi_{13} - R_{13} d\varphi_{13}}{R_{13} d\varphi_{13}} = \frac{u_3}{R_{13}}$$

PP_1 的正应变总共是

$$e_1 = e_1{}' + e_1{}'' + e_1{}''' = \frac{1}{H_1}\frac{\partial u_1}{\partial \alpha} + \frac{u_2}{R_{12}} + \frac{u_3}{R_{13}} \qquad [6\text{-}13\ (\text{a})]$$

将式（6-12）中 $1/R_{12}$，$1/R_{13}$ 代入式 $[6\text{-}13\ (\text{a})]$ 中得

$$e_1 = \frac{1}{H_1}\frac{\partial u_1}{\partial \alpha} + \frac{1}{H_1 H_2}\frac{\partial H_1}{\partial \beta}u_2 + \frac{1}{H_1 H_3}\frac{\partial H_1}{\partial \gamma}u_3 \qquad [6\text{-}13\ (\text{b})]$$

式 $[6\text{-}13\ (\text{b})]$ 即为微元弧 PP_1 的正应变的计算公式。接下来计算直角 $\angle P_1 PP_2$ 的切应变 e_{12}，切应变 e_{12} 由 PP_1 及 PP_2 在 $\alpha\beta$ 面内的相向的转角相加而成。由于 u_2，PP_1 在 $\alpha\beta$ 面内向 PP_2 的转角为

$$\frac{\left(u_2 + \dfrac{\partial u_2}{\partial s_1}ds_1\right) - u_2}{ds_1} = \frac{\partial u_2}{\partial s_1} = \frac{1}{H_1}\frac{\partial u_2}{\partial \alpha}$$

由于 u_1，PP_1 离 PP_2 的转角为 u_2/R_{12}，也即 PP_1 向 PP_2 转动了 $-u_1/R_{12}$ 的角度，于是 PP_1 向 PP_2 的转角总共为

$$\frac{1}{H_1}\frac{\partial u_2}{\partial \alpha} - \frac{u_1}{R_{12}}$$

同样可得 PP_2 向 PP_1 的总转角为

$$\frac{1}{H_2}\frac{\partial u_1}{\partial \beta} - \frac{u_2}{R_{21}}$$

将以上两项相加，得直角 $\angle P_1 PP_2$ 的切应变 e_{12} 为

$$e_{12} = \frac{1}{H_1}\frac{\partial u_2}{\partial \alpha} - \frac{u_1}{R_{12}} + \frac{1}{H_2}\frac{\partial u_1}{\partial \beta} - \frac{u_2}{R_{21}} \qquad [6\text{-}14\ (\text{a})]$$

将式（6-12）中 $1/R_{12}$ 和 $1/R_{21}$ 代入式（6-14a），切应变 e_{12} 为

$$
\begin{aligned}
e_{12} &= \frac{1}{H_1}\frac{\partial u_2}{\partial \alpha} - \frac{1}{H_1 H_2}\frac{\partial H_1}{\partial \beta}u_1 + \frac{1}{H_2}\frac{\partial u_1}{\partial \beta} - \frac{1}{H_2 H_1}\frac{\partial H_2}{\partial \alpha}u_2 \\
&= \frac{H_2}{H_1}\frac{\partial}{\partial \alpha}\left(\frac{u_2}{H_2}\right) + \frac{H_1}{H_2}\frac{\partial}{\partial \beta}\left(\frac{u_1}{H_1}\right) \qquad [6\text{-}14\ (\text{b})]
\end{aligned}
$$

在上面计算出的 PP_1 的正应变 e_1 的表达式和直角 $\angle P_1 PP_2$ 的切应变 e_{12} 的表达式中将角码 1、2、3 轮换，同时将坐标 α、β、γ 轮换，总共可以得到六个用位移分量表示的形变分量，其表达式为

$$
\left.
\begin{aligned}
e_1 &= \frac{1}{H_1}\frac{\partial u_1}{\partial \alpha} + \frac{1}{H_1 H_2}\frac{\partial H_1}{\partial \beta}u_2 + \frac{1}{H_1 H_3}\frac{\partial H_1}{\partial \gamma}u_3 \\[6pt]
e_2 &= \frac{1}{H_2}\frac{\partial u_2}{\partial \beta} + \frac{1}{H_2 H_3}\frac{\partial H_2}{\partial \gamma}u_3 + \frac{1}{H_2 H_1}\frac{\partial H_2}{\partial \alpha}u_1 \\[6pt]
e_3 &= \frac{1}{H_3}\frac{\partial u_3}{\partial \gamma} + \frac{1}{H_3 H_1}\frac{\partial H_3}{\partial \alpha}u_1 + \frac{1}{H_3 H_2}\frac{\partial H_3}{\partial \beta}u_2 \\[6pt]
e_{12} &= \frac{H_2}{H_1}\frac{\partial}{\partial \alpha}\left(\frac{u_2}{H_2}\right) + \frac{H_1}{H_2}\frac{\partial}{\partial \beta}\left(\frac{u_1}{H_1}\right) \\[6pt]
e_{23} &= \frac{H_3}{H_2}\frac{\partial}{\partial \beta}\left(\frac{u_3}{H_3}\right) + \frac{H_2}{H_3}\frac{\partial}{\partial \gamma}\left(\frac{u_2}{H_2}\right) \\[6pt]
e_{31} &= \frac{H_1}{H_3}\frac{\partial}{\partial \gamma}\left(\frac{u_1}{H_1}\right) + \frac{H_3}{H_1}\frac{\partial}{\partial \alpha}\left(\frac{u_3}{H_3}\right)
\end{aligned}
\right\} \qquad (6\text{-}15)
$$

式（6-15）即为在正交曲线坐标下弹性力学的几何方程。

6.3 壳体的正交曲线坐标

通过壳体中面上任一点 M 可做一根垂直于中面的直线，即中面法线。通过中面法线，可做无数多的平面与中面相交，得到无数曲线，即中面曲线，各中面曲线在 M 点的曲率一般并不相同（除非中面是圆球面），如图 6-4 所示。

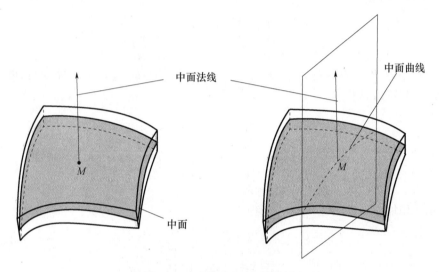

图 6-4　中面法线和中面曲线

现过 M 点的所有的中面曲线中有一根曲线曲率最大，相应的曲率半径最小，另有一与其正交的中面曲线，它的曲率最小，相应曲率半径最大，如图 6-5 所示。

如图 6-5 所示，中面上一点 M 处的两条相互正交的最大与最小的曲率称为中面在 M 点的主曲率，以 k_1、k_2 表示，相应的最大和最小的曲率半径称为中面在 M 点的主曲率半径，以 R_1、R_2 表示，注意在这里 $k_1 = 1/R_1$，$k_2 = 1/R_2$。

这两根有最大和最小曲率的曲线在 M 点的切线方向，称为中面在 M 点曲率主方向，如图 6-6 所示。可以证明，中面上任意一点，都有两个相互正交的曲率主方向。

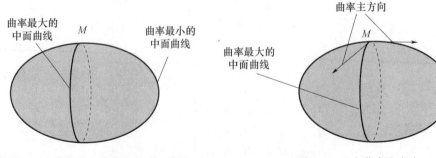

图 6-5　曲率最大和最小的中面曲线　　　　图 6-6　M 点曲率主方向

中面上的任意一点 M 都有两个互相正交的曲率主方向，过中面上任一点 M 作中面曲线，若此中面曲线的切线方向总是沿着中面的曲率主方向，则称该中面曲线为中面的曲率线，如图 6-7 所示。

在为壳体选择坐标时，为了得到最简单而普遍的基本方程和边界条件，我们把坐标线放在中面的曲率线和法线上：以中面的曲率线为 α 及 β 坐标线，以中面的法线为 γ 坐标线（指向中面的凸方），如图 6-8 所示。

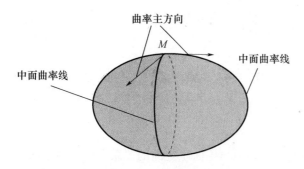

图 6-7　中面的曲率线

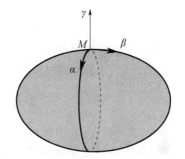

图 6-8　壳体的 α、β、γ 正交曲线坐标

过壳体中面内任一点 M（α，β，0）取一微小的曲线六面体，如图 6-9 所示，沿 α 及 β 方向的拉梅系数用 A 和 B 表示，即

$$(H_1)_{\gamma=0} = A, \quad (H_2)_{\gamma=0} = B \tag{6-16}$$

则在 M 点沿 α 及 β 方向的微分弧长 $\widehat{MM_1}$ 和 $\widehat{MM_2}$ 为

$$\widehat{MM_1} = \mathrm{d}s_1 = A\mathrm{d}\alpha, \quad \widehat{MM_2} = \mathrm{d}s_2 = B\mathrm{d}\beta \tag{6-17}$$

在壳体内的任一点 P（α，β，γ），如图 6-9所示，点 P 沿 α 方向拉密系数为 H_1，则通过 P 点沿 α 方向的微分弧长为 $\widehat{PP_1} = H_1\mathrm{d}\alpha$，由图 6-9 可见有比例关系

$$\frac{\widehat{PP_1}}{\widehat{MM_1}} = \frac{(R_1 + \gamma)\,\mathrm{d}\varphi}{R_1\mathrm{d}\varphi} = \frac{(R_1 + \gamma)}{R_1} \tag{6-18}$$

式中，R_1 为中面在 M 点沿 α 方向的主曲率半径。将 $\widehat{PP_1} = H_1\mathrm{d}\alpha$ 及 $\widehat{MM_1} = A\mathrm{d}\alpha$ 代入式（6-18）可以得到

$$\frac{H_1}{A} = 1 + \frac{\gamma}{R_1} = 1 + k_1\gamma$$

其中，$k_1 = 1/R_1$ 为中面在 M 点沿 α 方向的主曲率。同理，可得到点 P 沿 β 方向拉密系数为 H_2

$$\frac{H_2}{B} = 1 + \frac{\gamma}{R_2} = 1 + k_2\gamma$$

于是壳体内任一点 P 的拉梅系数 H_1 和

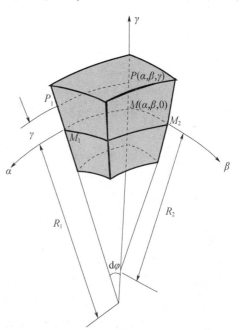

图 6-9　过中面 M 点的曲线六面体

H_2，可用 α 及 β 坐标与该点相同的中面内一点 M 的拉梅系数 A 和 B 表示为

$$H_1 = A\,(1 + k_1 \gamma),\quad H_2 = B\,(1 + k_2 \gamma) \tag{6-19}$$

由于 γ 为直线坐标，而且这个坐标的量纲通常取为长度，在壳体内的任意一点都有

$$H_3 = 1 \tag{6-20}$$

将式（6-19）及式（6-20）代入式（6-8）中，因为 A、B、k_1、k_2 都只是 α 和 β 的函数，与 γ 无关，所以式（6-8）的前两式恒成立，而第三式在中面上（$\gamma = 0$）成为

$$\frac{\partial}{\partial \alpha}\left(\frac{1}{A}\frac{\partial B}{\partial \alpha}\right) + \frac{\partial}{\partial \beta}\left(\frac{1}{B}\frac{\partial A}{\partial \beta}\right) = -k_1 k_2 AB \tag{6-21}$$

式（6-21）称为高斯条件。

同理，科达齐条件式（6-7）中的第三式为恒等式，而前两式在中面上（$\gamma = 0$）成为

$$\frac{\partial}{\partial \beta}(k_1 A) = k_2 \frac{\partial A}{\partial \beta},\quad \frac{\partial}{\partial \alpha}(k_2 B) = k_1 \frac{\partial B}{\partial \alpha} \tag{6-22}$$

式（6-22）称为科达齐条件。

高斯条件和科达齐条件表示中面内的拉梅系数与主曲率之间的关系，可以用来简化运算。

在壳体理论中，我们并不以壳体内一般点的位移、应变、应力为讨论对象，而是以中面位移、中面应变以及应力向中面简化而得到的中面内力作为讨论对象。下面的几节内容里，我们能将建立中面应变与中面位移之间的关系，得到壳体的几何方程；并建立中面应变与内力的关系，得出壳体的物理方程；建立中面内力与外荷载的关系，得出壳体的平衡微分方程；最后将壳体的边界条件用中面位移或内力表达出来。

6.4　基本假设

壳体理论的任务就是研究壳体在已知荷载作用下的内力和变形。假定壳体的材料是各向同性的并且服从胡克定律，其中各点的位移较其厚度小得多。相当多的实际问题都能满足这些限制，否则以下所得到的推论都是无效的。

类似直梁理论和薄板理论中引进了一些假设一样，为了建立薄壳理论，也引进了如下的基本假定：

（1）垂直于中面方向的正应变可以不计。

（2）变形前正交于中面的直线（即为法线），变形后仍保持为直线，而且中面法线及其垂直线段之间的直角保持不变，也就是该二方向的剪应变为零。

（3）与中面平等的截面上的正应力（即挤压应力）远小于其垂直面上的正应力，因此它对形变的影响可以不计。

（4）体力及面力均可化为作用于中面的荷载。

实践与研究工作证明，如果壳体的厚度 t 远小于壳体中面的最小曲率半径 R，即薄壳结构，上述假设和梁、板理论的基本假设一样，是符合实际情况的。研究结果表明，由此基本假设所引起的相对误差属于 t/R 量级，在实际工程结构中，薄壳的比值 t/R 常在 0.02 以下，则在计算时可以略去基本方程和边界条件中很小的量（随 t/R 减小而减小的量），使得这些基本方程在边界条件下求解，从而得到一些近似的但在工程上应用

已经够精确的解答。

采取上述假设可将壳体变形的问题简化为其中面的变形问题。

6.5 壳体的几何方程

壳体的几何方程实际上是 6.3 节中正交曲线坐标下弹性力学的几何方程（6-15）的特例。根据壳体理论中的第（1）个计算假设，采用 6.4 节中所介绍的正交曲线坐标，则有 $e_3 = 0$，并将公式（6-20）中 $H_3 = 1$ 代入正交曲线坐标下弹性力学的几何方程（6-15）中的第三式，即

$$e_3 = \frac{1}{H_3} \frac{\partial u_3}{\partial \gamma} + \frac{1}{H_3 H_1} \frac{\partial H_3}{\partial \alpha} u_1 + \frac{1}{H_3 H_2} \frac{\partial H_3}{\partial \beta} u_2 = 0$$

整理上式得

$$\frac{\partial u_3}{\partial \gamma} = 0$$

设中面上各点在中面法线方向（即 γ 方向）的位移为 w，以指向中面的凸方时为正，则由上式对 γ 积分得

$$u_3 = u_3 (\alpha, \beta) = w \qquad [6\text{-}23 \ (a)]$$

说明壳体内各点沿中面法线方向的位移 u_3 不随 γ 而变，所以可由中面法向位移 w 统一表示。

根据壳体理论中的第（2）个计算假定，采用 6.4 节中所介绍的正交曲线坐标，有 $e_{31} = 0$ 和 $e_{23} = 0$，代入正交曲线坐标下弹性力学的几何方程（6-15）中的第六式，即

$$e_{31} = \frac{H_1}{H_3} \frac{\partial}{\partial \gamma} \left(\frac{u_1}{H_1} \right) + \frac{H_3}{H_1} \frac{\partial}{\partial \alpha} \left(\frac{u_3}{H_3} \right) = 0$$

利用 $H_1 = A (1 + k_1 \gamma)$，$H_2 = B (1 + k_2 \gamma)$，$H_3 = 1$，并用 w 代替 u_3，可以得

$$e_{31} = A (1 + k_1 \gamma) \frac{\partial}{\partial \gamma} \left[\frac{u_1}{A (1 + k_1 \gamma)} \right] + \frac{\partial w}{A (1 + k_1 \gamma) \partial \alpha} = 0$$

对上式进行整理可得

$$\frac{\partial}{\partial \gamma} \left[\frac{u_1}{A (1 + k_1 \gamma)} \right] + \frac{1}{A^2 (1 + k_1 \gamma)^2} \frac{\partial w}{\partial \alpha} = 0$$

同理，由 $e_{23} = 0$，代入几何方程（6-15）中第五式，即得

$$\frac{\partial}{\partial \gamma} \left[\frac{u_2}{B (1 + k_2 \gamma)} \right] + \frac{1}{B^2 (1 + k_2 \gamma)^2} \frac{\partial w}{\partial \beta} = 0$$

上面两式对 γ 进行积分，从 0 到 γ，注意 w 不随着 γ 而变化，可得

$$\left. \left[\frac{u_1}{A (1 + k_1 \gamma)} \right] \right|_0^\gamma - \left. \left[\frac{1}{A^2 k_1 (1 + k_1 \gamma)} \right] \right|_0^\gamma \frac{\partial w}{\partial \alpha} = 0 \left.\vphantom{\begin{array}{c}1\\1\\1\\1\end{array}}\right\} \quad [6\text{-}23 \ (b)]$$

$$\left. \left[\frac{u_2}{B (1 + k_2 \gamma)} \right] \right|_0^\gamma - \left. \left[\frac{1}{B^2 k_2 (1 + k_2 \gamma)} \right] \right|_0^\gamma \frac{\partial w}{\partial \beta} = 0$$

设中面上各点沿 α 及 β 方向的位移分别为 u 和 v，即

$$u_1\big|_{\gamma=0}=u,\ \ u_2\big|_{\gamma=0}=v \qquad\qquad [\text{6-23（c）}]$$

将式［6-23（b）］展开，并将式［6-23（c）］代入式［6-23（b）］可得

$$\left[\frac{u_1}{A（1+k_1\gamma）}-\frac{u}{A}\right]-\left[\frac{1}{A^2 k_1（1+k_1\gamma）}-\frac{1}{A^2 k_1}\right]\frac{\partial w}{\partial\alpha}=0$$

$$\left[\frac{u_2}{B（1+k_2\gamma）}-\frac{v}{B}\right]-\left[\frac{1}{B^2 k_2（1+k_2\gamma）}-\frac{1}{B^2 k_2}\right]\frac{\partial w}{\partial\beta}=0$$

由上式求解 u_1 及 u_2，简化以后，与式［6-23（a）］联立，即得

$$\left.\begin{array}{l}u_1=（1+k_1\gamma）\ u-\dfrac{\gamma}{A}\dfrac{\partial w}{\partial\alpha}\\[2mm]u_2=（1+k_2\gamma）\ v-\dfrac{\gamma}{B}\dfrac{\partial w}{\partial\beta}\\[2mm]u_3=w\end{array}\right\} \qquad (6\text{-}24)$$

这一组方程是建立壳体位移状态的方程，它们把壳体中所有各点的位移用中面位移 u、v、w 来表示。

将式（6-19）、式（6-20）、式（6-24）代入几何方程（6-15）中的第一式、第二式及第四式，得

$$e_1=\frac{1}{A（1+k_1\gamma）}\frac{\partial}{\partial\alpha}\left[（1+k_1\gamma）\ u-\frac{\gamma}{A}\frac{\partial w}{\partial\alpha}\right]+\frac{k_1}{1+k_1\gamma}w+$$

$$\frac{\dfrac{\partial}{\partial\beta}\left[A（1+k_1\gamma）\right]}{AB（1+k_1\gamma）（1+k_2\gamma）}\left[（1+k_2\gamma）\ v-\frac{\gamma}{B}\frac{\partial w}{\partial\beta}\right] \qquad [\text{6-25（a）}]$$

$$e_2=\frac{1}{B（1+k_2\gamma）}\frac{\partial}{\partial\beta}\left[（1+k_2\gamma）\ v-\frac{\gamma}{B}\frac{\partial w}{\partial\beta}\right]+\frac{k_2}{1+k_2\gamma}w+$$

$$\frac{\dfrac{\partial}{\partial\alpha}\left[B（1+k_2\gamma）\right]}{AB（1+k_1\gamma）（1+k_2\gamma）}\left[（1+k_1\gamma）\ u-\frac{\gamma}{A}\frac{\partial w}{\partial\alpha}\right] \qquad [\text{6-25（b）}]$$

$$e_{12}=\frac{B（1+k_2\gamma）}{A（1+k_1\gamma）}\frac{\partial}{\partial\alpha}\frac{（1+k_2\gamma）\ v-\dfrac{\gamma}{B}\dfrac{\partial w}{\partial\beta}}{B（1+k_2\gamma）}+\frac{A（1+k_2\gamma）}{B（1+k_1\gamma）}\frac{\partial}{\partial\beta}\frac{（1+k_1\gamma）\ u-\dfrac{\gamma}{A}\dfrac{\partial w}{\partial\alpha}}{A（1+k_1\gamma）}$$

$$[\text{6-25（c）}]$$

在这组方程中将壳体中所有各点的应变都用中面位移 u、v、w 来表示。

在薄壳中，厚度 t 与中面主曲率半径 R 的比值，即 $t/R_1=k_1 t$ 及 $t/R_2=k_2 t$ 都远小于 1，注意 γ 的最大绝对值是 $t/2$，可见 $k_1\gamma$ 及 $k_2\gamma$ 与 1 相比，都是很小的数值。因此，$1+k_1\gamma$ 及 $1+k_2\gamma$ 都可以用 1 来代替。这样，［6-25（a）］、［6-25（b）］、［6-25（c）］三式可以简化为

$$e_1=\frac{1}{A}\frac{\partial u}{\partial\alpha}+\frac{\partial A}{\partial\beta}\frac{v}{AB}+k_1 w+\gamma\left[-\frac{1}{A}\frac{\partial}{\partial\alpha}\left(\frac{1}{A}\frac{\partial w}{\partial\alpha}\right)-\frac{1}{AB^2}\frac{\partial A}{\partial\beta}\frac{\partial w}{\partial\beta}\right]$$

$$e_2=\frac{1}{B}\frac{\partial v}{\partial\beta}+\frac{\partial B}{\partial\alpha}\frac{u}{AB}+k_2 w+\gamma\left[-\frac{1}{B}\frac{\partial}{\partial\beta}\left(\frac{1}{B}\frac{\partial w}{\partial\beta}\right)-\frac{1}{A^2 B}\frac{\partial B}{\partial\alpha}\frac{\partial w}{\partial\alpha}\right]$$

$$e_{12}=\frac{B}{A}\frac{\partial}{\partial\alpha}\left(\frac{v}{B}\right)+\frac{A}{B}\frac{\partial}{\partial\beta}\left(\frac{u}{A}\right)+2\gamma\left[-\frac{1}{AB}\frac{\partial^2 w}{\partial\alpha\partial\beta}+\frac{1}{A^2 B}\frac{\partial A}{\partial\beta}\frac{\partial w}{\partial\alpha}+\frac{1}{AB^2}\frac{\partial B}{\partial\alpha}\frac{\partial w}{\partial\beta}\right]$$

将上列三式简写为

$$e_1 = \varepsilon_1 + \chi_1 \gamma, \ \ e_2 = \varepsilon_2 + \chi_2 \gamma, \ \ e_{12} = \varepsilon_{12} + \chi_{12} \gamma \tag{6-26}$$

则其中的 ε_1、ε_2、ε_{12}、χ_1、χ_2、χ_{12} 分别为

$$\left.\begin{aligned}
\varepsilon_1 &= \frac{1}{A}\frac{\partial u}{\partial \alpha} + \frac{1}{AB}\frac{\partial A}{\partial \beta}v + k_1 w \\[2mm]
\varepsilon_2 &= \frac{1}{B}\frac{\partial v}{\partial \beta} + \frac{1}{AB}\frac{\partial B}{\partial \alpha}u + k_2 w \\[2mm]
\varepsilon_{12} &= \frac{A}{B}\frac{\partial}{\partial \beta}\left(\frac{u}{A}\right) + \frac{B}{A}\frac{\partial}{\partial \alpha}\left(\frac{v}{B}\right) \\[2mm]
\chi_1 &= -\frac{1}{A}\frac{\partial}{\partial \alpha}\left(\frac{1}{A}\frac{\partial w}{\partial \alpha}\right) - \frac{1}{AB^2}\frac{\partial A}{\partial \beta}\frac{\partial w}{\partial \beta} \\[2mm]
\chi_2 &= -\frac{1}{B}\frac{\partial}{\partial \beta}\left(\frac{1}{B}\frac{\partial w}{\partial \beta}\right) - \frac{1}{A^2 B}\frac{\partial B}{\partial \alpha}\frac{\partial w}{\partial \alpha} \\[2mm]
\chi_{12} &= -\frac{1}{AB}\left(\frac{\partial^2 w}{\partial \alpha \partial \beta} - \frac{1}{A}\frac{\partial A}{\partial \beta}\frac{\partial w}{\partial \alpha} - \frac{1}{B}\frac{\partial B}{\partial \alpha}\frac{\partial w}{\partial \beta}\right)
\end{aligned}\right\} \qquad [\text{6-27 (a)}]$$

现在来说明 ε_1、ε_2、ε_{12}、χ_1、χ_2、χ_{12} 的意义。由式（6-26）得

$$e_1|_{\gamma=0} = \varepsilon_1, \ \ e_2|_{\gamma=0} = \varepsilon_2, \ \ e_{12}|_{\gamma=0} = \varepsilon_{12}$$

于是可见：ε_1 和 ε_2 分别表示中面内各点沿 α 及 β 方向的正应变，ε_{12} 为中面内各点沿 α 及 β 方向的切应变。χ_1 和 χ_2 为中面内各点的主曲率 k_1 和 k_2 的改变，χ_{12} 为中面内各点沿 α 及 β 方向扭矩的改变，也就是扭率。

当 ε_1、ε_2、ε_{12}、χ_1、χ_2、χ_{12} 已知时，薄壳内各点的应变 e_1、e_2、e_{12} 可由式（6-26）求得，其余三个应变按照计算假定等于零，即 $e_3 = 0$，$e_{23} = 0$，$e_{31} = 0$。这就使得整个薄壳的形变状态成为已知。因此，式 [6-27（a）] 表示的六个中面形变完全可以确定薄壳的形变状态，它表明中面形变与中面位移之间的关系的方程式，所以式 [6-27（a）] 就是薄壳的几何方程。

还有两种几何方程，与式 [6-27（a）] 所示的几何方程相比，只是近似方式不同而已，即符拉索夫方程和科尔库诺夫方程，形式分别如下

$$\left.\begin{aligned}
\varepsilon_1 &= \frac{1}{A}\frac{\partial u}{\partial \alpha} + \frac{1}{AB}\frac{\partial A}{\partial \beta}v + k_1 w \\[2mm]
\varepsilon_2 &= \frac{1}{B}\frac{\partial v}{\partial \beta} + \frac{1}{AB}\frac{\partial B}{\partial \alpha}u + k_2 w \\[2mm]
\varepsilon_{12} &= \frac{A}{B}\frac{\partial}{\partial \beta}\left(\frac{u}{A}\right) + \frac{B}{A}\frac{\partial}{\partial \alpha}\left(\frac{v}{B}\right) \\[2mm]
\chi_1 &= \frac{\partial k_1}{\partial \alpha}\frac{u}{A} + \frac{\partial k_1}{\partial \beta}\frac{v}{A} - k_1^2 w - \frac{1}{A}\frac{\partial}{\partial \alpha}\left(\frac{1}{A}\frac{\partial w}{\partial \alpha}\right) - \frac{1}{AB^2}\frac{\partial A}{\partial \beta}\frac{\partial w}{\partial \beta} \\[2mm]
\chi_2 &= \frac{\partial k_2}{\partial \beta}\frac{v}{B} + \frac{\partial k_2}{\partial \alpha}\frac{u}{A} - k_2^2 w - \frac{1}{B}\frac{\partial}{\partial \beta}\left(\frac{1}{B}\frac{\partial w}{\partial \beta}\right) - \frac{1}{A^2 B}\frac{\partial B}{\partial \alpha}\frac{\partial w}{\partial \alpha} \\[2mm]
\chi_{12} &= \frac{k_1 - k_2}{2}\left[\frac{A}{B}\frac{\partial}{\partial \beta}\left(\frac{u}{A}\right) - \frac{B}{A}\frac{\partial}{\partial \alpha}\left(\frac{v}{B}\right)\right] - \frac{1}{AB}\left(\frac{\partial^2 w}{\partial \alpha \partial \beta} - \frac{1}{A}\frac{\partial A}{\partial \beta}\frac{\partial w}{\partial \alpha} - \frac{1}{B}\frac{\partial B}{\partial \alpha}\frac{\partial w}{\partial \beta}\right)
\end{aligned}\right\}$$

$$[\text{6-27 (b)}]$$

$$
\left.
\begin{array}{l}
\varepsilon_1 = \dfrac{1}{A}\dfrac{\partial u}{\partial \alpha} + \dfrac{1}{AB}\dfrac{\partial A}{\partial \beta}v + k_1 w \\[3mm]
\varepsilon_2 = \dfrac{1}{B}\dfrac{\partial v}{\partial \beta} + \dfrac{1}{AB}\dfrac{\partial B}{\partial \alpha}u + k_2 w \\[3mm]
\varepsilon_{12} = \dfrac{A}{B}\dfrac{\partial}{\partial \beta}\left(\dfrac{u}{A}\right) + \dfrac{B}{A}\dfrac{\partial}{\partial \alpha}\left(\dfrac{v}{B}\right) \\[3mm]
\chi_1 = -\dfrac{1}{A}\dfrac{\partial}{\partial \alpha}\left(\dfrac{1}{A}\dfrac{\partial w}{\partial \alpha} - k_1 u\right) - \dfrac{1}{AB}\dfrac{\partial A}{\partial \beta}\left(\dfrac{1}{B}\dfrac{\partial w}{\partial \beta} - k_2 v\right) \\[3mm]
\chi_2 = -\dfrac{1}{B}\dfrac{\partial}{\partial \beta}\left(\dfrac{1}{B}\dfrac{\partial w}{\partial \beta} - k_2 v\right) - \dfrac{1}{AB}\dfrac{\partial B}{\partial \alpha}\left(\dfrac{1}{A}\dfrac{\partial w}{\partial \alpha} - k_1 u\right) \\[3mm]
\chi_{12} = -\dfrac{1}{2}\left[\dfrac{B}{A}\dfrac{\partial}{\partial \alpha}\dfrac{1}{B}\left(\dfrac{1}{B}\dfrac{\partial w}{\partial \beta} - k_2 v\right) + \dfrac{A}{B}\dfrac{\partial}{\partial \beta}\dfrac{1}{A}\left(\dfrac{1}{A}\dfrac{\partial w}{\partial \alpha} - k_1 u\right)\right]
\end{array}
\right\}
\quad [6\text{-}27（c）]
$$

6.6　壳体的内力及物理方程

在本节中我们把壳体横截面上的应力向中面简化，得出壳体的内力，并导出壳体内力与中面应变之间的关系式，即壳体的物理方程。

在 α 面上（α 为常量的横截面）作用于中面单位宽度上的拉压力用 F_{T1} 表示，平错力用 F_{T12} 表示；在 β 面上（β 为常量的横截面）相应的拉压力为 F_{T2}，平错力用 F_{T21} 表示。这四个内力称为中面内力或薄膜内力，是薄膜横截面可能存在的内力，如图 6-10（a）所示。在 α 面上，作用于单位宽度上的弯矩用 M_1 表示，横向剪力为 F_{S1}，扭矩为 M_{12}；在 β 面上，相应的弯矩用 M_2 表示，横向剪力为 F_{S2}，扭矩为 M_{21}。这六个内力称为平板内力或弯曲内力，是薄板发生小挠度弯曲时所具有的内力，如图 6-10（b）所示。

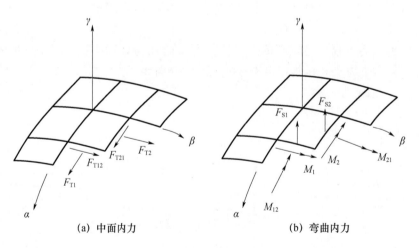

(a) 中面内力　　　　　(b) 弯曲内力

图 6-10　壳体的内力

上述内力，是中面单位宽度范围内横截面上的应力向中面简化以后的力或力矩。例如，应力分量 σ_1 简化为拉压力 F_{T1} 和弯矩 M_1，其中拉压力 F_{T1} 为

$$F_{T1} = \frac{1}{B d\beta} \int_{\gamma = -t/2}^{\gamma = t/2} \sigma_1 (H_2 d\beta)(H_3 d\gamma)$$

注意 B 与 $d\beta$ 不随 γ 改变，同时 $H_3 = 1$，$H_2 = B(1 + k_2 \gamma)$，从而上式可以改写为

$$F_{T1} = \int_{-t/2}^{t/2} \sigma_1 (1 + k_2 \gamma) d\gamma$$

弯矩 M_1 为

$$M_1 = \frac{1}{B d\beta} \int_{\gamma = -t/2}^{\gamma = t/2} \sigma_1 (H_2 d\beta)(H_3 d\gamma)\gamma = \int_{\gamma = -t/2}^{\gamma = t/2} \frac{\sigma_1 (H_2 d\beta)(H_3 d\gamma)\gamma}{B d\beta} = \int_{-t/2}^{t/2} \sigma_1 (1 + k_2 \gamma)\gamma d\gamma$$

其余类推，这样总共得出四个中面（薄膜）内力及六个弯曲内力

$$\left.\begin{aligned}
F_{T1} &= \int_{-t/2}^{t/2} \sigma_1 (1 + k_2 \gamma) d\gamma \\
F_{T2} &= \int_{-t/2}^{t/2} \sigma_2 (1 + k_1 \gamma) d\gamma \\
F_{T12} &= \int_{-t/2}^{t/2} \tau_{12} (1 + k_2 \gamma) d\gamma \\
F_{T21} &= \int_{-t/2}^{t/2} \tau_{21} (1 + k_1 \gamma) d\gamma \\
M_1 &= \int_{-t/2}^{t/2} \sigma_1 (1 + k_2 \gamma)\gamma d\gamma \\
M_2 &= \int_{-t/2}^{t/2} \sigma_2 (1 + k_1 \gamma)\gamma d\gamma \\
M_{12} &= \int_{-t/2}^{t/2} \tau_{12} (1 + k_2 \gamma)\gamma d\gamma \\
M_{21} &= \int_{-t/2}^{t/2} \tau_{21} (1 + k_1 \gamma)\gamma d\gamma \\
F_{S1} &= \int_{-t/2}^{t/2} \tau_{13} (1 + k_2 \gamma) d\gamma \\
F_{S2} &= \int_{-t/2}^{t/2} \tau_{23} (1 + k_1 \gamma) d\gamma
\end{aligned}\right\} \qquad [6\text{-}28\ (a)]$$

虽然，按照切应力的互等定理有 $\tau_{12} = \tau_{21}$，但平错力 F_{T12} 和 F_{T21} 一般并不互等；由于中面在 α 方向的主曲率 k_1 和其在 β 方向的主曲率 k_2 一般并不相同，扭矩一般也不互等，即 $M_{12} \neq M_{21}$。

根据壳体理论的第（3）条假设，不计 σ_3 对形变的影响，可以得出和薄板弯曲问题中相同形式的物理方程

$$\sigma_1 = \frac{E}{1 - \mu^2}(e_1 + \mu e_2)$$

$$\sigma_2 = \frac{E}{1 - \mu^2}(e_2 + \mu e_1)$$

$$\tau_{12} = G e_{12} = \frac{E}{2(1 + \mu)} e_{12}$$

现将式（6-26）代入上式，得

$$\left.\begin{array}{l}\sigma_1 = \dfrac{E}{1-\mu^2}\big[\ (\varepsilon_1+\mu\varepsilon_2)\ +\ (\chi_1+\mu\chi_2)\ \gamma\big] \\[3mm] \sigma_2 = \dfrac{E}{1-\mu^2}\big[\ (\varepsilon_2+\mu\varepsilon_1)\ +\ (\chi_2+\mu\chi_1)\ \gamma\big] \\[3mm] \tau_{12}=\dfrac{E}{2\ (1+\mu)}\ (\varepsilon_{12}+2\chi_{12}\gamma)\end{array}\right\} \qquad [6\text{-}28\ (b)]$$

于是式〔6-28（a）〕中的前 8 个内力可用中面应变表示为

$$\left.\begin{array}{l} F_{T1}=\dfrac{E}{1-\mu^2}\displaystyle\int_{-t/2}^{t/2}(1+k_2\gamma)[\ (\varepsilon_1+\mu\varepsilon_2)+(\chi_1+\mu\chi_2)\gamma]\mathrm{d}\gamma \\[3mm] F_{T2}=\dfrac{E}{1-\mu^2}\displaystyle\int_{-t/2}^{t/2}(1+k_1\gamma)[\ (\varepsilon_2+\mu\varepsilon_1)+(\chi_2+\mu\chi_1)\gamma]\mathrm{d}\gamma \\[3mm] F_{T12}=\dfrac{E}{2(1+\mu)}\displaystyle\int_{-t/2}^{t/2}(1+k_2\gamma)(\varepsilon_{12}+2\chi_{12}\gamma)\mathrm{d}\gamma \\[3mm] F_{T21}=\dfrac{E}{2(1+\mu)}\displaystyle\int_{-t/2}^{t/2}(1+k_1\gamma)(\varepsilon_{12}+2\chi_{12}\gamma)\mathrm{d}\gamma \\[3mm] M_1=\dfrac{E}{1-\mu^2}\displaystyle\int_{-t/2}^{t/2}(1+k_2\gamma)[\ (\varepsilon_1+\mu\varepsilon_2)+(\chi_1+\mu\chi_2)\gamma]\gamma\mathrm{d}\gamma \\[3mm] M_2=\dfrac{E}{1-\mu^2}\displaystyle\int_{-t/2}^{t/2}(1+k_1\gamma)[\ (\varepsilon_2+\mu\varepsilon_1)+(\chi_2+\mu\chi_1)\gamma]\gamma\mathrm{d}\gamma \\[3mm] M_{12}=\dfrac{E}{2(1+\mu)}\displaystyle\int_{-t/2}^{t/2}(1+k_2\gamma)(\varepsilon_{12}+2\chi_{12}\gamma)\gamma\mathrm{d}\gamma \\[3mm] M_{21}=\dfrac{E}{2(1+\mu)}\displaystyle\int_{-t/2}^{t/2}(1+k_1\gamma)(\varepsilon_{12}+2\chi_{12}\gamma)\gamma\mathrm{d}\gamma\end{array}\right\} \quad [6\text{-}28\ (c)]$$

对式〔6-28（c）〕中各式进行积分计算之后得

$$\left.\begin{array}{l} F_{T1}=\dfrac{Et}{1-\mu^2}\Big[\ (\varepsilon_1+\mu\varepsilon_2)+\dfrac{t^2}{12}k_2(\chi_1+\mu\chi_2)\Big] \\[3mm] F_{T2}=\dfrac{Et}{1-\mu^2}\Big[\ (\varepsilon_2+\mu\varepsilon_1)+\dfrac{t^2}{12}k_1(\chi_2+\mu\chi_1)\Big] \\[3mm] F_{T12}=\dfrac{Et}{2(1+\mu)}\Big(\varepsilon_{12}+\dfrac{t^2}{6}k_2\chi_{12}\Big) \\[3mm] F_{T21}=\dfrac{Et}{2(1+\mu)}\Big(\varepsilon_{12}+\dfrac{t^2}{6}k_1\chi_{12}\Big) \\[3mm] M_1=\dfrac{Et^3}{12(1-\mu^2)}\big[\ (\chi_1+\mu\chi_2)+k_2(\varepsilon_1+\mu\varepsilon_2)\big] \\[3mm] M_2=\dfrac{Et^3}{12(1-\mu^2)}\big[\ (\chi_2+\mu\chi_1)+k_1(\varepsilon_2+\mu\varepsilon_1)\big] \\[3mm] M_{12}=\dfrac{Et^3}{12(1+\mu)}\Big(\chi_{12}+\dfrac{k_2}{2}\varepsilon_{12}\Big) \\[3mm] M_{12}=\dfrac{Et^3}{12(1+\mu)}\Big(\chi_{12}+\dfrac{k_1}{2}\varepsilon_{12}\Big)\end{array}\right\} \qquad (6\text{-}29)$$

式（6-29）就是壳体的物理方程，它们表示内力与中面应变之间的关系。

对于薄壳，可将式［6-28（c）］中的 $1+k_1\gamma$ 和 $1+k_2\gamma$ 用 1 来代替，这样在式（6-29）所示的积分结果中，就将不出现因子 k_1 和 k_2 的各项，则式（6-29）化简为

$$
\left.
\begin{aligned}
F_{T1} &= \frac{Et}{1-\mu^2}(\varepsilon_1 + \mu\varepsilon_2) \\
F_{T2} &= \frac{Et}{1-\mu^2}(\varepsilon_2 + \mu\varepsilon_1) \\
F_{T12} &= F_{T21} = \frac{Et}{2(1+\mu)}\varepsilon_{12} \\
M_1 &= D(\chi_1 + \mu\chi_2) \\
M_2 &= D(\chi_2 + \mu\chi_1) \\
M_{12} &= M_{21} = (1-\mu)D\chi_{12}
\end{aligned}
\right\}
\tag{6-30}
$$

其中 $D = \dfrac{Et^3}{12(1-\mu^2)}$ 为薄壳的抗弯刚度，式（6-30）即为薄壳结构的物理方程。

对于薄壳，可以通过式（6-30）导出由内力直接求得主要应力的公式。其过程为：由式（6-30）解出 $\varepsilon_1 + \mu\varepsilon_2$、$\varepsilon_2 + \mu\varepsilon_1$、$\varepsilon_{12}$、$\chi_1 + \mu\chi_2$、$\chi_2 + \mu\chi_2$ 和 χ_{12}，然后代入式［6-28（b）］，并注意到 $D = \dfrac{Et^3}{12(1-\mu^2)}$，即得到主要应力的计算公式

$$
\left.
\begin{aligned}
\sigma_1 &= \frac{F_{T1}}{t} + \frac{12M_1}{t^3}\gamma \\
\sigma_2 &= \frac{F_{T2}}{t} + \frac{12M_2}{t^3}\gamma \\
\tau_{12} &= \tau_{21} = \frac{F_{T12}}{t} + \frac{12M_{12}}{t^3}\gamma
\end{aligned}
\right\}
\tag{6-31}
$$

由此可见，在薄壳中，平面（薄膜）内力 F_{T1}、F_{T2}、F_{T12} 引起的薄膜应力沿厚度均匀分布，弯矩 M_1、M_2 及扭矩 M_{12} 引起的弯扭应力是沿厚度按直线变化而在中面处为零。对于次要应力即横向切应力 τ_{13} 和 τ_{23} 的计算，通常采用薄板小挠度弯曲问题的计算公式，即

$$
\tau_{13} = \frac{6F_{S1}}{t^3}\left(\frac{t^2}{4} - \gamma^2\right), \quad \tau_{23} = \frac{6F_{S2}}{t^3}\left(\frac{t^2}{4} - \gamma^2\right)
$$

至于挤压应力 σ_3，则完全不必计算。

6.7 壳体的平衡微分方程

本节要建立壳体的内力与壳体所受荷载之间的关系，也就是导出壳体的平衡方程。现考虑任一微元壳体 $PP_1P_2P_3$ 的平衡，正交曲线坐标系 $P\alpha\beta\gamma$，如图 6-11 所示。在图中，为了简明起见，只画出这个微元壳体的中面，把弯矩和扭矩（用双箭头的矩矢表示）画在另一张图［图 6-11（a）］上，把中面内力和横向剪力画在一个图［图 6-11（b）］上。图中的 q_1、q_2、q_3 按照计算假定第（4）条得出的为每单位中面面积范围内的荷载，包括体力和面力在内。

现在列出所有的内力沿 α、β、γ 轴上的投影和所有的内力对 α、β、γ 轴力矩的投

影，即可得到一组平衡方程，在列这组平衡方程时略去三阶及三阶以上的微量。

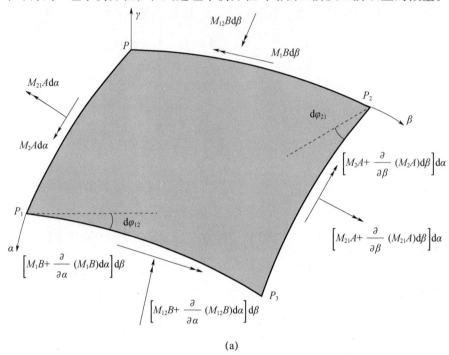

(a)

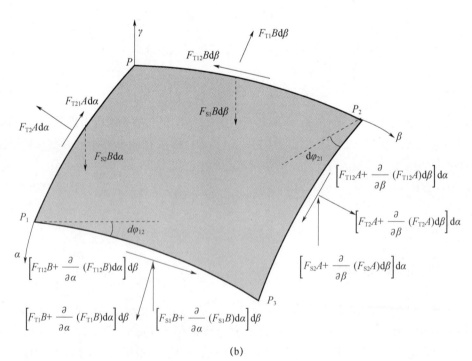

(b)

图 6-11　微单元内力图

考虑各力在 $P\alpha$ 轴上的投影，从而建立平衡方程 $\sum F_\alpha = 0$。

F_{T1} 在 P_1P_3 边上有投影 $\left[F_{T1}B + \dfrac{\partial}{\partial\alpha}(F_{T1}B)\mathrm{d}\alpha\right]\mathrm{d}\beta$，沿 $P\alpha$ 正向，F_{T1} 在 PP_2 边上有投影

$F_{T1}B\mathrm{d}\beta$，沿 $P\alpha$ 的负向，结果得投影

$$\left[F_{T1}B + \frac{\partial}{\partial\alpha}(F_{T1}B)\mathrm{d}\alpha\right]\mathrm{d}\beta + F_{T1}B\mathrm{d}\beta = \frac{\partial}{\partial\alpha}(BF_{T1})\,\mathrm{d}\alpha\mathrm{d}\beta \qquad [6\text{-}32\,(\text{a})]$$

由于 F_{T2}，在 P_2P_3 边上的 $F_{T2}A\mathrm{d}\alpha$ 有投影

$$-F_{T2}A\mathrm{d}\alpha\sin\mathrm{d}\varphi_{21} = -F_{T2}A\mathrm{d}\alpha\mathrm{d}\varphi_{21} = -F_{T2}A\mathrm{d}\alpha\frac{\left(B + \dfrac{\partial B}{\partial\alpha}\mathrm{d}\alpha\right)\mathrm{d}\beta - B\mathrm{d}\beta}{A\mathrm{d}\alpha}$$

$$= -\frac{\partial B}{\partial\alpha}F_{T2}\mathrm{d}\alpha\mathrm{d}\beta \qquad [6\text{-}32\,(\text{b})]$$

由于 F_{T12}，在 P_1P_3 边上的 $F_{T12}B\mathrm{d}\beta$ 有投影

$$F_{T12}B\mathrm{d}\beta\sin\mathrm{d}\varphi_{12} = F_{T12}B\mathrm{d}\beta\mathrm{d}\varphi_{12} = F_{T12}B\mathrm{d}\beta\frac{\left(A + \dfrac{\partial A}{\partial\beta}\mathrm{d}\beta\right)\mathrm{d}\alpha - A\mathrm{d}\alpha}{B\mathrm{d}\beta} = \frac{\partial A}{\partial\beta}F_{T12}\mathrm{d}\alpha\mathrm{d}\beta$$

$$[6\text{-}32\,(\text{c})]$$

由于 F_{T21}，在 PP_1 上投影为 $F_{T21}A\mathrm{d}\alpha$，沿 $P\alpha$ 负向，在 P_2P_3 边上投影为 $\left[F_{T21}A + \frac{\partial}{\partial\beta}(F_{T21}A)\mathrm{d}\beta\right]\mathrm{d}\alpha$，沿 $P\alpha$ 的正向，结果得投影

$$-F_{T21}A\mathrm{d}\alpha + \left[F_{T21}A + \frac{\partial}{\partial\beta}(F_{T21}A)\mathrm{d}\beta\right]\mathrm{d}\alpha = \frac{\partial}{\partial\beta}(AF_{T21})\mathrm{d}\alpha\mathrm{d}\beta \qquad [6\text{-}32\,(\text{d})]$$

由于 F_{S1} 只是在 P_1P_3 边上的 $F_{S1}B\mathrm{d}\beta$ 有投影

$$F_{S1}B\mathrm{d}\beta\sin\frac{A\mathrm{d}\alpha}{R_1} = ABk_1F_{S1}\mathrm{d}\alpha\mathrm{d}\beta \qquad [6\text{-}32\,(\text{e})]$$

由于 F_{S2} 只有三阶微量的投影，可略去不计。由于荷载 q_1，有投影

$$q_1(A\mathrm{d}\alpha)(B\mathrm{d}\beta) = ABq_1\mathrm{d}\alpha\mathrm{d}\beta \qquad [6\text{-}32\,(\text{f})]$$

将所有以上的各个投影 [6-32（a）] 至 [6-32（f）] 相加，并令总和等于零，再除以 $\mathrm{d}\alpha\mathrm{d}\beta$，即得相应于 $\sum F_\alpha = 0$ 的投影方程

$$\frac{\partial}{\partial\alpha}(BF_{T1}) - \frac{\partial B}{\partial\alpha}F_{T2} + \frac{\partial A}{\partial\beta}F_{T12} + \frac{\partial}{\partial\beta}(AF_{T21}) + ABk_1F_{S1} + ABq_1 = 0 \quad [6\text{-}32\,(\text{g})]$$

同理可以得到 $\sum F_\beta = 0$ 和 $\sum F_\gamma = 0$ 的投影的平衡方程。

将所有各力对轴 $P\alpha$，$P\beta$，$P\gamma$ 求矩，可得相应于 $\sum M_\alpha = 0$、$\sum M_\beta = 0$、$\sum M_\gamma = 0$ 的平衡方程。注意，在求矩时，不但要考虑图 6-11（a）中的弯矩和扭矩，还需要考虑图 6-11（b）中各力的矩。

这样，总共得出六个平衡方程如下：

$$\left.\begin{aligned}
&\frac{\partial}{\partial\alpha}(BF_{T1}) - \frac{\partial B}{\partial\alpha}F_{T2} + \frac{\partial A}{\partial\beta}F_{T12} + \frac{\partial}{\partial\beta}(AF_{T21}) + ABk_1F_{S1} + ABq_1 = 0 \\[4pt]
&\frac{\partial}{\partial\beta}(AF_{T2}) - \frac{\partial A}{\partial\beta}F_{T1} + \frac{\partial B}{\partial\alpha}F_{T21} + \frac{\partial}{\partial\alpha}(BF_{T12}) + ABk_2F_{S2} + ABq_2 = 0 \\[4pt]
&-AB(k_1F_{T1} + k_2F_{T2}) + \frac{\partial}{\partial\alpha}(BF_{S1}) + \frac{\partial}{\partial\beta}(AF_{S2}) + ABq_3 = 0 \\[4pt]
&\frac{\partial}{\partial\alpha}(BM_{12}) + \frac{\partial B}{\partial\alpha}M_{21} - \frac{\partial A}{\partial\beta}M_1 + \frac{\partial}{\partial\beta}(AM_2) - ABF_{S2} = 0 \\[4pt]
&\frac{\partial}{\partial\beta}(AM_{21}) + \frac{\partial A}{\partial\beta}M_{12} - \frac{\partial B}{\partial\alpha}M_2 + \frac{\partial}{\partial\alpha}(BM_1) - ABF_{S1} = 0
\end{aligned}\right\} \quad [6\text{-}33\,(\text{a})]$$

$$F_{T12} - F_{T21} + k_1 M_{12} - k_2 M_{21} = 0 \qquad\qquad [6\text{-}33\ (\text{b})]$$

方程〔6-33（a）〕就是壳的平衡微分方程。对于式〔6-33（b）〕，如果把物理方程中的 F_{T12}、F_{T21}、M_{12}、M_{21} 代入，恒满足，因而不列为基本方程之一。

对于薄壳，可以按照物理方程（6-30），用 F_{T12} 代替 F_{T21}，用 M_{12} 代替 M_{21}，于是平衡微分方程〔6-33（a）〕可以化简为

$$\left.\begin{aligned}
&\frac{\partial}{\partial \alpha}(BF_{T1}) - \frac{\partial B}{\partial \alpha}F_{T2} + \frac{\partial A}{\partial \beta}F_{T12} + \frac{\partial}{\partial \beta}(AF_{T12}) + ABk_1 F_{S1} + ABq_1 = 0 \\[4pt]
&\frac{\partial}{\partial \beta}(AF_{T2}) - \frac{\partial A}{\partial \beta}F_{T1} + \frac{\partial B}{\partial \alpha}F_{T12} + \frac{\partial}{\partial \alpha}(BF_{T12}) + ABk_2 F_{S2} + ABq_2 = 0 \\[4pt]
&-AB(k_1 F_{T1} + k_2 F_{T2}) + \frac{\partial}{\partial \alpha}(BF_{S1}) + \frac{\partial}{\partial \beta}(AF_{S2}) + ABq_3 = 0 \\[4pt]
&\frac{\partial}{\partial \alpha}(BM_{12}) + \frac{\partial B}{\partial \alpha}M_{12} - \frac{\partial A}{\partial \beta}M_1 + \frac{\partial}{\partial \beta}(AM_2) - ABF_{S2} = 0 \\[4pt]
&\frac{\partial}{\partial \beta}(AM_{12}) + \frac{\partial A}{\partial \beta}M_{12} - \frac{\partial B}{\partial \alpha}M_2 + \frac{\partial}{\partial \alpha}(BM_1) - ABF_{S1} = 0
\end{aligned}\right\} \qquad (6\text{-}34)$$

现在对于薄壳来说，基本方程有 17 个：6 个几何方程（6-27）；6 个物理方程（6-30）；5 个平衡微分方程（6-34）。这 17 个基本方程包含 17 个未知数：8 个内力 F_{T1}、F_{T2}、F_{T12}、M_1、M_2、M_{12}、F_{S1}、F_{S2}，6 个中面形变 ε_1、ε_2、ε_{12}、χ_1、χ_2、χ_{12}，3 个中面位移 u、v、w。各方程中的 A、B、k_1、k_2 分别是 α 和 β 的已知函数。

6.8　壳体的边界条件

壳体的边界条件分壳面和壳边两种。在壳面上，壳体一般都不受任何约束，所以没有位移边界条件，同时壳面上的面力和体力都归到荷载中，所以也没有应力边界条件，这就是说，壳面上没有任何边界条件，只须考虑壳边上的边界条件。

按上述理解，闭合壳体虽没有边界条件，但是，如果壳体在 α 或 β 方向是闭合的，而中面上任一点的位移、形变、内力必须是单值的，所以位移、应变、内力必须是坐标 α 或 β 的周期函数，而且函数的周期性应当能使得位移、应变、内力具有上述的单值性，这样，在闭合壳体中，边界条件由周期性条件代替。

当壳体为开口壳时，就有壳体的边界条件需要满足。假定壳体只有垂直于 α 或 β 坐标线的壳边，因而在每一个边界上有 $\alpha = \alpha_0$ 或 $\beta = \beta_0$，其中 α_0 或 β_0 是常量。

6.8.1　位移边界条件

以 $\alpha = \alpha_0$ 的边界为例。由于已经假定中面法线在变形后保持为直法线而且没有伸缩（$e_3 = 0$），中面法线与中面的交点的位移 u、v、w 以及中面法线绕 β 坐标线的转角 $\dfrac{\partial u_1}{\partial \gamma}$ 就完全确定这个边界在壳体变形后的位置。于是，这个边界上的边界条件可以写为

在 $\alpha = \alpha_0$ 处：

$$u\,|\,_{\alpha=\alpha_0}=f_1\,(\beta)\,,\ v\,|\,_{\alpha=\alpha_0}=f_2\,(\beta)$$
$$w\,|\,_{\alpha=\alpha_0}=f_3\,(\beta)\,,\ \frac{\partial u_1}{\partial\gamma}\bigg|_{\alpha=\alpha_0}=f_4\,(\beta)$$
$$[6\text{-}35\ (a)]$$

式中，$f_1(\beta)$ 至 $f_4(\beta)$ 是已知的函数。注意转角 $\dfrac{\partial u_1}{\partial\gamma}$ 可以通过式（6-24）中的第一式用中面位移表示为

$$\frac{\partial u_1}{\partial\gamma}=k_1u-\frac{1}{A}\frac{\partial w}{\partial\alpha}$$

可见边界条件 [6-35（a）] 可以用中面位移表示为

$$u\,|\,_{\alpha=\alpha_0}=f_1\,(\beta)\,,\ v\,|\,_{\alpha=\alpha_0}=f_2\,(\beta)$$
$$w\,|\,_{\alpha=\alpha_0}=f_3\,(\beta)\,,\ \left(k_1u-\frac{1}{A}\frac{\partial w}{\partial\alpha}\right)_{\alpha=\alpha_0}=f_4\,(\beta)$$
$$[6\text{-}35\ (b)]$$

如果在 $\alpha=\alpha_0$ 边界处现在受完全约束的边界，即所谓固定边，则有固定边边界条件

$$u\,|\,_{\alpha=\alpha_0}=0\,,\ v\,|\,_{\alpha=\alpha_0}=0$$
$$w\,|\,_{\alpha=\alpha_0}=0\,,\ \left(\frac{\partial w}{\partial\alpha}\right)_{\alpha=\alpha_0}=0$$
$$(6\text{-}36)$$

式（6-36）中最后一个条件是由于

$$\left(k_1u-\frac{1}{A}\frac{\partial w}{\partial\alpha}\right)_{\alpha=\alpha_0}=0$$

再将 $u\,|\,_{\alpha=\alpha_0}=0$ 代入上式而求得。

同样可以得出 $\beta=\beta_0$ 的边界上的位移边界条件。将上列各式中的 α 和 β 对调，u 和 v 对调，A 和 B 对调，k_1 和 k_2 对调，即可得出 $\beta=\beta_0$ 的边界上的位移边界条件。

6.8.2 内力边界条件

我们先来说明扭矩的等效剪力和等效平错力。仍然以 $\alpha=\alpha_0$ 的边界为例，如图 6-12 所示，该边界上微分弧线 $\widehat{PP'}$ 的扭矩为 $M_{12}\mathrm{d}s_2$。可以用 P 点与 P' 点的垂直于 $\widehat{PP'}$ 的两个平行力 M_{12} 来代替。在相邻的微分弧线 $\widehat{P'P''}$ 上的扭矩 $\left(M_{12}+\dfrac{\partial M_{12}}{\partial s_2}\mathrm{d}s_2\right)\mathrm{d}s_2$，也可以用 P' 点与 P'' 点的垂直于 $\widehat{P'P''}$ 的两个平行力 $M_{12}+\dfrac{\partial M_{12}}{\partial s_2}\mathrm{d}s_2$ 来代替。

于是，不计二阶微量，在 P' 点的两个力沿剪力 $F_{S1}\mathrm{d}s_2$ 方向的投影为

$$\left(M_{12}+\frac{\partial M_{12}}{\partial s_2}\mathrm{d}s_2\right)\cos\frac{\mathrm{d}\varphi}{2}-M_{12}\cos\frac{\mathrm{d}\varphi}{2}\approx\frac{\partial M_{12}}{\partial s_2}\mathrm{d}s_2=\frac{1}{B}\frac{\partial M_{12}}{\partial\beta}\mathrm{d}s_2$$

这就是扭矩的等效剪力。另一方面，上述两力在平错力 $F_{T12}\mathrm{d}s_2$ 的方向共有投影为

$$\left(M_{12}+\frac{\partial M_{12}}{\partial s_2}\mathrm{d}s_2\right)\sin\frac{\mathrm{d}\varphi}{2}+M_{12}\sin\frac{\mathrm{d}\varphi}{2}\approx M_{12}\mathrm{d}\varphi=M_{12}\frac{\mathrm{d}s_2}{R_2}=k_2M_{12}\mathrm{d}s_2$$

这是扭矩的等效平错力。

将等效剪力 $\dfrac{1}{B}\dfrac{\partial M_{12}}{\partial\beta}\mathrm{d}s_2$ 归入剪力 $F_{S1}\mathrm{d}s_2$，除以 $\mathrm{d}s_2$，得到中面单位宽度上的总剪力

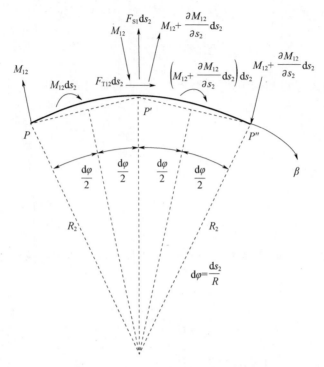

图 6-12　边界弧线受力图

$$F_{S1}^{t} = F_{S1} + \frac{1}{B}\frac{\partial M_{12}}{\partial \beta} \tag{6-37}$$

将等效平错力 $k_2 M_{12} ds_2$ 归入平错力 $F_{T12} ds_2$，除以 ds_2，得到中面单位宽度上的总平错力

$$F_{T12}^{t} = F_{T12} + k_2 M_{12} \tag{6-38}$$

于是可见，在 $\alpha = \alpha_0$ 的边界上，内力边界条件是

$$F_{T1} \mid_{\alpha=\alpha_0} = f_5(\beta) \qquad F_{T12}^{t} \mid_{\alpha=\alpha_0} = f_6(\beta)$$

$$F_{S1}^{t} \mid_{\alpha=\alpha_0} = f_7(\beta) \qquad M_1 \mid_{\alpha=\alpha_0} = f_8(\beta)$$

将式（6-38）及式（6-37）代入上式可得

$$F_{T1} \mid_{\alpha=\alpha_0} = f_5(\beta), \quad (F_{T12} + k_2 M_{12}) \mid_{\alpha=\alpha_0} = f_6(\beta)$$

$$\left(F_{S1} + \frac{1}{B}\frac{\partial M_{12}}{\partial \beta}\right)_{\alpha=\alpha_0} = f_7(\beta), \quad M_1 \mid_{\alpha=\alpha_0} = f_8(\beta)$$

其中的 $f_5(\beta)$ 至 $f_8(\beta)$ 是 β 的已知函数。

对于完全不受约束也不受边界荷载的自由边，内力边界条件简化为

$$\left. \begin{array}{l} F_{T1} \mid_{\alpha=\alpha_0} = 0, \quad (F_{T12} + k_2 M_{12}) \mid_{\alpha=\alpha_0} = 0 \\ \left(F_{S1} + \frac{1}{B}\frac{\partial M_{12}}{\partial \beta}\right)_{\alpha=\alpha_0} = 0, \quad M_1 \mid_{\alpha=\alpha_0} = 0 \end{array} \right\} \tag{6-39}$$

同样可得出 $\beta = \beta_0$ 的边界上的内力边界条件。

注意：方程 [6-36（b）] 所示的四个位移边界条件，与方程（6-39）所示的四个内力边界条件，是依次互相对应的。在既非完全固定也非完全自由的各种边界上，四个

边界条件中的任何一个都可能取两种对应条件之一。这样，从边界条件看来，总共可能有 $2^4 = 16$ 种不同的边界。

在上述 16 种边界中，我们常遇到的只是简支边，图 6-13 所示的 $\alpha = \alpha_0$ 为简支边，这个边界在边界平面内（即 $\alpha = \alpha_0$ 的平面内）受到完全的约束，因而位移 v 和 w 都等于零，在垂直于边界面的方向（即 α 方向），以及绕边界线的方向（即绕 β 线的方向）都不受任何约束，因而沿这两个方向的约束力 F_{T1} 和 M_1 都等于零，于是该简支边的边界条件为

$$u \mid_{\alpha = \alpha_0} = 0, \quad w \mid_{\alpha = \alpha_0} = 0, \quad F_{T1} \mid_{\alpha = \alpha_0} = 0, \quad M_1 \mid_{\alpha = \alpha_0} = 0 \tag{6-40}$$

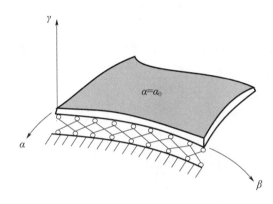

图 6-13　简支边

习题

6-1　试将薄壳的一般平衡方程式（6-34）简化为平板在曲线坐标系中的平衡方程，并进一步写出在直角坐标下的平板平衡方程。

答案：对于平板，$A = B = 1$，$k_1 = k_2 = 0$，$F_{T1} = 0$，$F_{T2} = 0$，$F_{T12} = F_{T21} = 0$，$q_1 = 0$，$k_2 = 0$，$q_3 = q$，$\alpha = x$，$\beta = y$，$F_{S1} = F_{Sx}$，$F_{S2} = F_{Sy}$，代入（6-34），即可得平板在直角坐标下的平衡方程：

$$\left. \begin{aligned} &0 = 0 \\ &0 = 0 \\ &\frac{\partial F_{Sx}}{\partial x} + \frac{\partial F_{Sy}}{\partial y} + q = 0 \\ &\frac{\partial M_{xy}}{\partial x} + \frac{\partial M_y}{\partial y} - F_{Sy} = 0 \\ &\frac{\partial M_{xy}}{\partial y} + \frac{\partial M_x}{\partial x} - F_{Sx} = 0 \end{aligned} \right\}$$

6-2　试导出平衡微分方程［6-33（a）］中的第三式及第四式。

答案：

提示：根据图 6-11，由 $\sum F_\gamma = 0$ 的投影的平衡方程，可得出［6-33（a）］中的第三式

$$-AB(k_1 F_{T1} + k_2 F_{T2}) + \frac{\partial}{\partial \alpha}(BF_{S1}) + \frac{\partial}{\partial \beta}(AF_{S2}) + ABq_3 = 0$$

由 $\sum M_\alpha = 0$，可得出 ［6-32（a）］中的第四式

$$\frac{\partial}{\partial \alpha}(BM_{12}) + \frac{\partial B}{\partial \alpha}M_{21} - \frac{\partial A}{\partial \beta}M_1 + \frac{\partial}{\partial \beta}(AM_2) - ABF_{S2} = 0$$

6-3 试证明式 ［6-33（b）］ $F_{T12} - F_{T21} + k_1 M_{12} - k_2 M_{21} = 0$ 是恒等式 ［提示：利用式（6-29）中 F_{T12}、F_{T21}、M_{12}、M_{21} 的公式］。

证明：由式（6-29）知：

$$F_{T12} = \frac{Et}{2(1+\mu)}\left(\varepsilon_{12} + \frac{t^2}{6}k_2\chi_{12}\right), \quad F_{T21} = \frac{Et}{2(1+\mu)}\left(\varepsilon_{12} + \frac{t^2}{6}k_1\chi_{12}\right)$$

$$M_{12} = \frac{Et^3}{12(1+\mu)}\left(\chi_{12} + \frac{k_2}{2}\varepsilon_{12}\right), \quad M_{21} = \frac{Et^3}{12(1+\mu)}\left(\chi_{12} + \frac{k_1}{2}\varepsilon_{12}\right)$$

则：

$$F_{T12} - F_{T21} + k_1 M_{12} - k_2 M_{21}$$

$$= \frac{Et}{2(1+\mu)}\left(\varepsilon_{12} + \frac{t^2}{6}k_2\chi_{12}\right) - \frac{Et}{2(1+\mu)}\left(\varepsilon_{12} + \frac{t^2}{6}k_1\chi_{12}\right) +$$

$$\frac{k_1 Et^3}{12(1+\mu)}\left(\chi_{12} + \frac{k_2}{2}\varepsilon_{12}\right) - \frac{k_2 Et^3}{12(1+\mu)}\left(\chi_{12} + \frac{k_1}{2}\varepsilon_{12}\right)$$

$$= \frac{k_2 Et^3}{12(1+\mu)}\chi_{12} - \frac{k_1 Et^3}{12(1+\mu)}\chi_{12} + \frac{k_1 Et^3}{12(1+\mu)}\chi_{12} - \frac{k_2 Et^3}{12(1+\mu)}\chi_{12}$$

$$= 0$$

6-4 试将薄壳的几何关系式 ［6-27（a）］的前三式简化为平板在曲线坐标中的几何关系，并进一步写出在直角坐标下平板的几何方程。

答案：对于平板，$A = B = 1$，$k_1 = k_2 = 0$，$F_{T1} = 0$，$F_{T2} = 0$，$F_{T12} = F_{T21} = 0$，$q_1 = 0$，$k_2 = 0$，$q_3 = q$，$\alpha = x$，$\beta = y$，$F_{S1} = F_{Sx}$，$F_{S2} = F_{Sy}$，代入式 ［6-27（a）］的前三式，即可得直角坐标下平板的几何方程：

$$\varepsilon_x = \varepsilon_1 = \frac{1}{A}\frac{\partial u}{\partial \alpha} + \frac{1}{AB}\frac{\partial A}{\partial \beta}v + k_1 w = \frac{\partial u}{\partial x}$$

$$\varepsilon_y = \varepsilon_2 = \frac{1}{B}\frac{\partial v}{\partial \beta} + \frac{1}{AB}\frac{\partial B}{\partial \alpha}u + k_2 w = \frac{\partial v}{\partial y}$$

$$\gamma_{xy} = \varepsilon_{12} = \frac{A}{B}\frac{\partial}{\partial \beta}\left(\frac{u}{A}\right) + \frac{B}{A}\frac{\partial}{\partial \alpha}\left(\frac{v}{B}\right) = \frac{\partial u}{\partial y} + \frac{\partial v}{\partial x}$$

人物篇6

乐甫

乐甫（1863—1940），英国力学家。1863 年 4 月 17 日生于萨默塞特，1940 年 6 月 5 日卒于牛津。他父亲是名外科医生，有四个子女，乐甫是次子。1874 年，11 岁的乐甫进伍尔弗汉普顿中学读书。1882 年进入剑桥大学约翰学院，1885 年以优异成绩毕业，

1886—1899 年为该学院研究员，从 1899 年起他在牛津大学主持赛德利自然哲学讲座。1894 年当选英国皇家学会会员，他担任伦敦数学学会秘书达 15 年之久，1912—1913 年任该会主席。

乐甫的主要贡献在变形介质力学方面，在固体力学、流体力学和地球物理学方面都有重要成绩。此外，他在电波理论、弹道学、理论力学以及微积分方面也有论著。

乐甫在弹性理论方面最著名的研究工作是他对薄壳弯曲所做的系统研究，1888 年，他推广了薄板理论中的基尔霍夫假设，对薄壳提出了直法线假设，这就是基尔霍夫-乐甫假设，该假设目前仍是广泛使用的薄壳理论的基础，应用这一成果，他证明了瑞利关于弯曲振动的假设不能严格满足边界条件。乐甫在弹性力学方面最重要贡献是他在 1892—1893 年分两卷出版的著作《数学弹性理论》，这部书总结了 20 世纪以前弹性力学的全部成果，精炼而严谨地论述了弹性理论方面的成就。乐甫在书中精辟地分析了 20 世纪以前弹性力学的发展历史，认为弹性力学的发展既有来自技术的推动，又有来自认识自然哲学的兴趣，弹性理论的发展对于认识物质结构和光的本性、推动解析数学地质学、宇宙物理学的发展起了非常重要的作用。该书初版时写得比较抽象，到第二版（1906 年）以及第三版（1920 年）、第四版（1927 年）时，做了很大的修改，致力于使内容对工程师更有用。该书有德文、俄文等译本，成为经典弹性理论中影响最大的一本专著。

1903 年，乐甫发展了弹性无限体中的点源基本理论。斯托克斯于 1849 年最先求得在弹性无限介质中单力所引起的位移场的精确解。它是地震震源的第一个数学模式，1903 年 11 月 12 日，乐甫在伦敦数学学会宣读的论文中把斯托克斯的结果推广到了任意初始扰动和包含一大类体力的情形，为后来发展地震震源的数学模式所用。

乐甫将弹性理论应用于地球物理方面的工作集中反映在他的另一本专著《地球动力学的若干问题》中，该书获 1911 年剑桥亚当斯奖。书中写进了他的许多创造性研究成果：关于地壳均衡、固体潮、纬度变化、地球的可压缩性效应、重力不稳定性、可压缩有重力星球的自由振荡理论等。其中许多成果是现今地球物理研究的基础，特别是以其姓氏命名的乐甫波和乐甫数，它们分别对地震和固体潮理论尤其重要。

乐甫波理论的发展可能是乐甫的最大的贡献。在他之前，弹性体中的波传播有三种：有泊松在 1829 年发现的伸缩（纵）波，在地震中首先达到被称为 P 波；由斯托克斯于 1899 年证明的等容畸变（横）波，随后到达被称为 S 波，以上两种为体内传播的体波。第三种是在界面附近只能沿界面传播，而在垂直于界面的方向不传播的面波，这是 1885 年瑞利导出，而后在地震记录中得到证实的。在 1900 年以后的一段时间里，对实际地震记录的分析结果与上述理论不符。有人认为这是由于壳造成的。乐甫对此进行了理论探讨，他考虑的模型是在瑞利的均匀介质上覆盖了一个不同弹性性质和密度的均匀层，当上层的横波速度小于下层时，在分界面以下可以存在有 SH 分量而且是频散的面波，其传播速度介于上下层两个横波速度之间，这就是地震中的乐甫波。若能测得各种频率的乐甫波的传播速度，就可以对地下的成层结构做出推断，因而在地球物理学中有重要意义。

　　乐甫在地球物理学中的另一重要贡献就是固体潮理论中的乐甫数。乐甫数能反映出地球内部结构状况，若知道地球内部的密度和弹性系数的分布，则可从理论上算出乐甫数。

　　乐甫终生未娶，他喜欢旅游，爱好音乐和打槌球。他以作风朴实、谦虚、思维敏捷和严密著称于学术界。

7 壳体的无矩理论

壳体的无矩理论，在工程上具有广泛的应用价值。在历史上壳体无矩理论的提出要比壳体的一般理论早，在某些情况下，它对薄壳工作状态的描述是完全正确的。在多数情况下，壳体的弯曲效应只存在于边界附近、形状突变或荷载突变处的局部区域。由于略去弯曲效应，它比一般壳体理论简单得多。

本章在第 6 章壳体的一般理论的基础上，首先导出壳体无矩理论的一般方程式，讨论无矩理论存在的条件，最后以容器柱壳和顶盖柱壳为研究对象，对柱壳在对称荷载下的内力和位移进行无矩理论分析。

7.1 概述

无矩理论认为：假定在整个薄壳所有横截面上都没有弯矩和扭矩，即 M_1、M_2、M_{12}、M_{21} 都为零。公式（6-30）后面三个公式中

$$M_1 = D\left(\chi_1 + \mu\chi_2\right), \quad M_2 = D\left(\chi_2 + \mu\chi_1\right), \quad M_{12} = M_{21} = \left(1 - \mu\right)D\chi_{12} \qquad (7\text{-}1)$$

其中 $D = \dfrac{Et^3}{12(1 - \mu^2)}$ 为薄壳的弯曲刚度。从式（7-1）可以看出，当薄壳的弯曲刚度 D 非常小，或者变形后中曲面的曲率改变 χ_1，χ_2 和扭率 χ_{12} 改变很小时，M_1、M_2、M_{12}、M_{21} 的大小会接近零，所以假定整个薄壳所有横截面上都没有弯矩和扭矩是合理的。

当壳体的弯曲刚度非常小时，对应的结构是一个绝对柔软的壳体或膜，它们只能承受拉伸内力的作用，完全不能承受压缩内力，因为任何微小的压缩都将会形成褶皱，而丧失其形状的稳定性。壳体无矩理论的计算，将仅在所有截面的内力都是拉伸的情况下才符合其真实情况。所以绝对柔软的壳体如织物或膜片虽然也属于壳体无矩理论的范畴，但不是我们研究的对象。

我们研究的是第二种情况，即具有有限抗弯刚度的壳体在中曲面曲率和扭率改变很小时的无矩应力状态。具有有限抗弯刚度的壳体与绝对柔软的壳体不同，它能在拉伸和压缩内力同时存在的情况下处于无矩应力状态，只有在压缩内力超过某一临界值时，才会失去稳定性。对于绝对柔软的壳体，由于不能抵抗弯曲，无矩应力状态是唯一可能的应力状态。但是对于有限弯曲刚度的壳体，只是壳体可能应力状态的一种特殊情况。为了实现这种应力状态必须满足一系列有关壳体的形状、作用荷载的特性，以及边缘的固定方式等条件。

可以将壳体的性质和拱加以比较。众所周知，任意形状的拱不仅在压缩而且在弯曲下工作，但是可以把它的形状和作用荷载配合起来，使拱处于无矩应力状态而不受弯曲。拱能承受某种横向荷载而不产生弯曲，所以在充分发挥材料特性上比梁优越。

壳体也具有类似于拱的特性。一定形状的壳体，只要做适当的边界约束，通常能在荷载的作用下使其大部分或全部区域没有弯曲变形。无矩状态对壳体来说是最理想状

态，它使材料的强度潜力得以充分发挥，所以是设计者追求的目标，可惜的是并不总是可能实现的。由于无矩理论的计算简单，加上壳体具有弯曲局部效应的特性，无矩理论的计算在壳体计算中占有重要的地位。

7.2　薄壳的无矩理论

在第 6 章所述的薄壳理论的基础上，通过"无矩假定"进一步的简化，就得到所谓的薄壳的无矩理论。在薄壳体平衡微分方程（6-34）中，令

$$M_1 = 0, \quad M_2 = 0, \quad M_{12} = 0 \tag{7-2}$$

则平衡方程（6-34）后两式就是

$$F_{S2} = 0, \quad F_{S1} = 0 \tag{7-3}$$

将式（7-3）代入薄壳体平衡微分方程（6-34）前三式，即得薄壳体无矩理论中的平衡微分方程

$$\left.\begin{aligned}
&\frac{\partial}{\partial \alpha}(BF_{T1}) - \frac{\partial B}{\partial \alpha}F_{T2} + \frac{\partial A}{\partial \beta}F_{T12} + \frac{\partial}{\partial \beta}(AF_{T12}) + ABq_1 = 0 \\
&\frac{\partial}{\partial \beta}(AF_{T2}) - \frac{\partial A}{\partial \beta}F_{T1} + \frac{\partial B}{\partial \alpha}F_{T12} + \frac{\partial}{\partial \alpha}(BF_{T12}) + ABq_2 = 0 \\
&k_1 F_{T1} + k_2 F_{T1} - q_3 = 0
\end{aligned}\right\} \tag{7-4}$$

在薄壳物理方程（6-30）中，舍去与弯矩、扭矩有关的后三式，只保留前三式，得到薄壳无矩理论中的物理方程

$$\left.\begin{aligned}
F_{T1} &= \frac{Et}{1-\mu^2}(\varepsilon_1 + \mu\varepsilon_2) \\
F_{T2} &= \frac{Et}{1-\mu^2}(\varepsilon_2 + \mu\varepsilon_1) \\
F_{T12} &= \frac{Et}{2(1+\mu)}\varepsilon_{12}
\end{aligned}\right\} \tag{7-5（a）}$$

在薄壳几何方程 [6-27（a）] 中，舍去与曲率、扭率的改变有关的后三式，只保留前三式，得到薄壳体无矩理论的几何方程

$$\left.\begin{aligned}
\varepsilon_1 &= \frac{1}{A}\frac{\partial u}{\partial \alpha} + \frac{\partial A}{\partial \beta}\frac{v}{AB} + k_1 w \\
\varepsilon_2 &= \frac{1}{B}\frac{\partial v}{\partial \beta} + \frac{\partial B}{\partial \alpha}\frac{u}{AB} + k_2 w \\
\varepsilon_{12} &= \frac{A}{B}\frac{\partial}{\partial \beta}\left(\frac{u}{A}\right) + \frac{B}{A}\frac{\partial}{\partial \alpha}\left(\frac{v}{B}\right)
\end{aligned}\right\} \tag{7-5（b）}$$

对式 [7-5（a）] 进行整理，得出用内力表示的中面应变 ε_1、ε_2、ε_3：

$$\left.\begin{aligned}
\varepsilon_1 &= \frac{F_{T1} - \mu F_{T2}}{Et} \\
\varepsilon_2 &= \frac{F_{T2} - \mu F_{T1}}{Et} \\
\varepsilon_{12} &= \frac{2(1+\mu)F_{T12}}{Et}
\end{aligned}\right\} \tag{7-5（c）}$$

将式 [7-5 (a)] 代入式 [7-5 (b)] 中消去中面应变 ε_1、ε_2、ε_3，得到内力和位移关系的薄壳无矩理论的弹性方程

$$\left.\begin{array}{l} \dfrac{1}{A}\dfrac{\partial u}{\partial \alpha}+\dfrac{\partial A}{\partial \beta}\dfrac{v}{AB}+k_1 w=\dfrac{F_{T1}-\mu F_{T2}}{Et} \\[3mm] \dfrac{1}{B}\dfrac{\partial v}{\partial \beta}+\dfrac{\partial B}{\partial \alpha}\dfrac{u}{AB}+k_2 w=\dfrac{F_{T2}-\mu F_{T1}}{Et} \\[3mm] \dfrac{A}{B}\dfrac{\partial}{\partial \beta}\left(\dfrac{u}{A}\right)+\dfrac{B}{A}\dfrac{\partial}{\partial \alpha}\left(\dfrac{v}{B}\right)=\dfrac{2\ (1+\mu)\ F_{T12}}{Et} \end{array}\right\} \tag{7-6}$$

现在，在 3 个平衡微分方程 (7-4) 和 3 个弹性方程 (7-6) 中，只有 6 个未知函数，即 3 个薄膜内力 F_{T1}、F_{T2}、F_{T12} 和 3 个中面位移 u、v、w，在适当的边界条件下，可以求得这些未知内力的函数。

下面对边界条件进一步处理。在无矩理论下，因为弯矩、扭矩、横向剪力已假设为零，所以总剪力等于零和弯矩等于零的内力边界条件都恒满足。另一方面，为了总剪力等于零和弯矩等于零，沿着这两个内力的方向就不应有任何约束，因而与此相应的位移边界条件即挠度等于零和转角等于零就必须放弃。于是，在任何边界上，都将只剩下两个边界条件。

设壳体的边界线与曲率线 α 相重合，则有自由边 $\alpha=\alpha_0$ 处四个边界条件式 (6-39) 中，只剩下前面两个边界条件，注意到 $M_{12}=0$，所以式 (6-39) 变为

$$F_{T1}\ |_{\ \alpha=\alpha_0}=0,\ F_{T12}\ |_{\ \alpha=\alpha_0}=0 \tag{7-7}$$

式 (7-7) 即为自由边界条件。

固支边界条件式 (6-36) 变为

$$u\ |_{\ \alpha=\alpha_0}=0,\ v\ |_{\ \alpha=\alpha_0}=0 \tag{7-8}$$

简支边界条件式 (6-40) 变为

$$F_{T1}\ |_{\ \alpha=\alpha_0}=0,\ v\ |_{\ \alpha=\alpha_0}=0 \tag{7-9}$$

按照无矩理论计算薄壳，在上述的边界条件下，由三个平衡方程 (7-4) 和三个弹性方程 (7-6) 求解三个内力 F_{T1}、F_{T2}、F_{T12} 和三个中面位移 u、v、w。在某些特殊情形下，可以只用 3 个平衡方程 (7-4) 求解得到 3 个内力 F_{T1}、F_{T2}、F_{T12}，这种问题被称为静定问题。

由于假定了某些内力等于零，并且舍去了某些基本方程和边界条件，得出的解答自然是近似的，因而这些解答所表示的无矩状态一般未必符合实际情况，但是在一定的条件下，这些无矩状态是可以完全实现或者基本实现的。

7.3　薄壳的无矩理论存在的条件

壳体无矩理论的存在是要具有一定的条件的。

（1）从边界条件可以看出，薄壳必须在边界上满足一系列的条件后，才能处于无矩状态，在无矩壳体的边缘上，不能有横向力和力矩。对垂直于中曲面的位移和转角也不能有任何的约束，此外，还必须有限制产生纯弯曲位移的约束支座。

（2）薄壳的中面必须是平滑曲面，薄壳所受到的荷载要求是连续分布的。平滑的

中面曲面保证了薄壳的中面曲率、斜率没有突然变化，荷载的连续分布保证表面荷载没有突然的变化。如果中面曲率、斜率或荷载有突变，按照无矩理论所算出的变形在这些区域附近也将会有突变，从而破坏了变形后中曲面的连续性，这时，为了满足连续性条件就会有附加的横向剪力和弯矩存在，这些区域附近就不能使用无矩理论。因此，对于无矩应力状态的存在，必须要有曲率、厚度和荷载都不能有突然变化的情况。

在无矩状态下，薄壳的内力只是薄膜内力，应力是沿薄壳厚度均匀分布的，这种情况材料的强度得到充分的利用。因此，为了节省材料，必须尽力争取无矩状态的实现，也就是必领争取满足上述两方面的条件。为了使薄壳中面保持平滑而且没有曲率的突变，需要在设计、制造、施工的过程中充分注意，这比较容易做到，为了使得荷载连续分布而没有突变，采取垫板、铺沙等的措施，也可以做到，但是要使得薄壳边界的位移和转角不受约束，这种情况是难以实现的，即使能实现，这种边界的支承也是不稳的。因此，在边界附近，往往不可避免地发生弯曲应力状态，这种局部的弯曲内力状态，称为边缘弯曲效应或边界影响。由于边缘效应只是局部现象，我们可以首先用无矩理论给出薄壳绝大部分区域的解，另一方面，对于边缘区域，再用有矩理论加以补充，这样将有矩理论和无矩理论联合使用，解决了大量壳体的计算问题。

7.4　柱壳的无矩理论

以柱面为中面的薄壳称为柱形薄壳，简称为柱壳。这种薄壳在纵向（柱面母线方向）没有曲率，在计算、设计、制造、施工方面都比较简单。柱壳一般有环向闭合柱壳和环向开口的柱壳。环向闭合的柱壳常用于气体、液体容器，如气缸、水管、水塔、调压井等；环向开口的柱壳，则广泛用于各种工业与民用建筑的顶盖结构。

对于柱壳，通常把 α 方向坐标放在纵向，即柱面的母线方向，β 方向的坐标放在环向方向，如图 7-1 所示。则中面沿 α 方向的曲率为 $k_1 = 0$，沿 β 方向的曲率为 $k_2 = 1/R$，则 k_2 只是 β 的函数，不随着 α 变换。在中面上 $\gamma = 0$，所以有 $H_1 \big|_{\gamma=0} = A$ 和 $H_1 \big|_{\gamma=0} = A$，则高斯条件（6-21）和柯达齐条件（6-22）将自动满足。

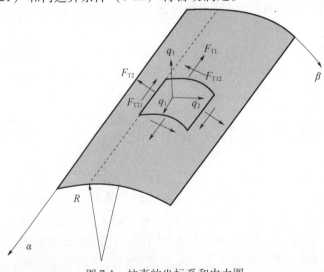

图 7-1　柱壳的坐标系和内力图

在薄壳无矩理论中的平衡微分方程（7-4）中，令 $A = B = 1$，$k_1 = 0$，$k_2 = 1/R$，就得到薄柱壳的无矩理论平衡微分方程

$$\left.\begin{array}{l} \dfrac{\partial F_{T1}}{\partial \alpha} + \dfrac{\partial F_{T12}}{\partial \beta} + q_1 = 0 \\[3mm] \dfrac{\partial F_{T2}}{\partial \beta} + \dfrac{\partial F_{T12}}{\partial \alpha} + q_2 = 0 \\[3mm] F_{T2} = Rq_3 \end{array}\right\} \tag{7-10}$$

式中，q_1、q_2 和 q_3 为柱壳所受荷载在纵向 α 方向、环向 β 方向及法向 γ 方向的分量，F_{T1}、F_{T2} 和 F_{T12} 为纵向拉压力、环向拉压力和平错力，如图 7-1 所示。

同样，可由薄壳无矩理论弹性方程（7-6）得出柱壳无矩理论弹性方程

$$\left.\begin{array}{l} \dfrac{\partial u}{\partial \alpha} = \dfrac{F_{T1} - \mu F_{T2}}{Et} \\[3mm] \dfrac{\partial v}{\partial \beta} + \dfrac{w}{R} = \dfrac{F_{T1} - \mu F_{T1}}{Et} \\[3mm] \dfrac{\partial u}{\partial \beta} + \dfrac{\partial v}{\partial \alpha} = \dfrac{2(1+\mu)F_{T12}}{Et} \end{array}\right\} \tag{7-11}$$

式中，u、v 和 w 为柱壳中面内各点的纵向、环向及法向位移。

在计算内力时，先由平衡方程（7-10）中的第三式求出环向拉压力 F_{T2}；然后再代入平衡方程（7-10）中的第二式，对 α 变量求积分，求出平错力 F_{T12}；再将平错力 F_{T12} 代入平衡方程（7-10）中的第一式，对 α 变量求积分，求出纵向拉压力 F_{T1}。

在计算内力积分的过程中，会出现任意函数，可以由内力的边界条件（或对称条件）确定出任意函数，求出内力。求出内力以后，可由弹性方程（7-11）中的第一式对 α 变量积分求出纵向位移 u，然后代入弹性方程（7-11）中的第三式对 α 变量积分求出环向位移 v，再将 v 代入弹性方程（7-11）中的第二式，求出法向位移 w。这种可以先由平衡方程求出全部未知内力然后再求出位移的问题，称为静定问题。

另一方面，如果任意函数不能完全由内力边界条件（或者对称条件）求得，在内力表达式中保留这任意函数，然后通过位移边界条件来完全确定任意函数，这类问题被称为超静定问题。

7.5 容器柱壳的无矩计算

例 7-1 现有盛满液体的圆筒，液体的容重密度 ρ，半径 R 为常量，圆筒的高度为 L，下端固定上端自由，建立的坐标系如图 7-2 所示。求圆筒的内力和位移。

解：（1）求内力。设液体的密度为 ρ，则柱壳所受的荷载为
$$q_1 = 0, \quad q_2 = 0, \quad q_3 = \rho g(L - \alpha)$$
在这里，把 $\alpha = 0$ 放在下端是为了便于考虑边缘效应。由式（7-10）的第三式可得环向拉力
$$F_{T2} = Rq_3 = \rho g R(L - \alpha)$$
因为 $q_2 = 0$，R 为常量，$\dfrac{\partial F_{T2}}{\partial \beta} = 0$，代入平衡微分方程式（7-10）的第二式中得

$$\frac{\partial F_{T2}}{\partial \beta} + \frac{\partial F_{T12}}{\partial \alpha} + q_2 = 0$$

即得$\frac{\partial F_{T12}}{\partial \alpha} = 0$，积分可得$F_{T12} = f(\beta)$。

上端为自由端，根据自由端边界条件式（7-7），有

$$F_{T12}\big|_{\alpha = L} = 0$$

将$F_{T12} = f(\beta)$代入上式，可得

$$F_{T12} = f(\beta) = 0$$

将F_{T12}代入平衡微分方程（7-10）第一式，注意$q_1 = 0$，将得到$\frac{\partial F_{T1}}{\partial \alpha} = 0$，积分即得$F_{T1} = f_1(\beta)$。因为上端为自由端，还有边界条件

$$F_{T1}\big|_{\alpha = L} = 0$$

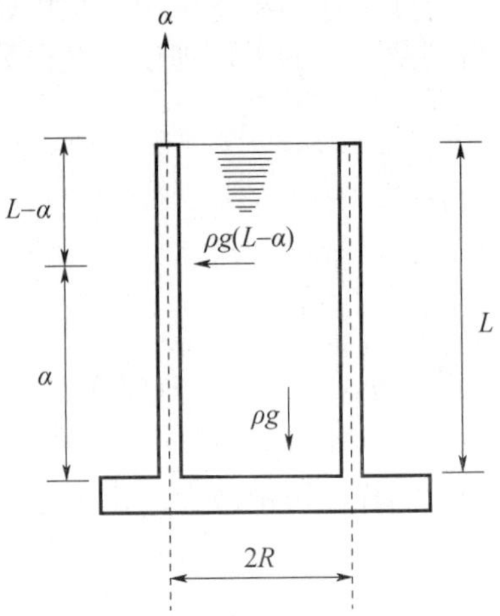

所以有

$$F_{T1} = f_1(\beta) = 0$$

综上得到圆筒的内力为

$$F_{T1} = 0，\quad F_{T2} = \rho g R(L - \alpha)，\quad F_{T12} = 0$$

（2）求位移。下面求中面位移u、v、w。将内力$F_{T1} = 0$代入式（7-11）中第一式，得

$$\frac{\partial u}{\partial \alpha} = -\frac{\mu F_{T2}}{Et} = -\frac{\mu \rho g R(L - \alpha)}{Et}$$

注意：R为常量，下端同时有固定边界条件$u\big|_{\alpha=0} = 0$，对上式两边对变量α积分，即得

$$u = -\frac{\mu \rho g R}{Et}\left(L - \frac{\alpha}{2}\right)\alpha$$

将此式得到的位移u及$F_{T12} = 0$代入式（7-11）中的第三式中，有

$$\frac{\partial u}{\partial \beta} + \frac{\partial v}{\partial \alpha} = \frac{2(1 + \mu)F_{T12}}{Et} = 0$$

对上式整理得到$\frac{\partial v}{\partial \alpha} = 0$，积分得到$v = f_2(\beta)$。

注意下端为固定端，边界条件

$$v\big|_{\alpha=0} = 0$$

故有

$$v = f_2(\beta) = 0$$

将所得的$v = 0$，$F_{T1} = 0$和$F_{T2} = Rq_3 = \rho g R(L - \alpha)$代入式（7-11）中第二式，得

$$\frac{\partial v}{\partial \beta} + \frac{w}{R} = \frac{F_{T2} - \mu F_{T1}}{Et}$$

整理后，得

$$w = \frac{F_{T2}R}{Et} = \frac{\rho g R^2(L - \alpha)}{Et}$$

综上，得到了圆筒的中面的位移为

图 7-2

$$u = -\frac{\mu\rho g R}{Et}\left(L - \frac{\alpha}{2}\right)\alpha, \quad v = 0, \quad w = \frac{F_{T2}R}{Et} = \frac{\rho g R^2(L-\alpha)}{Et}$$

在圆筒的下端，中面的法向位移为

$$w\big|_{\alpha=0} = \frac{\rho g R^2 L}{Et} \tag{7-12（a）}$$

而中面的转角为

$$\theta\big|_{\alpha=0} = \left(\frac{\partial w}{\partial \alpha}\right)_{\alpha=0} = -\frac{\rho g R^2}{Et} \tag{7-12（b）}$$

由此可见，必须有柱壳的下端不受法向约束及转动约束，式〔7-12（a）〕及式〔7-12（b）〕所示的法向位移及转角可以自由发生，以上所得的无矩内力才能实现。如果柱壳下端受有筒底的约束，则在下端附近必将发生局部性的弯矩和横向剪力。

例 7-2 设有两端支承的具有椭圆横截面的筒壳，长半轴为 a，短半轴为 b，长度为 L，受有均匀内压力 q_0，如图 7-3 所示。假定两端的支承板在其平面内的刚度很大，而弯曲刚度很小。

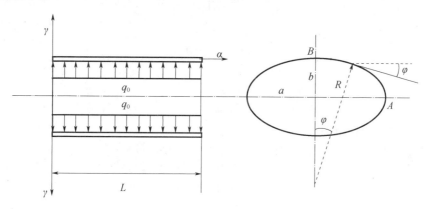

图 7-3

解：（1）两端的边界条件为简支边界条件，有

$$F_{T1}\big|_{\alpha=0} = 0, \quad F_{T1}\big|_{\alpha=L} = 0 \tag{7-13（a）}$$

$$v\big|_{\alpha=0} = 0, \quad v\big|_{\alpha=L} = 0 \tag{7-13（b）}$$

荷载的分量为

$$q_1 = q_2 = 0, \quad q_3 = q_0$$

（2）求中面内力。由平衡微分方程（7-10）中的第三式，得

$$F_{T2} = Rq_3 = q_0 R \tag{7-13（c）}$$

式中，q_0 为常量，而 R 为 β 的函数，代入平衡微分方程（7-10）中的第二式，得

$$\frac{\partial F_{T12}}{\partial \alpha} = -\frac{\partial F_{T2}}{\partial \beta} = -q_0\frac{dR}{d\beta}$$

对 α 积分，并利用对称性条件

$$F_{T12}\big|_{\alpha=L/2} = 0$$

即得

$$F_{T12} = q_0\left(\frac{L}{2} - \alpha\right)\frac{dR}{d\beta} \tag{7-13（d）}$$

将式［7-13（d）］代入平衡微分方程（7-10）中的第一式，得

$$\frac{\partial F_{T1}}{\partial \alpha} = -\frac{\partial F_{T12}}{\partial \beta} = -q_0\left(\frac{L}{2} - \alpha\right)\frac{d^2 R}{d\beta^2}$$

上式两边对 α 积分，并利用内力边界条件［7-13（a）］，即得

$$F_{T1} = -\frac{q_0\alpha(L-\alpha)}{2}\frac{d^2 R}{d\beta^2} \qquad [7\text{-}13（e）]$$

综上中面内力为

$$F_{T1} = -\frac{q_0\alpha(L-\alpha)}{2}\frac{d^2 R}{d\beta^2}$$

$$F_{T2} = Rq_3 = q_0 R$$

$$F_{T12} = q_0\left(\frac{L}{2} - \alpha\right)\frac{dR}{d\beta}$$

（3）求中面位移，由弹性方程（7-11）中的第一式，得

$$\frac{\partial u}{\partial \alpha} = \frac{F_{T1} - \mu F_{T2}}{Et} = -\frac{q_0}{Et}\left[\frac{\alpha(L-\alpha)}{2}\frac{d^2 R}{d\beta^2} + \mu R\right]$$

对 α 积分，并利用对称性条件

$$u\big|_{\alpha = L/2} = 0$$

即得

$$u = \frac{\mu q_0 R}{Et}\left(\frac{L}{2} - \alpha\right) + \frac{q_0}{24Et}(4\alpha^3 - 6L\alpha^2 + L^3)\frac{d^2 R}{d\beta^2} \qquad [7\text{-}13（f）]$$

将式［7-13（f）］代入弹性方程（7-11）中的第三式，得

$$\frac{\partial v}{\partial \alpha} = \frac{2(1+\mu)F_{T12}}{Et} - \frac{\partial u}{\partial \beta} = \frac{2(1+\mu)q_0}{Et}\left(\frac{L}{2} - \alpha\right)\frac{dR}{d\beta} - \frac{q_0}{24Et}(4\alpha^3 - 6L\alpha^2 + L^3)\frac{d^3 R}{d\beta^3}$$

上式两边对 α 积分，并利用位移边界条件［7-13（b）］，即得

$$v = \frac{(1+\mu)q_0\alpha}{Et}(L-\alpha)\frac{dR}{d\beta} - \frac{q_0\alpha(\alpha^3 - 2L\alpha^2 + L^3)}{24Et}\frac{d^3 R}{d\beta^3} \qquad [7\text{-}13（g）]$$

将式［7-13（g）］代入弹性方程（7-11）中的第二式，即得

$$w = \frac{q_0 R}{Et}\left[-\frac{(3+\mu)}{2}\alpha(L-\alpha)\frac{d^2 R}{d\beta^2} + \frac{\alpha}{24}(\alpha^3 - 2L\alpha^2 + L^3)\frac{d^4 R}{d\beta^4}\right] \qquad [7\text{-}13（h）]$$

柱壳的横截面中线为椭圆，其长半轴和短半轴分别为 a 和 b，则曲率半径为

$$R = \frac{b^2}{a\left(1 - \varepsilon^2 \cos^2\varphi\right)^{\frac{3}{2}}} \qquad (7\text{-}14)$$

式中，φ 为椭圆法线与短轴的夹角，也就是椭圆切线与长轴的夹角，ε 为椭圆的偏心率，为

$$\varepsilon^2 = 1 - \frac{b^2}{a^2}$$

根据关系式 $d\beta = Rd\varphi$，可得

$$\frac{dR}{d\beta} = \frac{1}{R}\frac{dR}{d\varphi} = -\frac{3\varepsilon^2 \sin 2\varphi}{2(1 - \varepsilon^2 \cos^2\varphi)}$$

$$\frac{d^2 R}{d\beta^2} = \frac{1}{R}\frac{d}{d\varphi}\left(\frac{dR}{d\beta}\right) = -\frac{3a\varepsilon^2(\cos 2\varphi - \varepsilon^2 \cos^2\varphi)}{b^2\sqrt{1 - \varepsilon^2 \cos^2\varphi}}$$

$$\frac{d^3R}{d\beta^3} = \frac{1}{R}\frac{d}{d\varphi}\left(\frac{d^2R}{d\beta^2}\right) = \frac{6a^2\varepsilon^2}{b^4}\left[1 - \frac{3}{4}\varepsilon^2 - \frac{1}{2}\varepsilon^2\left(1 - \frac{\varepsilon^2}{2}\right)\cos^2\varphi\right]\sin2\varphi$$

$$\frac{d^4R}{d\beta^4} = \frac{1}{R}\frac{d}{d\varphi}\left(\frac{d^3R}{d\beta^2}\right) = \frac{12a^3\varepsilon^2}{b^6}(1 - \varepsilon^2\cos^2\varphi)^{\frac{3}{2}}\left[\left(1 - \frac{3}{4}\varepsilon^2\right)\cos2\varphi - \right.$$
$$\left.\frac{\varepsilon^2}{2}\left(1 - \frac{\varepsilon^2}{2}\right)(\cos^2\varphi - 3\sin^2\varphi)\cos^2\varphi\right]$$

将上面的表达式代入内力表达式［7-13（c）］、式［7-13（d）］、式［7-13（e）］和中面位移表达式［7-13（f）］、式［7-13（g）］、式［7-13（h）］中，即可求出中面的内力和中面的位移。

如果是圆形柱壳，$a = b = R$，上列内力表达式［7-13（c）］、式［7-13（d）］、式［7-13（e）］简化为

$$F_{T1} = 0, \quad F_{T2} = q_0R = q_0a, \quad F_{T12} = 0$$

中面位移表达式［7-13（f）］、式［7-13（g）］、式［7-13（h）］简化为

$$w = \frac{q_0R^2}{Et} = \frac{q_0a^2}{Et} \tag{7-15}$$

与例7-1一样，必须使柱壳的两端不受法向约束及转动约束，法向位移和转角可以自由发生，以上所得的无矩内力才能实现。实际上柱壳在两端总是受有约束，因而在两端必然将发生局部性的弯曲和横向剪力。

7.6　顶盖柱壳的无矩计算

作为顶盖用的柱壳，如图7-4所示，一般是两端支承在横隔上，横隔可以是连续的墙壁，也可以是拱，或者是支承在柱顶上的平面刚架、平面桁架等。这些横隔在其平面内的刚度很大，但在垂直于平面方向的刚度很小。因此，可以认为柱壳在其两端的曲线边界上不受纵向拉压力，用图7-5所示的坐标系，就有

$$F_{T1}\big|_{\alpha = \pm L/2} = 0 \tag{7-16（a）}$$

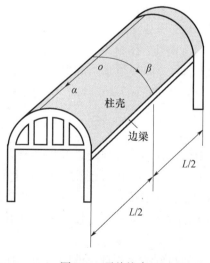

图7-4　顶盖柱壳

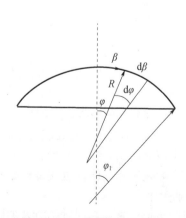

图7-5　顶盖柱壳的极坐标

柱壳的直线边界可以是自由边，也可以是和边梁刚连。通常顶盖柱壳所受的荷载主要是铅直荷载。如果柱壳在每单位面积上所受的铅直荷载为 q_0，则有荷载为

$$q_1 = 0, \quad q_2 = q_0 \sin\varphi, \quad q_3 = -q_0 \cos\varphi \qquad [7\text{-}16（b）]$$

式中，φ 为柱壳中面法线与铅直线的夹角。为了便于运算，下面用 φ 角来代替 β 作为环向坐标。利用式 [7-16（b）] 及几何关系 $\mathrm{d}\beta = R\mathrm{d}\varphi$，可将平衡方程（7-10）改写为

$$\left.\begin{array}{l} \dfrac{\partial F_{\mathrm{T1}}}{\partial \alpha} + \dfrac{1}{R}\dfrac{\partial F_{\mathrm{T12}}}{\partial \varphi} = 0 \\[3mm] \dfrac{\partial F_{\mathrm{T12}}}{\partial \alpha} + \dfrac{1}{R}\dfrac{\partial F_{\mathrm{T2}}}{\partial \varphi} + q_0\sin\varphi = 0 \\[3mm] F_{\mathrm{T2}} = -q_0 R\cos\varphi \end{array}\right\} \qquad [7\text{-}16（c）]$$

注意：R 为 φ 的函数，将式 [7-16（c）] 中的第三式代入式 [7-16（c）] 中的第二式，则有

$$\frac{\partial F_{\mathrm{T12}}}{\partial \alpha} = -q_0\sin\varphi - \frac{1}{R}\frac{\partial F_{\mathrm{T2}}}{\partial \varphi} = \frac{q_0}{R}\frac{\mathrm{d}R}{\mathrm{d}\varphi}\cos\varphi - 2q_0\sin\varphi$$

上式两边对 α 积分，并利用对称条件 $(F_{\mathrm{T12}})_{\alpha=0} = 0$，得

$$F_{\mathrm{T12}} = q_0\left(\frac{1}{R}\frac{\mathrm{d}R}{\mathrm{d}\varphi}\cos\varphi - 2\sin\varphi\right)\alpha \qquad [7\text{-}16（d）]$$

将式 [7-16（d）] 代入式 [7-16（c）] 中的第一式，得

$$\frac{\partial F_{\mathrm{T1}}}{\partial \alpha} = -\frac{1}{R}\frac{\partial F_{\mathrm{T12}}}{\partial \varphi} = -\frac{q_0\alpha}{R}\frac{\partial}{\partial \varphi}\left(\frac{1}{R}\frac{\mathrm{d}R}{\mathrm{d}\varphi}\cos\varphi - 2\sin\varphi\right)$$

上式两边对 α 积分，并利用边界条件式 [7-16（a）] $(F_{\mathrm{T1}})_{\alpha=\pm L/2} = 0$，即得

$$F_{\mathrm{T1}} = \frac{q_0}{2R}\left(\frac{L^2}{4} - \alpha^2\right)\frac{\partial}{\partial \varphi}\left(\frac{1}{R}\frac{\mathrm{d}R}{\mathrm{d}\varphi}\cos\varphi - 2\sin\varphi\right) \qquad [7\text{-}16（e）]$$

对于任意形状的柱壳，通过式 [7-16（c）]、式 [7-16（d）]、式 [7-16（e）] 求得无矩内力。

假定柱壳的直线边界条件是自由边，则有内力边界条件

$$F_{\mathrm{T2}}\big|_{\varphi=\varphi_1} = 0, \quad F_{\mathrm{T12}}\big|_{\varphi=\varphi_1} = 0 \qquad [7\text{-}16（f）]$$

式中，φ_1 为直线边界处的 φ 角，如图 7-5 所示。由式 [7-16（c）] 中第二式、式 [7-16（d）] 可见，边界条件式 [7-16（f）] 是不能满足的。即使是半圆或半椭圆，柱壳的横截面中线在直线边界处沿垂直方向，因而有 $\varphi_1 = \pi/2$，式 [7-16（f）] 中的第一式可以满足，第二式仍然不能满足，因为这时将得到

$$F_{\mathrm{T12}}\big|_{\varphi=\varphi_1} = -2q_0\alpha$$

如果柱壳在直线边界上有边梁和它相连，则边梁在与柱壳连结之处将受有纵向的分布荷载，大小等于 $(F_{\mathrm{T12}})_{\varphi=\varphi_1} = -2q_0\alpha$，而方向相反，同时还可能受有横向分布荷载，大小等于 $(F_{\mathrm{T2}})_{\varphi=\varphi_1}$，而方向相反。边梁由这些荷载引起的位移，和柱壳在直线边界处的位移，一般是不相同的，也就是不能相容。因此，边梁在与柱壳连接之处将受有或大或小的弯曲内力。

由此可见，无论柱壳直线边界条件如何，前面得到的无矩理论的内力公式在直线边界处，都不能符合实际情况。

当柱壳的横截面为半椭圆时，长半轴和短半轴分别为 a 和 b，可由式 [7-16（c）] 第三式、式 [7-16（d）]、式 [7-16（e）] 得到内力表达式为

$$F_{T2} = -q_0 a^2 b^2 \frac{\cos\varphi}{(a^2 \sin^2\varphi + b^2 \cos^2\varphi)^{\frac{3}{2}}}$$

$$F_{T12} = -q_0 \alpha \frac{2a^2 + (a^2 - b^2)\cos^2\varphi}{a^2 \sin^2\varphi + b^2 \cos^2\varphi} \sin\varphi$$

$$F_{T1} = -\frac{q_0(L^2 - 4\alpha^2)\cos^2\varphi}{8a^2 b^2 (a^2 \sin^2\varphi + b^2 \cos^2\varphi)^{\frac{1}{2}}} \{3a^2[b^2 - (a^2 - b^2)\sin^2\varphi] - (a^2 \sin^2\varphi + b^2 \cos^2\varphi)^2\}$$

内力的分布大致如图 7-6 所示。

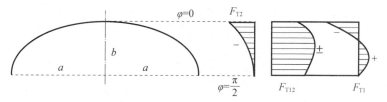

图 7-6　内力分布图

习题

7-1　设有水平圆筒，其半径为 R，长度为 L。如图 7-7 所示，每单位面积的重量为 q_0，在两端受横隔支承，两端的边界条件可以取为 $F_{T1}|_{\alpha = \pm\frac{L}{2}} = 0$，试求自重引起的无矩内力及纵向位移。

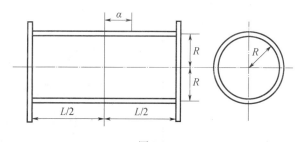

图 7-7

答案：$F_{T1} = -\frac{q_0}{R}\left(\frac{L^2}{4} - \alpha^2\right)\cos\varphi$，$u = -\frac{q_0}{EtR}\left(\frac{L^2}{4} - \frac{\alpha^2}{3} - \mu R^2\right)\alpha\cos\varphi$

7-2　同习题 7-1 的圆筒问题，但两端为固定端，两端的边界条件可以取为 $u|_{\alpha = \pm\frac{L}{2}} = 0$。

答案：$F_{T1} = -\frac{q_0}{R}\left(\frac{L^2}{12} - \alpha^2 + \mu R^2\right)\cos\varphi$，$u = -\frac{q_0}{EtR}\left(\frac{L^2}{12} - \frac{\alpha^2}{3}\right)\alpha\cos\varphi$

7-3　习题 7-1 中的水平圆筒，其两端为固定端，盛满密度为 ρ 的液体，而圆筒中心线处的压力为 q_0。试求液体压力引起的无矩内力及纵向位移。

［提示：$q_3 = q_0 - \rho g R\cos\varphi$］

答案：$F_{T1} = \mu q_0 R + \rho g\left(\frac{\alpha^2}{2} - \frac{L^2}{24} - \mu R^2\right)\cos\varphi$，$u = -\frac{\rho g}{6Et}\left(\frac{L^2}{4} - \alpha^2\right)\alpha\cos\varphi$

7-4 半径为 R 的圆筒，其母线与铅直线成角 ϕ，内盛密度为 ρ 的液体，如图 7-8 所示。试求圆筒的无矩内力。

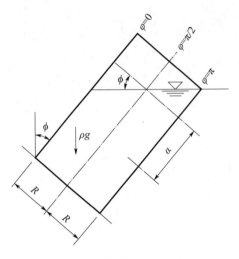

图 7-8

[提示：在 $\alpha \leqslant R\tan\psi R\cos\varphi$ 处，$q_3 = 0$；在 $\alpha \geqslant R\tan\psi R\cos\varphi$ 处，$q_3 = \rho g (a\cos\psi - R\sin\psi\cos\varphi)$]

答案：$F_{T12} = \rho g R(R\tan\psi R\cos\varphi - \alpha)\sin\psi\sin\varphi$

$$F_{T1} = \frac{\rho g}{2}[\alpha^2\cos\varphi - 2R\alpha\tan\psi(\cos^2\varphi - \sin^2\varphi) + R^2\tan^2\psi(\cos^2\varphi - \sin^2\varphi)\cos\varphi]\sin\psi$$

7-5 半径为 R 的圆柱壳体，一端刚性固定，另一端受集中力 F 作用，如图 7-9 所示，试推证其无矩内力为 $F_{T1} = \frac{Fx}{\pi R^2}\cos\varphi$；$F_{T2} = 0$；$F_{T12} = -\frac{F}{\pi R}\sin\varphi$。

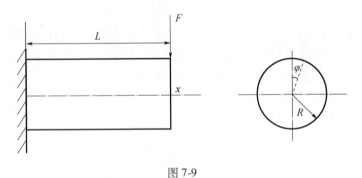

图 7-9

答案：

提示

① 先由式（7-7）和式（7-8）写出此圆柱壳的边界条件（注意右端自由端的边界荷载）。

② 荷载分量为：$q_1 = q_2 = q_3 = 0$。

③ 将①和②得到的边界调件和荷载分量代入圆柱壳的无矩理论平衡微分方程（7-10）即可得证。

人物篇7

钱学森

　　钱学森，1911 年 12 月 11 日，出生于浙江省杭州市，是家中独生子。父亲钱均夫（1880—1969），是教育家和文史专家，钱学森从小就接受良好的家庭教育。幼年时期，聪颖过人，爱好广泛，小学毕业，升入北平师范大学附属中学学习，1929 年，高中毕业，以第二名的成绩考入上海交通大学机械工程系铁道工程专业学习。1935 年 9 月进入美国麻省理工学院航空系学习，1936 年 9 月获麻省理工学院航空工程硕士学位，后转入加州理工学院航空系学习，成为世界著名的科学家冯·卡门的学生。

　　钱学森在冯·卡门的指导下，以高速空气动力学为课题，攻读博士学位。这是当时的科学尖端课题，因为当飞机飞行速度接近声速时，受到的阻力急剧增加，支承飞机的升力骤然减小，舵面失控，机翼、机身发生抖动现象，如果不从理论和实践上解决这一问题，实现人类突破"声障"的理想将是不可能的，而要攻克这一难题，没有精深的数学、力学基础是无法完成的。钱学森在加州理工学院如饥似渴地钻研现代数学、偏微分方程、积分方程、原子物理、量子力学、统计力学、相对论、分子结构、量子化学等现代科学技术的基础理论。这样苦战三年以后，他不仅掌握了这门科学的根本，而且已经站到了这门科学的最前沿。

　　1939 年 6 月，在冯·卡门的指导下，钱学森完成了《高速气动力学问题的研究》等 4 篇论文，并获得航空和数学博士学位。在导师冯·卡门的推荐下，钱学森被聘为加州理工学院航空系助理研究员。这一年，钱学森发表了《关于可压缩流体二维亚声速流动的研究结果》，完成了在二维无黏性定常亚声速流动中估算压缩性对物体表面压力系数影响的公式，即卡门-钱学森公式（Karmon-Tsien formula）。冯·卡门和钱学森对机翼上的压缩作用，共同完成了一个更普遍一些的修正，不用扰动很小这一假设，而是基于经过他们修正的流动方程的另一种线性化，使它能应用于高速流动，特别是应用于作用在翼型上的诸力的计算。卡门-钱学森公式能给出某一速度范围内的满意结果，这一成果被列为空气动力学领域的一项重大成就。

　　1940 年，钱学森和冯·卡门提出圆柱薄壳的非线性问题，钱学森完成《关于薄壳体稳定性的研究》，并在美国航空学会年会上宣读了这篇论文。在薄壳结构理论中有一个谜，如圆柱形薄壳受轴向荷载时，用线性理论求解某些问题，其理论失稳值远大于实测值，差 3~4 倍。从 1940 年开始，钱学森与冯·卡门对飞机金属薄壳结构非线性曲翘理论进行研究，他和冯·卡门计算薄板壳失稳的临界荷载低于用线性理论求得的值，说明过去理论的缺点在于忽视了大挠度非线性影响，提出对于这类问题必须用非线性理论求解，从此创立了薄板壳体非线性稳定理论。其理论很快被学术界接受并被工程界应用。

　　钱学森在空气动力学和固体力学方面的研究成果，对 20 世纪 30 年代的飞机工业从老式的螺旋桨飞机发展到现代喷气式超音速飞机所遇到的"音障"和"热障"问题的解决，及全金属薄壳飞机的出现，奠定了理论基础。

1942 年，美国军方委托加州理工学院举办喷气技术训练班，钱学森是教员之一，与美国陆海空军人员有了接触，后来美国从事火箭导弹工作的军官中有不少是他的学生。1945 年，在冯·卡门的推荐下，钱学森被美国空军聘为科学咨询团成员。同年 5 月，第二次世界大战结束前，钱学森随团去欧洲考察英、德、法的火箭技术发展。1946 年，钱学森转到麻省理工学院，次年升为教授。

钱学森不仅是杰出的科学家，也是一位伟大的爱国者，在 1949 年，当中华人民共和国宣告诞生的消息传到美国后，钱学森和夫人蒋英便商量着早日赶回祖国，为自己的国家效力，但是受到美国政府的百般阻挠和迫害，1955 年 10 月，他冲破重重阻力，回到了祖国，并于 1959 年 8 月光荣地加入了中国共产党。尽管当时人力、物力等条件很差，但他以对祖国对人民的无限热爱与忠诚，满腔热情地投入我国国防尖端科学研究和人才培养工作，为我国火箭、导弹和航天事业的创建和发展，做出了历史性的卓越贡献。

钱学森回国后历任中国科学院力学研究所所长、中国力学学会第一届理事会理事长，1958 年任中国科技大学近代力学系系主任，1965 年任第七机械工业部副部长，1970 年任国防科学技术委员会副主任、中国科学技术协会主席等职。

钱学森是著名的力学家、航空专家、航天专家和火箭专家。作为力学家，他在流体力学、固体力学、一般力学方面都有重要贡献；作为航空专家和航天专家，他在空气动力学、飞机火箭有关的结构力学、飞行控制方面都是造诣很深的专家；作为火箭专家，他是中国研制火箭、导弹与航天事业的开拓者。

1956 年 10 月，钱学森组建的以研制导弹为重任的国防部第五研究院宣告成立，钱学森为 156 名大学毕业生开始了导弹概论的培训课，后来这批学员成为中国研制火箭、导弹的骨干力量。在钱学森的努力和带领下，我国于 1960 年成功发射了近程导弹，1964 年成功发射了中近程导弹，1966 年中近程导弹与原子弹的联合发射成功，1970 年 4 月 24 日中国的第一颗人造卫星发射成功，这些无一不包含着钱学森的学识、智慧与辛勤劳动。

在科学技术上，超前的眼光是科学家最可宝贵的素质。纵观钱学森一生所涉猎过的研究选题，在飞机还在低速飞行时，从 20 世纪 30 年代起，他选择考虑空气的可压缩性、跨声速、超音速空气动力学课题并且得到了卡门-钱学森方程的重要成果；当人们大多在探讨弹性结构的线性理论时，他却从事薄壳的非线性稳定性理论的研究，取得了这方面的开创性成果；他参加了火箭技术的早期探索研究；他敏锐地发现提炼出指导控制与制导系统设计的普遍原理与方法，写出了《工程控制论》，于 1954 年出版。

由于钱学森在科学技术方面的巨大贡献，1991 年 10 月 16 日国务院、中央军委授予他"国家杰出贡献科学家"的荣誉称号，1999 年 9 月，获"两弹一星功勋奖章"。

8 圆柱壳的弯曲理论

由于圆柱壳在设计、制造和施工等方面都比较简单，因此在许多工程领域中得到广泛的应用。通过圆柱壳体的内力和位移分析，还可以说明一般壳体的受力特性。

本章首先导出圆柱壳弯曲理论的基本微分方程式，重点讨论闭口圆柱壳体的轴对称变形和非轴对称变形问题。对于开口圆柱形壳体，提出它的级数解，通过圆柱壳受力状态的特性，说明一般壳体具有的边缘效应。本章还讨论圆柱壳弯曲的简化方程及其适用范围。

8.1 圆柱壳弯曲问题的基本微分方程

本节将建立在任意荷载作用下圆柱壳一般弯曲的基本微分方程式。设圆柱壳的半径为 R，长度为 L，把 α 方向坐标放在纵向，即柱面的母线方向，把 β 方向的坐标放在环向方向，可参见图 7-1。则中面沿 α 方向的曲率 $k_1 = 0$，沿 β 方向的曲率 $k_2 = 1/R$，则 k_2 只是 β 的函数，不随着 α 变换，把 α、β 两个坐标都取成长度的因次，则有圆柱壳中面内任意一点沿 α、β 方向的拉梅系数 A、B 都等于 1，这样高斯-科达齐条件可以得到满足。

将 $A = B = 1$，$k_1 = 0$，$k_2 = 1/R$，代入薄壳的平衡微分方程式（6-34），就得到圆柱壳的平衡微分方程

$$\left.\begin{aligned}
&\frac{\partial F_{T1}}{\partial \alpha} + \frac{\partial F_{T12}}{\partial \beta} + q_1 = 0 \\[6pt]
&\frac{\partial F_{T2}}{\partial \beta} + \frac{\partial F_{T12}}{\partial \alpha} + \frac{F_{S2}}{R} + q_2 = 0 \\[6pt]
&-\frac{F_{T2}}{R} + \frac{\partial F_{S1}}{\partial \alpha} + \frac{\partial F_{S2}}{\partial \beta} + q_3 = 0 \\[6pt]
&\frac{\partial M_{12}}{\partial \alpha} + \frac{\partial M_2}{\partial \beta} - F_{S2} = 0 \\[6pt]
&\frac{\partial M_{12}}{\partial \beta} + \frac{\partial M_1}{\partial \alpha} - F_{S1} = 0
\end{aligned}\right\} \qquad [8\text{-}1\ (a)]$$

式 [8-1（a）] 第二式中 $\dfrac{F_{S2}}{R}$ 一项，表示横向剪力 F_{S2} 对环向平衡的影响。在圆柱壳中，这个影响很小，可以略去不计。这样圆柱壳的平衡微分方程可以改写为

$$\left.\begin{aligned}
&\frac{\partial F_{T1}}{\partial \alpha} + \frac{\partial F_{T12}}{\partial \beta} + q_1 = 0 \\
&\frac{\partial F_{T2}}{\partial \beta} + \frac{\partial F_{T12}}{\partial \alpha} + q_2 = 0 \\
&-\frac{F_{T2}}{R} + \frac{\partial F_{S1}}{\partial \alpha} + \frac{\partial F_{S2}}{\partial \beta} + q_3 = 0 \\
&F_{S2} = \frac{\partial M_{12}}{\partial \alpha} + \frac{\partial M_2}{\partial \beta} \\
&F_{S1} = \frac{\partial M_{12}}{\partial \beta} + \frac{\partial M_1}{\partial \alpha}
\end{aligned}\right\}
\qquad [8\text{-}1\ (b)]$$

同理，在薄壳的几何方程式 [6-27（a）] 中，命 $A = B = 1$，$k_1 = 0$，$k_2 = 1/R$，就得到圆柱壳的几何方程

$$\left.\begin{aligned}
&\varepsilon_1 = \frac{\partial u}{\partial \alpha} \\
&\varepsilon_2 = \frac{\partial v}{\partial \beta} + \frac{w}{R} \\
&\varepsilon_{12} = \frac{\partial u}{\partial \beta} + \frac{\partial v}{\partial \alpha} \\
&\chi_1 = -\frac{\partial^2 w}{\partial \alpha^2} \\
&\chi_2 = -\frac{\partial^2 w}{\partial \beta^2} \\
&\chi_{12} = -\frac{\partial^2 w}{\partial \alpha \partial \beta}
\end{aligned}\right\}
\qquad (8\text{-}2)$$

物理方程同式（6-30），形式如下：

$$\left.\begin{aligned}
&F_{T1} = \frac{Et}{1-\mu^2}\ (\varepsilon_1 + \mu\varepsilon_2) \\
&F_{T2} = \frac{Et}{1-\mu^2}\ (\varepsilon_2 + \mu\varepsilon_1) \\
&F_{T12} = F_{T21} = \frac{Et}{2\ (1+\mu)}\varepsilon_{12} \\
&M_1 = D\ (\chi_1 + \mu\chi_2) \\
&M_2 = D\ (\chi_2 + \mu\chi_1) \\
&M_{12} = M_{21} = (1-\mu)\ D\chi_{12}
\end{aligned}\right\}$$

在圆柱壳的弯曲问题中，其基本方程为式 [8-1（b）]、式（8-2）以及式（6-30），共有 17 个方程，含有 17 个未知量，其中 8 个内力分量，3 个位移分量，6 个应变分量，在相应的条件下，即可求解。

由于在圆柱壳的弯曲问题中，有 8 个内力分量，3 个位移分量，因此通常采用位移法求解更加方便。现将几何方程式（8-2）代入物理方程式（6-30）中，得到圆柱壳的

弹性方程

$$
\left.\begin{aligned}
F_{\mathrm{T1}} &= \frac{Et}{1-\mu^2}\left[\frac{\partial u}{\partial\alpha}+\mu\left(\frac{\partial v}{\partial\beta}+\frac{w}{R}\right)\right] \\
F_{\mathrm{T2}} &= \frac{Et}{1-\mu^2}\left[\left(\frac{\partial v}{\partial\beta}+\frac{w}{R}\right)+\mu\,\frac{\partial u}{\partial\alpha}\right] \\
F_{\mathrm{T12}} &= \frac{Et}{2\,(1+\mu)}\left(\frac{\partial u}{\partial\beta}+\frac{\partial v}{\partial\alpha}\right) \\
M_1 &= -D\left(\frac{\partial^2 w}{\partial\alpha^2}+\mu\,\frac{\partial^2 w}{\partial\beta^2}\right) \\
M_1 &= -D\left(\frac{\partial^2 w}{\partial\beta^2}+\mu\,\frac{\partial^2 w}{\partial\alpha^2}\right) \\
M_{12} &= -(1-\mu)D\,\frac{\partial^2 w}{\partial\alpha\partial\beta}
\end{aligned}\right\} \tag{8-3}
$$

将式（8-3）中后三式代入平衡微分方程［8-1（b）］后两式中，得

$$
\left.\begin{aligned}
F_{\mathrm{S2}} &= -D\,\frac{\partial}{\partial\beta}\nabla^2 w \\
F_{\mathrm{S1}} &= -D\,\frac{\partial}{\partial\alpha}\nabla^2 w
\end{aligned}\right\} \tag{8-4}
$$

式中，$\nabla^2 = \dfrac{\partial^2}{\partial\alpha^2}+\dfrac{\partial^2}{\partial\beta^2}$。

式（8-4）中 $D = \dfrac{Et^3}{12\,(1-\mu^2)}$，对于圆柱壳，半径 R 为常量，将式（8-3）及式（8-4）代入式［8-1（b）］中的前三式，整理前三式，并考虑 $\dfrac{\mathrm{d}R}{\mathrm{d}\beta}$ 成为零，即得到一组含有三个位移分量 u、v、w 的方程，这一组方程是用中面位移表示的平衡微分方程，有如下形式：

$$
\left.\begin{aligned}
\left(\frac{\partial^2}{\partial\alpha^2}+\frac{1-\mu}{2}\frac{\partial^2}{\partial\beta^2}\right)u+\frac{1+\mu}{2}\frac{\partial^2 v}{\partial\alpha\partial\beta}+\frac{\mu}{R}\frac{\partial w}{\partial\alpha} &= -\frac{1-\mu^2}{Et}q_1 \\
\frac{1+\mu}{2}\frac{\partial^2 u}{\partial\alpha\partial\beta}+\left(\frac{\partial^2}{\partial\beta^2}+\frac{1-\mu}{2}\frac{\partial^2}{\partial\alpha^2}\right)v+\frac{1}{R}\frac{\partial w}{\partial\beta} &= -\frac{1-\mu^2}{Et}q_2 \\
\frac{\mu}{R}\frac{\partial u}{\partial\alpha}+\frac{1}{R}\frac{\partial v}{\partial\beta}+\frac{w}{R^2}+\frac{t^2}{12}\nabla^4 w &= \frac{1-\mu^2}{Et}q_3
\end{aligned}\right\} \tag{8-5}
$$

式（8-5）是研究圆柱壳弯曲问题时用位移法求圆柱壳问题解的基本方程，在考虑边界条件后，通过式（8-5）求得中面位移 u、v、w 后，代入圆柱壳的弹性方程式（8-3），以及式（8-4）可以求得内力。

8.2　圆柱壳在法向荷载下的弯曲

工程上遇到的大量圆柱壳问题是承受法向荷载而切向荷载为零的情况，另一方面计算法向荷载作用下的圆柱壳也比较简单。因此，本节将讨论圆柱壳受法向荷载的

问题。

在式（8-5）中，令 $q_1 = 0$ 和 $q_2 = 0$，得到圆柱壳在法向荷载作用下的基本微分方程为

$$
\left.\begin{aligned}
&\left(\frac{\partial^2}{\partial\alpha^2} + \frac{1-\mu}{2}\frac{\partial^2}{\partial\beta^2}\right)u + \frac{1+\mu}{2}\frac{\partial^2 v}{\partial\alpha\partial\beta} + \frac{\mu}{R}\frac{\partial w}{\partial\alpha} = 0 \\
&\frac{1+\mu}{2}\frac{\partial^2 u}{\partial\alpha\partial\beta} + \left(\frac{\partial^2}{\partial\beta^2} + \frac{1-\mu}{2}\frac{\partial^2}{\partial\alpha^2}\right)v + \frac{1}{R}\frac{\partial w}{\partial\beta} = 0 \\
&\frac{\mu}{R}\frac{\partial u}{\partial\alpha} + \frac{1}{R}\frac{\partial v}{\partial\beta} + \frac{w}{R^2} + \frac{t^2}{12}\nabla^4 w = \frac{1-\mu^2}{Et}q_3
\end{aligned}\right\} \qquad \text{[8-6（a）]}
$$

现引入位移函数 $F = F(\alpha, \beta)$，把中面位移表示成

$$
\left.\begin{aligned}
&u = \frac{\partial}{\partial\alpha}\left(\frac{\partial^2}{\partial\beta^2} - \mu\frac{\partial^2}{\partial\alpha^2}\right)F（\alpha, \beta） \\
&v = -\frac{\partial}{\partial\beta}\left[\frac{\partial^2}{\partial\beta^2} + (2+\mu)\frac{\partial^2}{\partial\alpha^2}\right]F（\alpha, \beta） \\
&w = R\nabla^4 F（\alpha, \beta）
\end{aligned}\right\} \qquad \text{[8-6（b）]}
$$

将式［8-6（b）］代入式［8-6（a）］中，式［8-6（a）］前两式总能满足，而第三个方程要求

$$
\nabla^8 F + \frac{Et}{R^2 D}\frac{\partial^4 F}{\partial\alpha^4} = \frac{q_3}{RD} \qquad (8-7)
$$

通过式（8-7）即可确定位移函数 $F = F(\alpha, \beta)$。将式［8-6（b）］代入式（8-3）和式（8-4）中，即可将内力用位移函数 $F = F(\alpha, \beta)$ 表示为

$$
\left.\begin{aligned}
&F_{T1} = Et\frac{\partial^4 F（\alpha, \beta）}{\partial\alpha^2\partial\beta^2} \\
&F_{T2} = Et\frac{\partial^4 F（\alpha, \beta）}{\partial\alpha^4} \\
&F_{T12} = -Et\frac{\partial^4 F（\alpha, \beta）}{\partial\alpha^3\partial\beta} \\
&M_1 = -RD\left(\frac{\partial^2}{\partial\alpha^2} + \mu\frac{\partial^2}{\partial\beta^2}\right)\nabla^4 F（\alpha, \beta） \\
&M_2 = -RD\left(\frac{\partial^2}{\partial\beta^2} + \mu\frac{\partial^2}{\partial\alpha^2}\right)\nabla^4 F（\alpha, \beta） \\
&M_{12} = -(1-\mu)RD\frac{\partial^2}{\partial\alpha\partial\beta}\nabla^4 F（\alpha, \beta） \\
&F_{S1} = -RD\frac{\partial}{\partial\alpha}\nabla^6 F（\alpha, \beta） \\
&F_{S2} = -RD\frac{\partial}{\partial\beta}\nabla^6 F（\alpha, \beta）
\end{aligned}\right\} \qquad (8-8)
$$

边界条件也可以用 $F(\alpha, \beta)$ 表示。由偏微分方程（8-7）解出位移函数 $F(\alpha, \beta)$，代入式［8-6（b）］求得中面位移，将所得中面位移代入式（8-8）得到内力。

由于引入了位移函数 $F(\alpha, \beta)$，受法向荷载的圆柱壳的弯曲问题的计算大大便利

了，此外，$F(\alpha, \beta)$ 的定解方程为八阶偏微分方程，故如圆柱壳有边界条件需要满足，则在边界上应有四个边界条件。根据式 [8-6(b)] 及式 (8-8)，容易将边界条件用位移函数 $F(\alpha, \beta)$ 来表示，于是，在这些边界条件下求解方程 (8-7)，解出位移函数 $F(\alpha, \beta)$，分别代入式 [8-6 (b)] 和式 (8-8)，可求得圆柱壳受法向荷载时的位移和内力解。

例 8-1 设有四边简支矩形底受法向荷载作用的开口圆柱壳，圆柱壳的纵向边长为 a，环向边长为 b，坐标原点取在开口圆柱壳的一个角点，则边界条件为

$$(v, \; w, \; F_{T1}, \; M_1)_{\alpha=0} = 0, \quad (v, \; w, \; F_{T1}, \; M_1)_{\alpha=a} = 0$$
$$(u, \; w, \; F_{T2}, \; M_2)_{\beta=0} = 0, \quad (u, \; w, \; F_{T2}, \; M_2)_{\beta=b} = 0$$

解： 选取位移函数 $F(\alpha, \beta)$，利用式 [8-6 (b)] 及式 (8-8)，则上述的边界条件可以写成如下形式：

在 $\alpha=0$ 和 $\alpha=a$ 处，

$$\left.\begin{aligned}
&\frac{\partial}{\partial \beta}\left[\frac{\partial^2}{\partial \beta^2} + (2+\mu)\frac{\partial^2}{\partial \alpha^2}\right]F(\alpha, \beta) = 0 \\
&\nabla^4 F(\alpha, \beta) = 0 \\
&\frac{\partial^4 F(\alpha, \beta)}{\partial \alpha^2 \partial \beta^2} = 0 \\
&\left(\frac{\partial^2}{\partial \alpha^2} + \mu\frac{\partial^2}{\partial \beta^2}\right)\nabla^4 F(\alpha, \beta) = 0
\end{aligned}\right\} \qquad [8\text{-}9\,(a)]$$

在 $\beta=0$ 和 $\beta=b$ 处，

$$\left.\begin{aligned}
&\frac{\partial}{\partial \alpha}\left[\frac{\partial^2}{\partial \beta^2} - \mu\frac{\partial^2}{\partial \alpha^2}\right]F(\alpha, \beta) = 0 \\
&\nabla^4 F(\alpha, \beta) = 0 \\
&\frac{\partial^4 F(\alpha, \beta)}{\partial \alpha^4} = 0 \\
&\left(\frac{\partial^2}{\partial \beta^2} + \mu\frac{\partial^2}{\partial \alpha^2}\right)\nabla^4 F(\alpha, \beta) = 0
\end{aligned}\right\} \qquad [8\text{-}9\,(b)]$$

如果令：

在 $\alpha=0$ 和 $\alpha=a$ 处，

$$F(\alpha, \beta) = \frac{\partial^2 F(\alpha, \beta)}{\partial \alpha^2} = \frac{\partial^4 F(\alpha, \beta)}{\partial \alpha^4} = \frac{\partial^6 F(\alpha, \beta)}{\partial \alpha^6}$$

在 $\beta=0$ 和 $\beta=b$ 处，

$$F(\alpha, \beta) = \frac{\partial^2 F(\alpha, \beta)}{\partial \beta^2} = \frac{\partial^4 F(\alpha, \beta)}{\partial \beta^4} = \frac{\partial^6 F(\alpha, \beta)}{\partial \beta^6}$$

则边界条件式 (8-9) 即可满足。将薄板的纳维解法推广到圆柱薄壳中，取位移函数 $F(\alpha, \beta)$ 为重三角级数的形式，即

$$F(\alpha, \beta) = \sum_{m=1}^{\infty}\sum_{n=1}^{\infty} A_{mn}\sin\frac{m\pi\alpha}{a}\sin\frac{n\pi\beta}{b} \qquad [8\text{-}10\,(a)]$$

将式 [8-10 (a)] 代入方程 (8-7) 中得

$$\sum_{m=1}^{\infty}\sum_{n=1}^{\infty}A_{mn}\left\{\left[\left(\frac{m\pi}{a}\right)^2+\left(\frac{n\pi}{b}\right)^2\right]^4+\frac{Et}{R^2D}\left(\frac{m\pi}{a}\right)^4\right\}\sin\frac{m\pi\alpha}{a}\sin\frac{n\pi\beta}{b}=\frac{q_3}{RD}$$

[8-10（b）]

将式［8-10（b）］中右边的 q_3 也展成和左边同样形式的级数，得

$$q_3=\frac{4}{ab}\sum_{m=1}^{\infty}\sum_{n=1}^{\infty}\left[\int_0^a\int_0^b q_3\sin\frac{m\pi\alpha}{a}\sin\frac{n\pi\beta}{b}d\alpha d\beta\right]\sin\frac{m\pi\alpha}{a}\sin\frac{n\pi\beta}{b}$$ [8-10（c）]

将式［8-10（c）］代入式［8-10（b）］的右边，比较两边的系数，即可得出 A_{mn}，将 A_{mn} 代入式［8-10（a）］中，得出位移函数

$$F(\alpha,\beta)=\frac{4}{abRD}\sum_{m=1}^{\infty}\sum_{n=1}^{\infty}\frac{\int_0^a\int_0^b q_3\sin\frac{m\pi\alpha}{a}\sin\frac{n\pi\beta}{b}d\alpha d\beta}{\left[\left(\frac{m\pi}{a}\right)^2+\left(\frac{n\pi}{b}\right)^2\right]^4+\frac{Et}{R^2D}\left(\frac{m\pi}{a}\right)^4}\sin\frac{m\pi\alpha}{a}\sin\frac{n\pi\beta}{b}$$

[8-10（d）]

式［8-10（d）］得到位移函数的形式为重三角级数，在计算时，由于重三角级数收敛慢，不便应用于工程实际。

当圆柱壳在 $\alpha=0$ 及 $\alpha=a$ 的边界上为简支时，无论它在环向是开口还是闭合，都可推广应用莱维对矩形薄板的解法，即位移函数取为单三角级数的形式

$$F(\alpha,\beta)=\sum_{m=1}^{\infty}\psi_m(\beta)\sin\frac{m\pi\alpha}{a}$$ [8-10（e）]

式［8-10（e）］总可以满足圆柱壳两端的简支边界条件，即

$$(F_{T1},\ v,\ w,\ M_1)_{\alpha=0}=0,\ (F_{T1},\ v,\ w,\ M_1)_{\alpha=a}=0$$

将法向荷载 q_3 展开为与式［8-10（e）］右边相同的单三角级数，即

$$q_3=\frac{2}{a}\sum_{m=1}^{\infty}\left[\int_0^a q_3\sin\frac{m\pi\alpha}{a}d\alpha\right]\sin\frac{m\pi\alpha}{a}$$

再将式［8-10（e）］与 q_3 的表达式代入偏微分方程（8-7）中，比较方程两边的系数，即得 $\psi_m(\beta)$ 的八阶常微分方程如下

$$\left[\left(\frac{d^2}{d\beta^2}-\lambda_m^2\right)^4+\frac{Et}{R^2D}\lambda_m^4\right]\psi_m(\beta)=\frac{2}{RDa}\int_0^a q_3\sin\lambda_m\alpha d\alpha$$ [8-10（f）]

其中，$\lambda_m=m\pi/a$。这一方程的特解为 $\psi_m^*(\beta)$，根据式［8-10（f）］右边积分的结果而选择。至于它的补充解，则须根据它的特征方程

$$(r_m^2-\lambda_m^2)^4+\frac{Et}{R^2D}\lambda_m^4=0$$ [8-10（g）]

来求得，由于 $\frac{Et}{R^2D}\lambda_m^4$ 总是正的，这个方程将具有四对复根。假定这四对复根是

$$a_m\pm ib_m,\ -a_m\pm ib_m,\ c_m\pm id_m,\ -c_m\pm id_m$$

其中，a_m，b_m，c_m，d_m 均为实数，则 $\psi_m(\beta)$ 的解为

$$\begin{aligned}\psi_m(\beta)=&\psi_m^*(\beta)+C_{1m}\cosh a_m\beta\sin b_m\beta+C_{2m}\cosh a_m\beta\cos b_m\beta+\\&C_{3m}\sinh a_m\beta\cos b_m\beta+C_{4m}\sinh a_m\beta\sin b_m\beta+\\&C_{5m}\cosh c_m\beta\sin d_m\beta+C_{6m}\cosh c_m\beta\cos d_m\beta+\\&C_{7m}\sinh c_m\beta\cos d_m\beta+C_{8m}\sinh c_m\beta\sin d_m\beta\end{aligned}$$

[8-10（h）]

当圆柱壳在环向为开口时，解式［8-10（h）］中的任意常数可用 $\beta=0$ 及 $\beta=b$ 处的边界条件来确定。

当圆柱壳在环向为闭合时，解式［8-10（h）］中的任意常数可用 β 方向周期性条件来确定

$$\left[\frac{\mathrm{d}^n}{\mathrm{d}\beta^n}\psi_m(\beta)\right]_{\beta=0}=\left[\frac{\mathrm{d}^n}{\mathrm{d}\beta^n}\psi_m(\beta)\right]_{\beta=2\pi R}\quad(n=0,1,2,\cdots,7)$$

上式为八元方程组，周期性条件就保证了位移和内力的单值性，因为中面位移和内力与 $\psi_m(\beta)$ 及其一阶到七阶导数有关。确定 $\psi_m(\beta)$ 后，代入式［8-10（e）］中，得到位移函数 $F(\alpha,\beta)$，将 $F(\alpha,\beta)$ 代入式［8-6（b）］和式（8-8）中即可求出中面位移和内力。

当环向闭合的圆柱壳在两端有非简支时，可以用 β 的三角级数求解。取位移函数为

$$F(\alpha,\beta)=\psi_0(\alpha)+\sum_{m=1}^{\infty}\psi_m(\alpha)\cos\frac{m\beta}{R}+\sum_{n=1}^{\infty}\psi_n(\alpha)\sin\frac{n\beta}{R}\qquad[8\text{-}10（i）]$$

式［8-10（i）］同样可以满足 β 方向的周期性条件。将法向荷载 q_3 展开为同样形式的三角级数，与式［8-10（i）］共同代入偏微分方程（8-7），比较两边的系数，可以得出 ψ_0、ψ_m 及 ψ_n 的八阶常微分方程。解出 ψ_0、ψ_m 及 ψ_n，并用圆柱壳两端的边界条件确定其中的任意常数，即可用式［8-6（b）］及式（8-8）求得中面位移和内力。

8.3　圆柱壳轴对称弯曲问题

如果圆柱壳的支承情况对称于壳体的中心轴，外载只有法向荷载 q_3 也对称于壳体的中心轴，则对于弯曲问题而言，壳体的内力和位移也将是轴对称的。

圆柱壳的轴对称弯曲问题在工程上很重要，压力容器、火箭导弹等构件都是实例。在此情况下，法向荷载 q_3、位移函数 F 及所有内力和位移全部只是 α 的函数而与 β 无关，即 $q_3=q_3(\alpha)$，$F=F(\alpha)$，而偏微分方程（8-7）可简化为常微分方程

$$\frac{\mathrm{d}^8F}{\mathrm{d}\alpha^8}+\frac{Et}{R^2D}\frac{\mathrm{d}^4F}{\mathrm{d}\alpha^4}=\frac{q_3}{RD}\qquad[8\text{-}11（a）]$$

与此相应，［8-6（b）］中的第三式也简化为

$$w=R\frac{\mathrm{d}^4F}{\mathrm{d}\alpha^4}\qquad[8\text{-}11（b）]$$

利用式［8-11（b）］，方程［8-11（a）］化为

$$\frac{\mathrm{d}^4w}{\mathrm{d}\alpha^4}+\frac{Et}{R^2D}w=\frac{q_3}{D}\qquad[8\text{-}11（c）]$$

这是 w 的四阶常微分方程，可按照每个边界上关于 w 的两个边界条件来求解。

利用式［8-11（b）］，注意 $F=F(\alpha)$，可以由式（8-8）得出内力的表达式

$$\left.\begin{array}{lll}F_{\mathrm{T1}}=0, & F_{\mathrm{T2}}=\dfrac{Et}{R}w, & F_{\mathrm{T12}}=0\\[3mm]M_1=-D\dfrac{\mathrm{d}^2w}{\mathrm{d}\alpha^2}, & M_2=-\mu D\dfrac{\mathrm{d}^2w}{\mathrm{d}\alpha^2}=\mu M_1\\[3mm]M_{12}=0, & F_{\mathrm{S1}}=-D\dfrac{\mathrm{d}^3w}{\mathrm{d}\alpha^3}, & F_{\mathrm{S2}}=0\end{array}\right\}\qquad[8\text{-}11（d）]$$

当知道了 w 的解答后，代入式［8-11（d）］可以求得所有的内力。

为了简化解答，引入一个因次为［长度］$^{-1}$的常数

$$\lambda = \left(\frac{Et}{4R^2 D}\right)^{1/4} = \left[\frac{3(1-\mu^2)}{R^2 t^2}\right]^{1/4} \tag{8-12}$$

并引入无因次坐标 ξ 代替 α

$$\xi = \lambda \alpha \tag{8-13}$$

这样，微分方程［8-11（c）］就变换成为

$$\frac{\mathrm{d}^4 w}{\mathrm{d}\xi^4} + 4w = \frac{4R^2}{Et} q_3 \tag{8-14}$$

式（8-14）的解答可以写成

$$w = C_1 \sin\xi \sinh\xi + C_2 \sin\xi \cosh\xi + C_3 \cos\xi \sinh\xi + C_4 \cos\xi \cosh\xi + w^* \tag{8-15}$$

其中 w^* 是任一特解，可以根据法向荷载 $q_3(\alpha)$ 的函数形式按照微分方程（8-14）的要求来选择，常数 C_1、C_2、C_3、C_4 取决于边界条件。内力的表达式［8-11（d）］则变换为

$$\left.\begin{array}{lll} F_{T1} = 0, & F_{T2} = \dfrac{Et}{R} w, & F_{T12} = 0 \\[2mm] M_1 = -\lambda^2 D \dfrac{\mathrm{d}^2 w}{\mathrm{d}\xi^2}, & M_2 = \mu M_1 \\[2mm] M_{12} = 0, & F_{S1} = -\lambda^3 D \dfrac{\mathrm{d}^3 w}{\mathrm{d}\xi^3}, & F_{S2} = 0 \end{array}\right\} \tag{8-16}$$

以上就是圆柱壳轴对称弯曲问题的求解过程。

例 8-2　设有受均匀内压力 q_0 的圆筒，圆筒的长度为 $2l$，半径为 R，如图 8-1 所示，求内力和位移。

解： 为了利用对称性，将中央横截面取为 $\alpha = 0$，荷载 $q_3 = q_0$ 为常量，所以式（8-15）中的特解取为

$$w^* = \frac{R^2}{Et} q_3 = \frac{q_0 R^2}{Et}$$

由于对称，w 应为 ξ 的偶函数（关于 α 轴肯定对称），则式（8-15）中常数 $C_2 = C_3 = 0$，于是，式（8-15）就变为

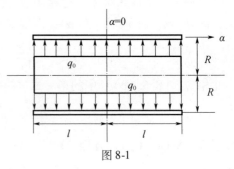

图 8-1

$$w = C_1 \sin\xi \sinh\xi + C_4 \cos\xi \cosh\xi + \frac{q_0 R^2}{Et} \tag{8-17}$$

下面分析各种边界条件下位移和内力的求解。

（1）假定圆筒两端简支，则边界条件为

$$w\big|_{\alpha = \pm l} = 0, \quad M_1\big|_{\alpha = \pm l} = 0$$

根据式（8-13）及式（8-16），上式的边界条件可变换为

$$w\big|_{\xi = \pm \lambda l} = 0, \quad \frac{\mathrm{d}^2 w}{\mathrm{d}\xi^2}\bigg|_{\xi = \pm \lambda l} = 0$$

将式（8-17）代入边界条件中，得到两方程如下

$$C_1\sin\lambda l\sinh\lambda l + C_4\cos\lambda l\cosh\lambda l + \frac{q_0R^2}{Et} = 0 \left.\right\}$$

$$C_1\cos\lambda l\cosh\lambda l - C_4\sin\lambda l\sinh\lambda l = 0$$

求解常数 C_1，C_4，并代入式（8-17）中，得到位移 w 的表达式

$$w = \frac{q_0R^2}{Et}\left(1 - \frac{2\sin\lambda l\sinh\lambda l}{\cos2\lambda l + \cosh2\lambda l}\sin\xi\sinh\xi - \frac{2\cos\lambda l\cosh\lambda l}{\cos2\lambda l + \cosh2\lambda l}\cos\xi\cosh\xi\right)$$

将上式代入式（8-16）中，可求内力，如

$$M_1 = -\lambda^2 D\frac{\mathrm{d}^2 w}{\mathrm{d}\xi^2} = \frac{q_0}{\lambda^2}\left(\frac{\sin\lambda l\sinh\lambda l}{\cos2\lambda l + \cosh2\lambda l}\cos\xi\cosh\xi - \frac{2\cos\lambda l\cosh\lambda l}{\cos2\lambda l + \cosh2\lambda l}\sin\xi\sinh\xi\right)$$

其他的内力也可以类似求出。

在圆筒的中间，即 $\alpha = \xi = 0$，挠度 w 和弯矩 M_1 都是最大，最大值为

$$w_{\max} = \frac{q_0R^2}{Et}\left(1 - \frac{2\cos\lambda l\cosh\lambda l}{\cos2\lambda l + \cosh2\lambda l}\right)$$

$$(M_1)_{\max} = \frac{q_0}{\lambda^2}\frac{\sin\lambda l\sinh\lambda l}{\cos2\lambda l + \cosh2\lambda l}$$

（2）假定圆筒两端固定，则边界条件为

$$w\big|_{\alpha = \pm l} = 0, \quad \frac{\mathrm{d}w}{\mathrm{d}\alpha}\bigg|_{\alpha = \pm l} = 0$$

根据式（8-13），上列边界条件可变换为

$$w\big|_{\xi = \pm\lambda l} = 0, \quad \frac{\mathrm{d}w}{\mathrm{d}\xi}\bigg|_{\xi = \pm\lambda l} = 0$$

将式（8-17）代入上面的边界条件中，得到

$$C_1\sin\lambda l\sinh\lambda l + C_4\cos\lambda l\cosh\lambda l + \frac{q_0R^2}{Et} = 0 \left.\right\}$$

$$C_1(\sin\lambda l\cosh\lambda l + \cos\lambda l\sinh\lambda l) + C_4(\cos\lambda l\sinh\lambda l - \sin\lambda l\cosh\lambda l) = 0$$

求解常数 C_1 和 C_4，代入式（8-17）和式（8-16）中，得到挠度 w 和弯矩 M_1 表达式

$$w = \frac{q_0R^2}{Et}\left(1 - 2\frac{\sin\lambda l\cosh\lambda l - \cos\lambda l\sinh\lambda l}{\sin2\lambda l + \sinh2\lambda l}\sin\xi\sinh\xi - 2\frac{\sin\lambda l\cosh\lambda l + \cos\lambda l\sinh\lambda l}{\sin2\lambda l + \sinh2\lambda l}\cos\xi\cosh\xi\right)$$

$$M_1 = \frac{q_0}{\lambda^2}\left(\frac{\sin\lambda l\cosh\lambda l - \cos\lambda l\sinh\lambda l}{\sin2\lambda l + \sinh2\lambda l}\cos\xi\cosh\xi - \frac{\sin\lambda l\cosh\lambda l + \cos\lambda l\sinh\lambda l}{\sin2\lambda l + \sinh2\lambda l}\sin\xi\sinh\xi\right)$$

圆筒中间的挠度和两端的弯矩为

$$w\big|_{\alpha = 0} = \frac{q_0R^2}{Et}\left(1 - 2\frac{\sin\lambda l\cosh\lambda l + \cos\lambda l\sinh\lambda l}{\sin2\lambda l + \sinh2\lambda l}\right)$$

$$M_1\big|_{\alpha = \pm l} = -\frac{q_0}{2\lambda^2}\frac{\sinh2\lambda l - \sin2\lambda l}{\sinh2\lambda l + \sin2\lambda l}$$

（3）假定圆筒两端是自由端，则边界条件为

$$M_1\big|_{\alpha = \pm l} = 0, \quad F_{S1}\big|_{\alpha = \pm l} = 0$$

根据式（8-13）及式（8-16），上式边界条件可变换为

$$\frac{\mathrm{d}^2 w}{\mathrm{d}\xi^2}\bigg|_{\xi = \pm\lambda l} = 0, \quad \frac{\mathrm{d}^3 w}{\mathrm{d}\xi^3}\bigg|_{\xi = \pm\lambda l} = 0$$

将式（8-17）位移 w 代入边界条件后，得到关于常数 C_1 和 C_4 的两个齐次线性方程，求解得 $C_1 = C_4 = 0$，于是得到位移和内力解分别为

$$w = \frac{q_0 R^2}{Et}, \quad F_{T1} = 0$$

$$F_{T2} = \frac{Etw}{R} = q_0 R, \quad F_{T12} = 0$$

$$M_1 = M_2 = M_{12} = F_{S1} = F_{S2} = 0 \quad （无矩的状态）$$

位移和内力解与第 7 章无矩理论中的式（7-15）相同，这种情况就是无矩状态。

8.4 轴对称弯曲问题的简化解答

轴对称弯曲问题的基本微分方程为式（8-14）

$$\frac{\mathrm{d}^4 w}{\mathrm{d}\xi^4} + 4w = \frac{4R^2}{Et} q_3$$

其解答也还可取为

$$w = \mathrm{e}^{-\xi}(C_1 \cos\xi + C_2 \sin\xi) + \mathrm{e}^{\xi}(C_3 \cos\xi + C_4 \sin\xi) + w^* \qquad [8\text{-}18（a）]$$

为了分析边缘效应，设有半无限长的圆筒，半径为 R，受有沿边界均匀分布的弯矩 M_0 及剪力 F_{S0} 的作用，如图 8-2 所示。

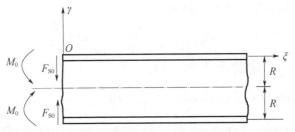

图 8-2 半无限长的圆筒沿边界受均匀分布的弯矩 M_0 及剪力 F_{S0}

法向荷载 $q_3 = 0$，所以特解可以取为 $w^* = 0$。另一方面，按照圣维南原理，在远离这些自成平衡的荷载之处，应力可以不计，因而内力也可以不计。由式（8-16）中的 $F_{T2} = \frac{Et}{R} W$ 可知，中面位移 w 也可以不计，也就是说，当 $\xi \to \infty$ 时，$w \to 0$。因此，式 [8-18（a）] 中的 $C_3 = C_4 = 0$。于是解答式 [8-18（a）] 简化为

$$w = \mathrm{e}^{-\xi}(C_1 \cos\xi + C_2 \sin\xi) \qquad [8\text{-}18（b）]$$

知边界条件为

$$(M_1)_{\xi=0} = -\lambda^2 D \left(\frac{\mathrm{d}^2 w}{\mathrm{d}\xi^2}\right)_{\xi=0} = M_0$$

$$(F_{S1})_{\xi=0} = -\lambda^3 D \left(\frac{\mathrm{d}^3 w}{\mathrm{d}\xi^3}\right)_{\xi=0} = F_{S0}$$

将式 [8-18（b）] 代入上面的边界条件中，求解 C_1 及 C_2，再代入式 [8-18（b）]，即得中面位移

$$w = \frac{1}{2\lambda^3 D} \mathrm{e}^{-\xi} [-\lambda M_0(\cos\xi - \sin\xi) - F_{S0}\cos\xi] \qquad [8\text{-}18（c）]$$

为了便于计算，引入如下的四个特殊函数

$$
\left.\begin{array}{l}
f_1(\xi) = \mathrm{e}^{-\xi}(\cos\xi + \sin\xi),\quad f_2(\xi) = \mathrm{e}^{-\xi}\sin\xi \\
f_3(\xi) = \mathrm{e}^{-\xi}(\cos\xi - \sin\xi),\quad f_4(\xi) = \mathrm{e}^{-\xi}\cos\xi
\end{array}\right\}
\tag{8-19}
$$

它们之间有微分关系

$$
\left.\begin{array}{l}
f_1{}'(\xi) = -2f_2(\xi),\quad f_2{}'(\xi) = f_3(\xi) \\
f_3{}'(\xi) = -2f_4(\xi),\quad f_4{}'(\xi) = -f_1(\xi)
\end{array}\right\}
\tag{8-20}
$$

并利用内力表达式（8-16），可将中面位移 w、转角 θ_1（即 $\dfrac{\mathrm{d}w}{\mathrm{d}\alpha}$）、弯矩 M_1 及剪力 F_{S1} 用式（8-19）四个特殊函数表示为

$$
\left.\begin{array}{l}
w = -\dfrac{M_0}{2\lambda^2 D}f_3(\xi) - \dfrac{F_{S0}}{2\lambda^3 D}f_4(\xi) \\[3mm]
\theta_1 = \dfrac{\mathrm{d}w}{\mathrm{d}\alpha} = \lambda\,\dfrac{\mathrm{d}w}{\mathrm{d}\xi} = \dfrac{F_{S0}}{2\lambda^2 D}f_1(\xi) + \dfrac{M_0}{\lambda D}f_4(\xi) \\[3mm]
M_1 = M_0 f_1(\xi) + \dfrac{F_{S0}}{\lambda}f_2(\xi) \\[3mm]
F_{S1} = F_{S0}f_3(\xi) - 2\lambda M_0 f_2(\xi)
\end{array}\right\}
\tag{8-21}
$$

四个特殊函数 $f_1(\xi)$、$f_2(\xi)$、$f_3(\xi)$、$f_4(\xi)$ 可查表 8-1 而得到。

由表 8-1 可见，当 $\xi = \lambda\alpha$ 充分增大时，四个特殊函数取值很小，这就表示，法向位移及弯曲内力都是局部性的。当 $\xi = \lambda\alpha > \pi$ 时，

表 8-1　函数 $f_1(\xi)$，$f_2(\xi)$，$f_3(\xi)$，$f_4(\xi)$ 的数值

ξ	$f_1(\xi)$	$f_2(\xi)$	$f_2(\xi)$	$f_2(\xi)$
0.0	1.000	0.000	1.000	1.000
0.1	0.991	0.090	0.810	0.900
0.2	0.965	0.163	0.640	0.802
0.3	0.927	0.219	0.489	0.708
0.4	0.878	0.261	0.356	0.617
0.5	0.823	0.291	0.242	0.532
0.6	0.763	0.310	0.143	0.453
0.7	0.700	0.320	0.060	0.380
0.8	0.635	0.322	-0.009	0.313
0.9	0.571	0.319	-0.066	0.253
1.0	0.508	0.310	-0.111	0.199
1.1	0.448	0.297	-0.146	0.151
1.2	0.390	0.281	-0.172	0.109
1.3	0.336	0.263	-0.190	0.073
1.4	0.285	0.243	-0.201	0.042
1.5	0.238	0.223	-0.207	0.016
1.6	0.196	0.202	-0.208	-0.006

ξ	$f_1(\xi)$	$f_2(\xi)$	$f_2(\xi)$	$f_2(\xi)$
1.7	0.158	0.181	−0.205	−0.024
1.8	0.123	0.161	−0.199	−0.038
1.9	0.093	0.142	−0.190	−0.048
2.0	0.067	0.123	−0.179	−0.056
2.1	0.044	0.106	−0.168	−0.062
2.2	0.024	0.090	−0.155	−0.065
2.3	0.008	0.075	−0.142	−0.067
2.4	0.006	0.061	−0.128	−0.067
2.5	−0.017	0.049	−0.115	−0.066
2.6	−0.025	0.038	−0.102	−0.064
2.7	−0.032	0.029	−0.090	−0.061
2.8	−0.036	0.020	−0.078	−0.057
2.9	−0.040	0.013	−0.067	−0.053
3.0	−0.042	0.007	−0.056	−0.049
3.1	−0.043	0.002	−0.047	−0.045
3.2	−0.043	−0.002	−0.038	−0.041
3.3	−0.042	−0.006	−0.031	−0.036
3.4	−0.041	−0.009	−0.024	−0.032
3.5	−0.039	−0.011	−0.018	−0.028
3.6	−0.037	−0.012	−0.012	−0.025
3.7	−0.034	−0.013	−0.008	−0.021
3.8	−0.031	−0.014	−0.004	−0.018
3.9	−0.029	−0.014	−0.001	−0.015
4.0	−0.026	−0.014	−0.002	−0.012

每个特殊函数的绝对值都小于它的最大绝对值的 5% ，这时

$$\alpha > \pi/\lambda = \pi \left[\frac{R^2 t^2}{3(1-\mu^2)} \right]^{1/4} = 2.0\sqrt{Rt} \sim 2.5\sqrt{Rt}$$

这就是说，在离开受力端距离超过 $2.0\sqrt{Rt} \sim 2.5\sqrt{Rt}$ 之处，法向位移 w 和弯曲内力 M_1 都可以不计。例如，设 $R=100\text{cm}$，$t=1\text{cm}$，则在离开受力端 $20 \sim 25\text{cm}$ 处，法向位移 w 和弯曲内力 M_1 即可不计。式（8-21）可以用来分析边缘效应。

8.5　实例分析：容器圆柱壳的简化计算

对于工程上很多的容器圆柱壳，在进行计算时，都可以利用 8.4 节中的简化解答，或者再和无矩解答相叠加，这样得到的结果一般都能符合工程上对精度的要求，而计算的工作量减少很多。

例 8-3　设有一圆筒，在其某一截面上受有沿环向均匀分布的法向荷载 F，如图 8-3 所示，荷载至圆筒两端的距离较远（大于 $2.5\sqrt{Rt}$）。

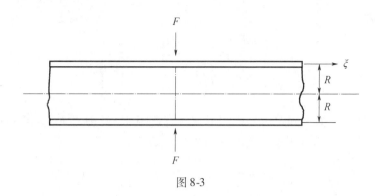

图 8-3

解： 由于荷载至圆筒两端的距离较远（大于 $2.5\sqrt{Rt}$），可利用 8.4 节的圆筒简化计算解。

由对称性可见，在荷载 F 右边的相邻横截面上，剪力为 $F_{S0} = \dfrac{F}{2}$，于是圆筒右半部分的 w、θ_1、M_1、F_{S1} 可由式（8-21）写出

$$\left.\begin{aligned}
w &= -\frac{M_0}{2\lambda^2 D} f_3(\xi) - \frac{F}{4\lambda^3 D} f_4(\xi) \\[2mm]
\theta_1 &= \frac{\mathrm{d}w}{\mathrm{d}\alpha} = \lambda\,\frac{\mathrm{d}w}{\mathrm{d}\xi} = \frac{F}{4\lambda^2 D} f_1(\xi) + \frac{M_0}{\lambda D} f_4(\xi) \\[2mm]
M_1 &= M_0 f_1(\xi) + \frac{F}{2\lambda} f_2(\xi) \\[2mm]
F_{S1} &= \frac{F}{2} f_3(\xi) - 2\lambda M_0 f_2(\xi)
\end{aligned}\right\} \qquad [8\text{-}22\,(\text{a})]$$

利用对称性条件 $\theta_1\big|_{\xi=0}=0$，注意到 $\xi=0$，将式［8-22（a）］中的第二式代入对称性条件，有

$$\frac{F}{4\lambda^2 D} + \frac{M_0}{\lambda D} = 0$$

求解可得

$$M_0 = -\frac{F}{4\lambda}$$

将 M_0 代入式［8-22（a）］，并利用式（8-19），即得

$$\left.\begin{aligned}
w &= \frac{F}{8\lambda^3 D}[f_3(\xi) - 2f_4(\xi)] = -\frac{F}{8\lambda^3 D} f_1(\xi) \\[2mm]
\theta_1 &= \frac{F}{4\lambda^2 D}[f_1(\xi) - f_4(\xi)] = \frac{F}{4\lambda^2 D} f_2(\xi) \\[2mm]
M_1 &= -\frac{F}{4\lambda}[f_1(\xi) - 2f_2(\xi)] = -\frac{F}{4\lambda} f_3(\xi) \\[2mm]
F_{S1} &= \frac{F}{2}[f_3(\xi) + f_2(\xi)] = \frac{F}{2} f_4(\xi)
\end{aligned}\right\}$$

在荷载作用处，挠度 w 及弯矩 M_1 的绝对值最大，分别为 $F/8\lambda^3 D$ 及 $F/4\lambda$。

在 7.5 节容器柱壳的无矩计算例 7-1 中，利用无矩理论得到中面的法向位移 w 和中

面的转角 θ_1 为

$$w = \frac{\rho g R^2(L-\alpha)}{Et} = \frac{pR^2}{Et}\left(L - \frac{\xi}{\lambda}\right) \Bigg\}$$

$$\theta_1 = \frac{dw}{d\alpha} = -\frac{pR^2}{Et} \qquad \qquad \text{[8-22(b)]}$$

因为该圆筒的下端为固定边,则在下端将有弯矩 M_0 及剪力 F_{S0},假定 $L > 2.5\sqrt{Rt}$,将式 [8-22(b)] 所示的无矩解答与式 (8-21) 相叠加,得

$$w = \frac{\rho g R^2}{Et}\left(L - \frac{\xi}{\lambda}\right) - \frac{M_0}{2\lambda^2 D}f_3(\xi) - \frac{F_{S0}}{2\lambda^3 D}f_4(\xi) \Bigg\}$$

$$\theta_1 = -\frac{\rho g R^2}{Et} + \frac{F_{S0}}{2\lambda^2 D}f_1(\xi) + \frac{M_0}{\lambda D}f_4(\xi)$$

$$M_1 = M_0 f_1(\xi) + \frac{F_{S0}}{\lambda}f_2(\xi) \qquad \qquad \text{[8-22(c)]}$$

$$F_{S1} = F_{S0}f_3(\xi) - 2\lambda M_0 f_2(\xi)$$

在固定端,有边界条件

$$(w)_{\xi=0} = 0, \quad (\theta_1)_{\xi=0} = 0$$

将式 [8-22(c)] 中的前两式代入上面的边界条件中,同时考虑在 $\xi=0$ 时,有 $f_1(\xi) = f_3(\xi) = f_4(\xi) = 1$,即得

$$\frac{\rho g R^2 L}{Et} - \frac{M_0}{2\lambda^2 D} - \frac{F_{S0}}{2\lambda^3 D} = 0$$

$$-\frac{\rho g R^2}{Et} + \frac{F_{S0}}{2\lambda^2 D} + \frac{M_0}{\lambda D} = 0$$

求解 M_0 及 F_{S0},得

$$M_0 = -\frac{2\rho g R^2 D\lambda}{Et}(\lambda L - 1) = -\frac{\rho g R t L}{\sqrt{12(1-\mu^2)}}\left(1 - \frac{1}{\lambda L}\right)$$

$$F_{S0} = -\frac{2\rho g R^2 D\lambda^2}{Et}(2\lambda L - 1) = \frac{\rho g R t}{\sqrt{12(1-\mu^2)}}(2\lambda L - 1)$$

代入到式 [8-22(c)],查表 8-1,即可得到圆筒的位移和内力解。

8.6 圆柱壳在任意荷载下的弯曲

现在假定圆柱壳受到任意荷载,在计算时,必须应用圆柱壳的一般形式的基本微分方程 [8-5(b)],如下式

$$\left(\frac{\partial^2}{\partial\alpha^2} + \frac{1-\mu}{2}\frac{\partial^2}{\partial\beta^2}\right)u + \frac{1+\mu}{2}\frac{\partial^2 v}{\partial\alpha\partial\beta} + \frac{\mu}{R}\frac{\partial w}{\partial\alpha} = -\frac{1-\mu^2}{Et}q_1 \Bigg\}$$

$$\frac{1+\mu}{2}\frac{\partial^2 u}{\partial\alpha\partial\beta} + \left(\frac{\partial^2}{\partial\beta^2} + \frac{1-\mu}{2}\frac{\partial^2}{\partial\alpha^2}\right)v + \frac{1}{R}\frac{\partial w}{\partial\beta} = -\frac{1-\mu^2}{Et}q_2$$

$$\frac{\mu}{R}\frac{\partial u}{\partial\alpha} + \frac{1}{R}\frac{\partial v}{\partial\beta} + \frac{w}{R^2} + \frac{t^2}{12}\nabla^4 w = \frac{1-\mu^2}{Et}q_3$$

为了求解该方程，引入位移函数 $F(\alpha, \beta)$，则中面位移表示为

$$
\left.\begin{aligned}
u &= \frac{\partial}{\partial\alpha}\left(\frac{\partial^2}{\partial\beta^2} - \mu\frac{\partial^2}{\partial\alpha^2}\right)F + u^* \\
v &= -\frac{\partial}{\partial\beta}\left[\frac{\partial^2}{\partial\beta^2} + (2+\mu)\frac{\partial^2}{\partial\alpha^2}\right]F + v^* \\
w &= R\,\nabla^4 F + w^*
\end{aligned}\right\} \tag{8-23}
$$

式中，$u^* = u^*(\alpha, \beta)$、$v^* = v^*(\alpha, \beta)$、$w^* = w^*(\alpha, \beta)$ 为微分方程 [8-5（b）] 的一组特解，这些特解可按荷载 q_1、q_2、q_3 的函数形式，根据微分方程（8-5）的要求来选取。将式（8-23）代入方程（8-5），前两个方程恒满足，而第三个方程要求

$$
\nabla^8 F + \frac{Et}{R^2 D}\frac{\partial^4 F}{\partial\alpha^4} = 0 \tag{8-24}
$$

为了用位移函数 $F(\alpha, \beta)$ 表示内力，将式（8-23）代入弹性方程（8-3），这样就得到内力的计算公式

$$
\left.\begin{aligned}
F_{T1} &= Et\frac{\partial^4 F}{\partial\alpha^2\partial\beta^2} + \frac{Et}{1-\mu^2}\left[\frac{\partial u^*}{\partial\alpha} + \mu\left(\frac{\partial v^*}{\partial\beta} + \frac{w^*}{R}\right)\right] \\
F_{T2} &= Et\frac{\partial^4 F}{\partial\alpha^4} + \frac{Et}{1-\mu^2}\left[\left(\frac{\partial v^*}{\partial\beta} + \frac{w^*}{R}\right) + \mu\frac{\partial u^*}{\partial\alpha}\right] \\
F_{T12} &= -Et\frac{\partial^4 F}{\partial\alpha^3\partial\beta} + \frac{Et}{2(1+\mu)}\left(\frac{\partial u^*}{\partial\beta} + \frac{\partial v^*}{\partial\alpha}\right)
\end{aligned}\right\} \tag{8-25}
$$

$$
\left.\begin{aligned}
M_1 &= -RD\left(\frac{\partial^2}{\partial\alpha^2} + \mu\frac{\partial^2}{\partial\beta^2}\right)\left(\nabla^4 F + \frac{w^*}{R}\right) \\
M_2 &= -RD\left(\frac{\partial^2}{\partial\beta^2} + \mu\frac{\partial^2}{\partial\alpha^2}\right)\left(\nabla^4 F + \frac{w^*}{R}\right) \\
M_{12} &= -(1-\mu)RD\frac{\partial^2}{\partial\alpha\partial\beta}\left(\nabla^4 F + \frac{w^*}{R}\right) \\
F_{S1} &= -D\frac{\partial}{\partial\alpha}(R\,\nabla^6 F + \nabla^2 w^*) \\
F_{S2} &= -D\frac{\partial}{\partial\beta}(R\,\nabla^6 F + \nabla^2 w^*)
\end{aligned}\right\} \tag{8-26}
$$

通过式（8-24）、式（8-25）及式（8-26），该柱壳的边界条件可以用位移函数 $F(\alpha, \beta)$ 来表示，在边界条件下由微分方程（8-24）解出位移函数 $F(\alpha, \beta)$ 以后，就可以用式（8-23）求出中面位移，用式（8-25）和式（8-26）求出内力。

习题

8-1 设有开口的四边简支的圆柱形薄壳，半径为 6m，厚度为 0.1m，纵向边长及环向边长均为 3m，$\mu = 0.3$。在中点受法向集中荷载 F。试求最大法向位移，并与曲率半径为无限大时（即薄板）的法向位移相比。

提示：首先导出薄壳受集中荷载时，法向位移的重三角级数表达式。

答案：最大法向位移分别为 $0.0051\dfrac{Fa^2}{D}$ 及 $0.0116\dfrac{Fa^2}{D}$。

8-2 对轴对称的圆柱壳，试由微分方程（8-7），即 $\nabla^8 F + \dfrac{Et}{R^2 D}\dfrac{\partial^4 F}{\partial \alpha^4} = \dfrac{q_3}{RD}$，导出轴对称问题的微分方程 $\dfrac{\mathrm{d}^4 w}{\mathrm{d}\alpha^4} + \dfrac{Et}{R^2 D}w = \dfrac{q_3}{D}$。

提示：推导过程参看 8.3 节。

8-3 设有图 8-4 所示的较短的圆筒 $l < 2\sqrt{Rt}$，两端自由，在中央受有沿环向均匀分布的法向荷载 F。试求中面的法向位移 w 及各个内力。

答案：在荷载作用处，$w = -\dfrac{FR^2\lambda}{Et}\dfrac{\cosh^2\lambda l + \cos^2\lambda l}{\sinh 2\lambda l + \sin 2\lambda l}$

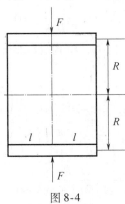

图 8-4

8-4 圆筒受均布压力 q_0，如图 8-5 所示，设圆筒的长度很长。试求靠近一端处的中面法向位移及各个内力，假定：（1）该端为简支端；（2）该端为固定端。

答案：（1）$w = \dfrac{q_0 R^2}{Et}[1 - f_4(\xi)]$

（2）$w = \dfrac{q_0 R^2}{Et}[1 - f_1(\xi)]$

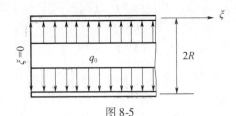

图 8-5

8-5 试求各特殊函数 $f_1(\xi) \sim f_4(\xi)$ 的一阶和二阶导数。

答：$f_1{}'(\xi) = -2f_2(\xi)$，$f_2{}'(\xi) = f_3(\xi)$，$f_3{}'(\xi) = -2f_4(\xi)$，$f_4{}'(\xi) = -f_1(\xi)$

$f_1{}''(\xi) = -2f_3(\xi)$，$f_2{}''(\xi) = -2f_4(\xi)$，$f_3{}''(\xi) = 2f_1(\xi)$，$f_4{}''(\xi) = 2f_2(\xi)$

人物篇8

钱伟长

钱伟长（1912—2010），江苏无锡人，世界著名科学家、教育家、力学家，被称为中国的力学之父。

1912 年 10 月 9 日，钱伟长出生在江苏无锡县一个名叫七房桥的小村，父亲是国学大师钱穆的长兄钱挚。七岁那年，父亲把他送进了村里的一所学堂，开始了启蒙教育。

1925 年，钱伟长到无锡求学，不久，又到叔父钱穆任教的苏州中学高中部读书。1928 年父亲突然病逝，这给钱伟长极大的打击，他依靠叔父的接济得以继续上学。

1931 年，钱伟长参加高考被清华大学、交通大学、浙江大学、武汉大学、中央大学五所名牌大学同时录取。钱穆建议他到清华大学读书，清华大学根据他的考试成绩即历史与国文成绩最好，历史得满分，准备把他分到中文系或历史系。就兴趣而言，钱伟长是想读文史的，然而，当时中国正处于被列强欺辱的弱势时期，钱伟长弃文学理，他决定读物理系。由于钱伟长物理仅得 18 分，物理系主任吴有训坚决不允，而历史系主任陈寅恪又到处打听这位历史满分的学生为何不来报到。

最后吴有训教授被钱伟长的诚挚打动了，他同意钱伟长到物理系学习，但是条件是期末考试时物理和高等数学的成绩必须达到 70 分。

钱伟长凭着刻苦精神，攻克了学习上的一道道难关，一个学年下来，他各门功课的成绩均在 70 分以上。等到他从清华大学毕业时，吴有训教授已经非常器重这个有志气的青年人了，把他收为自己的研究生。

1940 年夏，钱伟长从上海启航，到加拿大的多伦多大学留学，在应用数学系主任辛格教授的指导下，攻克了板壳内禀统一理论这个世界性的难题，这时，钱伟长仅 28 岁。1941 年 5 月 11 日，是现代航空大师冯·卡门的 60 寿辰，为了向冯·卡门表示祝贺，美国科学界的著名学者决定出版一本高质量的祝寿论文集，为这本文集撰写论文的，大多是世界一流的科学家，其中包括鼎鼎大名的爱因斯坦，在这本厚厚的论文集中，包括钱伟长的板壳内禀统一理论，他是所有论文作者中最年轻的一位。

在板壳内禀理论里，钱伟长以张量分析为工具，首次在壳体理论中引进了拖带（或称随体）坐标，并用壳体薄膜应变张量和"中面"曲率改变张量为基本未知量，系统地建立了壳体的平衡方程和协调条件，由于整个理论不涉及位移因而叫作板壳的内禀理论。内禀理论对任意大的位移都是成立的（只要应变是小的），钱伟长的这一研究对壳体理论产生了深远的影响，从此人们认识到张量分析和拖带坐标是研究壳体大挠度理论的强有力的工具，而用薄膜应变张量和曲率改变张量为基本未知量则可以建立任意大挠度的方程，并且可以对方程做系统的简化。

论文发表后，许多科学家指出，钱伟长是国际上第一次把张量分析用于弹性板壳问题的富有成效的一位学者，而他用内禀理论建立的方程式，则被世界公认为"钱伟长方程"。

由于钱伟长的出色贡献，多伦多大学于 1942 年授予他博士学位，同年，他离开多伦多，来到了冯·卡门的门下，在喷射推进研究所任研究员。1943—1946 年，他主要在喷射推进研究所从事火箭的空气动力学计算设计、地球人造卫星的轨道计算研究等，也参加了火箭现场发射试验工作。

抗战胜利后，钱伟长以探亲为由回国，回国后，钱伟长到清华大学机械工程系任教授，可是薪水很低，为了维持生计，他同时在北京大学工学院、燕京大学工学院兼课，但仍不得温饱，他不得不向同学和朋友借钱度日。1948 年，友人捎信给钱伟长，告知美国加州理工学院喷射推进研究所工作进展较快，"亟愿"他回该所复职，并携全家去定居并给予优厚待遇，他到美国领事馆申办签证，但在填写申请表时，发现最后一栏写有"若中美交战，你是否忠于美国？"钱伟长毅然填上了"NO"，最后以此拒绝赴美了事。

中华人民共和国成立后，钱伟长以空前的热情投入到中华人民共和国的建设事业，进入了他学术上的第二个丰收期，1954年，钱伟长和他的学生合著的科学专著《弹性圆薄板大挠度问题》出版，钱伟长在国际上第一次成功运用系统摄动法处理了非线性方程。"钱伟长法"被力学界公认为是最经典、最接近实际而又最简单的解法。

"文化大革命"期间，钱伟长以非凡的毅力，推导了12000多个三角级数求和公式，其中不少很有实用价值，也是前人所未知的。

1976年10月，"文化大革命"结束后，钱伟长更是以极大的热情投入到学术研究中，而他深厚的国学功底，也对中文信息处理做出了重要贡献。钱伟长提出汉字宏观字形编码（即"钱码"）在1986年国家标准局组织的全国第一届汉字输入方案评测会上，从34种方案中脱颖而出，被评为A类方案，单字输入速度第一。

钱伟长参与了筹建中国科学院力学研究所和自动化研究所，20世纪70年代，创立了中国力学学会理性力学和力学中的数学方法专业组。1980年又创办了中国最早的学术期刊《应用数学和力学》，促进了力学研究成果的国际学术交流，为中国的力学事业和中国力学学会的发展做出了重要贡献。

作为教育家，钱伟长是上海大学校长、国内十几所大学的名誉校长和教授；作为科学家，他是中国科学研究院资深院士、应用数学和力学研究所所长、英文《应用数学和力学》杂志主编；作为政治家，他曾担任全国政协副主席，并出任多个组织的会长。

从义理到物理，从固体到流体，顺逆交替，委屈不曲，荣辱数变，老而弥坚，这就是他人生的完美力学！无名无利无悔，有情有义有祖国。

9 旋 转 壳

旋转壳是工程中最常见的一类壳体，常见的有圆柱壳、球壳和圆锥壳，比如工业用的加氢反应器、球形储罐和锥形水箱（图9-1）。本章将研究旋转壳的一般理论，包括旋转薄壳的基本微分方程、旋转壳的无矩理论和球壳轴对称弯曲的有矩理论。圆柱壳是旋转壳中比较特殊的一种，在第8章中已经讨论过，本章中不再研究。

(a) 球形储罐

(b) 加氢反应器

(c) 锥形水箱

图9-1 实际工程中的旋转壳

9.1 旋转壳的基本微分方程

9.1.1 旋转壳的基本关系

旋转壳的中面是由一平面曲线围绕该平面内的一直线旋转而成的面，如图［9-2（a）］所示。平面曲线上任一点旋转而成的圆周，称为平行圆或纬线，如圆周 MP。平面曲线本身即为旋转面的子午线或经线，例如 MN。子午线所在的平面如 $MNOT$，称为子午面。

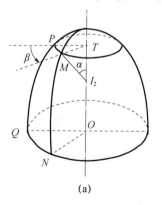

(a)

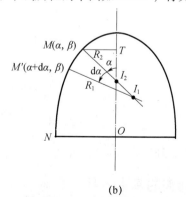

(b)

图9-2 旋转壳示意图

纬线和经线是旋转面的主曲率线，所以我们取纬线和经线为坐标线，如图［9-2（b）］所示。以任意一点 M 处的中面法线与旋转轴而成的角为该点的 α 坐标，以该点处的子午面与某一基准子午面 $PQOT$ 所成的角为该点的 β 坐标。

这样，中面在点 $M(\alpha, \beta)$ 的法线，被邻近一点 $(\alpha + d\alpha, \beta)$ 处的法线所截的一段长度 MI_1，就是 R_1，中面在点 $M(\alpha, \beta)$ 的法线被旋转轴所截的一段长度 MI_2，就是 R_2，因为这个法线和邻近一点 $(\alpha, \beta + d\beta)$ 处的法线相交在 I_1。当然，中面在 α 方向和 β 方向的曲率就是

$$k_1 = \frac{1}{R_1}, \quad k_2 = \frac{1}{R_2} \tag{9-1}$$

在 M 点，α 方向的微分弧长是 $ds_1 = R_1 d\alpha$，β 方向的微分弧长是 $ds_2 = R_2 \sin\alpha d\beta$。因此，中面在 α 及 β 方向的拉梅系数为

$$A = \frac{ds_1}{d\alpha} = R_1, \quad B = \frac{ds_2}{d\beta} = R_2 \sin\alpha \tag{9-2}$$

注意，k_1，k_2，R_1，R_2，A，B 都只是 α 的函数，不随 β 变化，可见科达齐条件式（6-22）中的第一式

$$\frac{\partial}{\partial \beta}(k_1 A) = k_2 \frac{\partial A}{\partial \beta}$$

自然满足，而第二式

$$\frac{\partial}{\partial \alpha}(k_2 B) = k_1 \frac{\partial B}{\partial \alpha}$$

成为 $\frac{d}{d\alpha}(\sin\alpha) = \frac{1}{R_1}\frac{dB}{d\alpha}$，也就是

$$\frac{dB}{d\alpha} = R_1 \frac{d}{d\alpha}(\sin\alpha) = R_1 \cos\alpha \tag{9-3}$$

也可根据式（9-2）中的第二式将式（9-3）改写为

$$\frac{d}{d\alpha}(R_2 \sin\alpha) = R_1 \cos\alpha \tag{9-4}$$

高斯条件（6-21）

$$\frac{\partial}{\partial \alpha}\left(\frac{1}{A}\frac{\partial B}{\partial \alpha}\right) + \frac{\partial}{\partial \beta}\left(\frac{1}{B}\frac{\partial A}{\partial \beta}\right) = -k_1 k_2 AB$$

则成为

$$\frac{d}{d\alpha}\left(\frac{1}{R_1}\frac{dB}{d\alpha}\right) = -\sin\alpha$$

积分以后得

$$\frac{dB}{d\alpha} = R_1(\cos\alpha + C)$$

注意，在 $\alpha = \frac{\pi}{2}$ 处，B 将取极值，$\frac{dB}{d\alpha}$ 应当成为零，可见 $C = 0$，而上式将与式（9-3）相同。利用式（9-3）或式（9-4），可以使后面的某些运算得到简化。

9.1.2　旋转壳的基本方程

设旋转壳中面上各点沿 α、β 及中面法线方向的位移分别为 u、v、w，把式（9-2）、

式（9-3）、式（9-4）分别代入第 6 章薄壳的几何方程［6-27（a）］、物理方程（6-30）和平衡微分方程（6-34）中，可得旋转壳的基本方程式如下：

几何方程式

$$
\left.
\begin{aligned}
\varepsilon_1 &= \frac{1}{R_1}\frac{\partial u}{\partial \alpha} + \frac{w}{R_1} \\[1mm]
\varepsilon_2 &= \frac{u}{R_2}\cot\alpha + \frac{1}{R_2\sin\alpha}\frac{\partial v}{\partial \beta} + \frac{w}{R_2} \\[1mm]
\varepsilon_{12} &= \frac{1}{R_2\sin\alpha}\frac{\partial u}{\partial \beta} - \frac{v}{R_2}\cot\alpha + \frac{1}{R_1}\frac{\partial v}{\partial \alpha} \\[1mm]
\chi_1 &= -\frac{1}{R_1^2}\frac{\partial^2 w}{\partial \alpha^2} \\[1mm]
\chi_2 &= -\frac{\cot\alpha}{R_1 R_2}\frac{\partial w}{\partial \alpha} - \frac{1}{R_2^2\sin^2\alpha}\frac{\partial^2 w}{\partial \beta^2} \\[1mm]
\chi_{12} &= -\frac{1}{R_1 R_2\sin\alpha}\frac{\partial^2 w}{\partial \alpha \partial \beta} + \frac{\cot\alpha}{R_1 R_2\sin\alpha}\frac{\partial w}{\partial \beta}
\end{aligned}
\right\}
\tag{9-5}
$$

说明：以 ε_{12} 为例说明式（9-5）的代入过程

$$
\begin{aligned}
\varepsilon_{12} &= \frac{A}{B}\frac{\partial}{\partial \beta}\left(\frac{u}{A}\right) + \frac{B}{A}\frac{\partial}{\partial \alpha}\left(\frac{v}{B}\right) \\[2mm]
&= \frac{R_1}{R_2\sin\alpha}\frac{\partial}{\partial \beta}\left(\frac{u}{R_1}\right) + \frac{R_2\sin\alpha}{R_1}\frac{\partial}{\partial \alpha}\left(\frac{v}{R_2\sin\alpha}\right) \\[2mm]
&= \frac{1}{R_2\sin\alpha}\frac{\partial u}{\partial \beta} + \frac{R_2\sin\alpha}{R_1}\frac{\dfrac{\partial v}{\partial \alpha}R_2\sin\alpha - v\dfrac{\partial(R_2\sin\alpha)}{\partial \alpha}}{(R_2\sin\alpha)^2} \\[2mm]
&= \frac{1}{R_2\sin\alpha}\frac{\partial u}{\partial \beta} + \frac{\dfrac{\partial v}{\partial \alpha}R_2\sin\alpha - vR_1\cos\alpha}{R_1 R_2\sin\alpha} \\[2mm]
&= \frac{1}{R_2\sin\alpha}\frac{\partial u}{\partial \beta} - \frac{v}{R_2}\cot\alpha + \frac{1}{R_1}\frac{\partial v}{\partial \alpha}
\end{aligned}
$$

物理方程式

$$
\left.
\begin{aligned}
F_{T1} &= \frac{Et}{1-\mu^2}\ (\varepsilon_1 + \mu\varepsilon_2) \\[1mm]
F_{T2} &= \frac{Et}{1-\mu^2}\ (\varepsilon_2 + \mu\varepsilon_1) \\[1mm]
F_{T12} &= F_{T21} = \frac{Et}{2\ (1+\mu)}\varepsilon_{12} \\[1mm]
M_1 &= D\ (\chi_1 + \mu\chi_2) \\[1mm]
M_2 &= D\ (\chi_2 + \mu\chi_1) \\[1mm]
M_{12} &= M_{21} = \ (1-\mu)\ D\chi_{12}
\end{aligned}
\right\}
\tag{9-6}
$$

静力平衡方程式

$$\left.\begin{array}{l} \dfrac{1}{R_1}\dfrac{\partial F_{\text{T1}}}{\partial \alpha} + \dfrac{\cot\alpha}{R_2}(F_{\text{T1}} - F_{\text{T2}}) + \dfrac{1}{R_2\sin\alpha}\dfrac{\partial F_{\text{T12}}}{\partial \beta} + \dfrac{F_{\text{S1}}}{R_1} + q_1 = 0 \\[3mm] \dfrac{1}{R_2\sin\alpha}\dfrac{\partial F_{\text{T2}}}{\partial \beta} + \dfrac{2\cot\alpha}{R_2}F_{\text{T12}} + \dfrac{1}{R_1}\dfrac{\partial F_{\text{T12}}}{\partial \alpha} + \dfrac{F_{\text{S2}}}{R_2} + q_2 = 0 \\[3mm] \dfrac{1}{R_1}\dfrac{\partial F_{\text{S1}}}{\partial \alpha} + \dfrac{\cot\alpha}{R_2}F_{\text{S1}} + \dfrac{1}{R_2\sin\alpha}\dfrac{\partial F_{\text{S2}}}{\partial \beta} - \left(\dfrac{F_{\text{T1}}}{R_1} + \dfrac{F_{\text{T2}}}{R_2}\right) + q_3 = 0 \\[3mm] \dfrac{1}{R_2\sin\alpha}\dfrac{\partial M_2}{\partial \beta} + \dfrac{1}{R_1}\dfrac{\partial M_{12}}{\partial \alpha} + \dfrac{2\cot\alpha}{R_2}M_{12} - F_{\text{S2}} = 0 \\[3mm] \dfrac{1}{R_1}\dfrac{\partial M_1}{\partial \alpha} + \dfrac{\cot\alpha}{R_2}M_1 + \dfrac{1}{R_2\sin\alpha}\dfrac{\partial M_{12}}{\partial \beta} - \dfrac{\cot\alpha}{R_2}M_2 - F_{\text{S1}} = 0 \end{array}\right\} \tag{9-7}$$

9.2　旋转壳的无矩理论

和柱形壳类似，旋转壳的研究也可分为无矩理论和有矩理论，本节介绍旋转壳无矩理论的一般研究方法。

在无矩理论中，不计壳体中的内力矩 M_1、M_2 和 M_{12}，由式（9-7）的后两式可得出法向剪力 F_{S1}、F_{S2} 为零。则静力平衡方程式变为三个

$$\left.\begin{array}{l} \dfrac{1}{R_1}\dfrac{\partial F_{\text{T1}}}{\partial \alpha} + \dfrac{\cot\alpha}{R_2}(F_{\text{T1}} - F_{\text{T2}}) + \dfrac{1}{R_2\sin\alpha}\dfrac{\partial F_{\text{T12}}}{\partial \beta} + q_1 = 0 \\[3mm] \dfrac{1}{R_1}\dfrac{\partial F_{\text{T12}}}{\partial \alpha} + \dfrac{2\cot\alpha}{R_2}F_{\text{T12}} + \dfrac{1}{R_2\sin\alpha}\dfrac{\partial F_{\text{T2}}}{\partial \beta} + q_2 = 0 \\[3mm] \dfrac{F_{\text{T1}}}{R_1} + \dfrac{F_{\text{T2}}}{R_2} = q_3 \end{array}\right\} \tag{9-8}$$

式中，q_1，q_2，q_3 分别为经线 α 方向、纬线 β 方向、法线 γ 方向的荷载，F_{T1} 及 F_{T2} 分别为经线方向及纬线方向的拉压力，F_{T12} 为经线及纬线方向的剪力，都是 α 及 β 的未知函数。

下面我们首先求内力。由式（9-8）中的第三式解出 F_{T2}，得

$$F_{\text{T2}} = R_2 q_3 - \dfrac{R_2}{R_1}F_{\text{T1}} \tag{9-9}$$

将式（9-9）得到的 F_{T2} 代入式（9-8）的前二式，得

$$\left.\begin{array}{l} \dfrac{1}{R_1}\dfrac{\partial F_{\text{T1}}}{\partial \alpha} + \left(\dfrac{1}{R_1} + \dfrac{1}{R_2}\right)\cot\alpha F_{\text{T1}} + \dfrac{1}{R_2\sin\alpha}\dfrac{\partial F_{\text{T12}}}{\partial \beta} = q_3\cot\alpha - q_1 \\[3mm] \dfrac{1}{R_1}\dfrac{\partial F_{\text{T12}}}{\partial \alpha} + \dfrac{2\cot\alpha}{R_2}F_{\text{T12}} - \dfrac{1}{R_1\sin\alpha}\dfrac{\partial F_{\text{T1}}}{\partial \beta} = -q_2 - \dfrac{1}{\sin\alpha}\dfrac{\partial q_3}{\partial \beta} \end{array}\right\} \tag{9-10}$$

引入两个内力函数 $U(\alpha,\ \beta)$ 及 $V(\alpha,\ \beta)$，令

$$F_{\text{T1}} = \dfrac{U}{R_2\ \sin^2\alpha}, \quad F_{\text{T12}} = \dfrac{V}{R_2^2\ \sin^2\alpha} \tag{9-11}$$

将式（9-11）代入式（9-10）中，利用式（9-4），即得

$$\dfrac{R_2^2\sin\alpha}{R_1}\dfrac{\partial U}{\partial \alpha} + \dfrac{\partial V}{\partial \beta} = (q_3\cos\alpha - q_1\sin\alpha)R_2^3\ \sin^2\alpha \tag{9-12}$$

$$\frac{\partial V}{\partial \alpha} - \frac{R_2}{\sin\alpha}\frac{\partial U}{\partial \beta} = -\left(q_2\sin\alpha + \frac{\partial q_3}{\partial \beta}\right)R_1 R_2^2 \sin\alpha \tag{9-13}$$

将式（9-12）、式（9-13）分别对 α 及 β 求导，然后相减，再除以 $R_1 R_2 \sin\alpha$，消去 V，得出仅含 U 的微分方程

$$\frac{1}{R_1 R_2 \sin\alpha}\frac{\partial}{\partial \alpha}\left(\frac{R_2^2 \sin\alpha}{R_1}\frac{\partial U}{\partial \alpha}\right) + \frac{1}{R_1}\frac{1}{\sin^2\alpha}\frac{\partial^2 U}{\partial \beta^2} = F(\alpha, \beta) \tag{9-14}$$

其中

$$F(\alpha, \beta) = \frac{1}{R_1 R_2 \sin\alpha}\frac{\partial}{\partial \alpha}\left[(q_3\cos\alpha - q_1\sin\alpha)R_2^3 \sin^2\alpha\right] + R_2\left(\frac{\partial^2 q_3}{\partial \beta^2} + \frac{\partial q_2}{\partial \beta}\sin\alpha\right) \tag{9-15}$$

从式（9-15）可以看出，$F(\alpha, \beta)$ 与该壳的几何性质及所受荷载有关，在已知荷载和壳的几何性质后，通过式（9-15）得到 $F(\alpha, \beta)$，将所得到的 $F(\alpha, \beta)$ 代入式（9-14）中，由式（9-14）求解内力函数 $U(\alpha, \beta)$，并代入式（9-11）求出 F_{T1}，将所求的 F_{T1} 代入式（9-9）求出 F_{T2}；另一方面，也可以在得到内力函数 $U(\alpha, \beta)$ 后，由式（9-12）求出内力函数 $V(\alpha, \beta)$，从而再通过式（9-11）求出 F_{T1} 和 F_{T2}。

通过上面的过程我们求出了内力 F_{T1}、F_{T2} 和 F_{T12}，下面确定壳的位移。

在薄壳的无矩理论弹性方程（7-6）中，令 $A = R_1$，$B = R_2\sin\alpha$，$k_1 = \dfrac{1}{R_1}$，$k_2 = \dfrac{1}{R_2}$，并利用式（9-3），即可得旋转壳的无矩理论弹性方程

$$\left.\begin{aligned}
\frac{\partial u}{\partial \alpha} + w &= \frac{R_1}{Et}(F_{T1} - \mu F_{T2}) \\
\frac{1}{\sin\alpha}\frac{\partial v}{\partial \beta} + u\cot\alpha + w &= \frac{R_2}{Et}(F_{T2} - \mu F_{T1}) \\
\frac{1}{\sin\alpha}\frac{\partial u}{\partial \beta} - v\cot\alpha + \frac{R_2}{R_1}\frac{\partial v}{\partial \alpha} &= \frac{2R_2(1+\mu)}{Et}F_{T12}
\end{aligned}\right\} \tag{9-16}$$

从式（9-16）前两式中消去 w，并利用式（9-9）消去 F_{T2}，保留式（9-16）中的第三式，式（9-16）就变为

$$\left.\begin{aligned}
\frac{\partial u}{\partial \alpha} - u\cot\alpha - \frac{1}{\sin\alpha}\frac{\partial v}{\partial \beta} &= \frac{R_1^2 + R_2^2 + 2\mu R_1 R_2}{R_1}\frac{F_{T1}}{Et} - \frac{R_2(R_2 + \mu R_1)}{Et}q_3 \\
\frac{R_2}{R_1}\frac{\partial v}{\partial \alpha} - v\cot\alpha + \frac{1}{\sin\alpha}\frac{\partial u}{\partial \beta} &= \frac{2(1+\mu)}{Et}R_2 F_{T12}
\end{aligned}\right\} \tag{9-17}$$

引入两个位移函数 $\xi(\alpha, \beta)$ 及 $\eta(\alpha, \beta)$，设

$$u = \xi\sin\alpha, \quad v = \eta R_2\sin\alpha \tag{9-18}$$

将式（9-18）代入式（9-17），则方程（9-17）成为

$$\left.\begin{aligned}
\frac{\partial \xi}{\partial \alpha} - \frac{R_2}{\sin\alpha}\frac{\partial \eta}{\partial \beta} &= \frac{R_1^2 + R_2^2 + 2\mu R_1 R_2}{R_1\sin\alpha}\frac{F_{T1}}{Et} - \frac{R_2(R_2 + \mu R_1)}{Et\sin\alpha}q_3 \\
\frac{R_2^2\sin\alpha}{R_1}\frac{\partial \eta}{\partial \alpha} + \frac{\partial \xi}{\partial \beta} &= \frac{2(1+\mu)R_2}{Et}F_{T12}
\end{aligned}\right\} \tag{9-19}$$

将式（9-19）分别对 β 及 α 求导，相减后，消去 ξ，得出仅含 η 的微分方程

$$\frac{1}{R_1 R_2\sin\alpha}\frac{\partial}{\partial \alpha}\left(\frac{R_2^2\sin\alpha}{R_1}\frac{\partial \eta}{\partial \alpha}\right) + \frac{1}{R_1}\frac{1}{\sin^2\alpha}\frac{\partial^2 \eta}{\partial \beta^2} = f(\alpha, \beta) \tag{9-20}$$

其中

$$f(\alpha, \beta) = \frac{1}{R_1 R_2 \sin\alpha}[2(1+\mu)\frac{\partial}{\partial\alpha}(R_2 F_{T12}) - \frac{R_1^2 + R_2^2 + 2\mu R_1 R_2}{R_1 \sin\alpha}\frac{\partial F_{T1}}{\partial\beta} +$$

$$\frac{R_2(R_2 + \mu R_1)}{\sin\alpha}\frac{\partial q_3}{\partial\beta}]\frac{1}{Et} \tag{9-21}$$

引入微分算子

$$L(\cdots) = \frac{1}{R_1 R_2 \sin\alpha}\frac{\partial}{\partial\alpha}[\frac{R_2^2 \sin\alpha}{R_1}\frac{\partial(\cdots)}{\partial\alpha}] + \frac{1}{R_1 \sin^2\alpha}\frac{\partial^2(\cdots)}{\partial\beta^2} \tag{9-22}$$

则微分方程（9-20）可以简写为

$$L(\eta) = f(\alpha, \beta) \tag{9-23}$$

按照无矩理论求解旋转壳的位移，可以按如下步骤进行：首先根据该壳的几何性质及所受荷载和内力由式（9-21）求出 $f(\alpha, \beta)$，从而由式（9-20）或式（9-23）求解 $\eta(\alpha, \beta)$。然后，由式（9-19）求出 $\xi(\alpha, \beta)$，从而用式（9-18）求出位移 u 和 v，最后由式（9-16）求出位移 w。

可以看出，引入微分算子（9-22）后，微分方程（9-14）可以简写为

$$L(U) = F(\alpha, \beta) \tag{9-24}$$

式（9-24）和式（9-23）具有完全相同的形式，实际上旋转壳的无矩理论归结为求解式（9-23）和式（9-24）这两个微分方程，求出内力函数 $U(\alpha, \beta)$、$V(\alpha, \beta)$ 和位移函数 $\eta(\alpha, \beta)$、$\xi(\alpha, \beta)$，从而可以确定壳的内力和位移。

9.3　旋转壳在轴对称荷载下的无矩计算

若旋转壳所受的荷载和约束都是绕旋转轴对称的，这种问题就属于旋转壳的轴对称问题，壳的变形和内力都只与 α 角有关，本节我们研究旋转壳在轴对称荷载下的无矩计算。

轴对称荷载的表达式为

$$q_1 = q_1(\alpha), \quad q_2 = 0, \quad q_3 = q_3(\alpha) \tag{9-25}$$

轴对称内力表达式为

$$F_{T1} = F_{T1}(\alpha), \quad F_{T2} = F_{T2}(\alpha), \quad F_{T12} = 0 \tag{9-26}$$

将式（9-26）代入式（9-11）可得

$$F_{T1}(\alpha) = \frac{U}{R_2 \sin^2\alpha}, \quad F_{T12} = \frac{V}{R_2^2 \sin^2\alpha} = 0$$

则

$$U = U(\alpha), \quad V = 0 \tag{9-27}$$

将式（9-27）分别代入式（9-12）和式（9-13），则式（9-13）总能满足，方程（9-12）简化为

$$\frac{\mathrm{d}U}{\mathrm{d}\alpha} = (q_3 \cos\alpha - q_1 \sin\alpha)R_1 R_2 \sin\alpha$$

上式左右两边对 α 积分，得

$$U = \int_{a'}^{a}(q_3 \cos\alpha - q_1 \sin\alpha)R_1 R_2 \sin\alpha \mathrm{d}\alpha + C \tag{9-28}$$

式（9-28）中 C 是任意常数，而积分下限 α' 可以根据计算的方便任意选择，通常都使其等于上边界的 α 坐标，如图9-3（a）所示。

将式（9-28）代入式（9-11）中的第一式，得到经线方向的拉压力为

$$F_{T1} = \frac{U}{R_2 \sin^2\alpha} = \frac{1}{R_2 \sin^2\alpha}\Big[\int_{\alpha'}^{\alpha}(q_3\cos\alpha - q_1\sin\alpha)R_1R_2\sin\alpha\,d\alpha + C\Big] \tag{9-29}$$

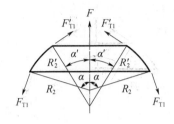

（a）一般旋转壳 　　　　（b）顶部闭合的旋转壳

图9-3　旋转壳的受力分析

令 $\alpha = \alpha'$ 处的 $R_2 = R_2'$，经线方向的拉压力为 F_{T1}'，如图9-3（a）所示，则由式（9-29）可得

$$F_{T1}' = \frac{1}{R_2'\sin^2\alpha'}\Big[\int_{\alpha'}^{\alpha'}(q_3\cos\alpha - q_1\sin\alpha)R_1R_2\sin\alpha\,d\alpha + C\Big] = \frac{C}{R_2'\sin^2\alpha'}$$

即

$$C = F_{T1}'R_2'\sin^2\alpha'$$

将 C 代入式（9-29）即得

$$F_{T1} = \frac{R_2'\sin^2\alpha'}{R_2\sin^2\alpha}F_{T1}' + \frac{1}{R_2\sin^2\alpha}\int_{\alpha'}^{\alpha}(q_3\cos\alpha - q_1\sin\alpha)R_1R_2\sin\alpha\,d\alpha \tag{9-30}$$

将式（9-30）得到的 F_{T1} 代入式（9-9），得

$$F_{T2} = R_2q_3 - \frac{R_2}{R_1}F_{T1}$$

$$= R_2q_3 - \frac{R_2'\sin^2\alpha'}{R_1\sin^2\alpha}F_{T1}' - \frac{1}{R_1\sin^2\alpha}\int_{\alpha'}^{\alpha}(q_3\cos\alpha - q_1\sin\alpha)R_1R_2\sin\alpha\,d\alpha \tag{9-31}$$

如果旋转壳的顶部是闭合的，如图［9-3（b）］所示，则 $\alpha' = 0$，此时式（9-30）和式（9-31）可简化为

$$F_{T1} = \frac{1}{R_2\sin^2\alpha}\int_{0}^{\alpha}(q_3\cos\alpha - q_1\sin\alpha)R_1R_2\sin\alpha\,d\alpha \tag{9-32}$$

$$F_{T2} = R_2q_3 - \frac{1}{R_1\sin^2\alpha}\int_{0}^{\alpha}(q_3\cos\alpha - q_1\sin\alpha)R_1R_2\sin\alpha\,d\alpha \tag{9-33}$$

在顶点，由于 $\alpha = 0$，式（9-32）、式（9-33）两式成为不定式，因而不易求得 F_{T1}、F_{T2}。但是，只要中面是平滑曲面，则在该处的经向和纬向将合二为一，因而有 $R_1 = R_2$，$F_{T1} = F_{T2}$，利用式（9-9）可得到 $F_{T2} = R_2q_3 - F_{T1}$，从而得

$$F_{T1} = F_{T2} = \frac{R_1q_3}{2} = \frac{R_2q_3}{2} \tag{9-34}$$

式（9-30）还可以用另一形式的公式来代替。考虑图9-3（a）所示部分壳体的平衡，该部分壳体所受荷载的合力为 F（由于荷载对称，合力 F 总是沿着对称轴），则由

对称轴方向力的投影平衡方程可得

$$(2\pi R_2 \sin\alpha) F_{T1} \sin\alpha - (2\pi R_2' \sin\alpha') F_{T1}' \sin\alpha' - F = 0$$

由上式可解得

$$F_{T1} = \frac{R_2' \sin^2\alpha'}{R_2 \sin^2\alpha} F_{T1}' + \frac{F}{2\pi R_2 \sin^2\alpha} \tag{9-35}$$

其中的 F 沿 γ 的正向时为正，沿 γ 的负向时为负。

当旋转壳顶部为闭合时，此时 $\alpha' = 0$，式（9-35）可简化为

$$F_{T1} = \frac{F}{2\pi R_2 \sin^2\alpha} \tag{9-36}$$

对于轴对称问题，位移也是轴对称的，即有

$$u = u(\alpha), \ v = 0$$

将上式代入式（9-18）中的第一式 $u(\alpha) = \xi \sin\alpha$，可知 $\xi = \xi(\alpha)$，代入式（9-18）的第二式 $v = \eta R_2 \sin\alpha = 0$，可知 $\eta = 0$。则式（9-19）中的第二式左边恒等于零，即 $\frac{R_2^2 \sin\alpha}{R_1} \frac{\partial \eta}{\partial \alpha} + \frac{\partial \xi}{\partial \beta} \equiv 0$；又因为轴对称问题，$F_{T12} = 0$。故式（9-19）中的第二式成为恒等式。而式（9-19）的第一式可简化为

$$\frac{d\xi}{d\alpha} = \frac{R_1^2 + R_2^2 + 2\mu R_1 R_2}{R_1 \sin\alpha} \frac{F_{T1}}{Et} - \frac{R_2(R_2 + \mu R_1)}{Et \sin\alpha} q_3$$

将上式对 α 积分，并代入式（9-18）中的第一式，得经线方向位移 u 的表达式为

$$u = C_1 \sin\alpha + \frac{\sin\alpha}{Et} \iint \left[\frac{R_1^2 + R_2^2 + 2\mu R_1 R_2}{R_1 \sin\alpha} F_{T1} - \frac{R_2(R_2 + \mu R_1)}{\sin\alpha} q_3 \right] d\alpha \tag{9-37}$$

式中，C_1 为任意常数，其大小取决于边界条件。

对于一般的旋转壳的轴对称问题，无矩理论的中面内力 F_{T1}，F_{T2} 可分别通过式（9-30）、式（9-31）确定；对于顶部闭合的旋转壳的轴对称问题，无矩理论的中面内力 F_{T1}，F_{T2} 可分别通过式（9-32）、式（9-33）确定。当荷载的合力比较容易计算时，宜用式（9-35）或式（9-36）先求出 F_{T1}，然后由式（9-9）求出 F_{T2}。

旋转壳轴对称问题的中面位移 u 可通过式（9-37）得出，将式（9-37）得到的位移 u 代入弹性方程（9-16）的第二式，即可求得法向位移 w。

例 9-1 考虑如图 9-4 所示半径为 R 的球壳，受均布外压 q 作用，球壳在边界处不受法向约束和转动约束，试分析此球壳的内力和位移。

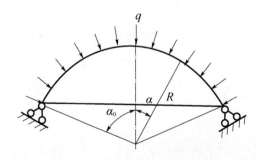

图 9-4　受均布外压的球壳

解：根据球壳的受力和支承形式可以看出，此问题为轴对称问题。由于球壳的中面是平滑曲面，所受到的荷载是连续分布的，且球壳在边界处不受法向约束和转动约束，满足无矩理论的条件。

由已知条件知

$$q_3 = -q, \quad q_1 = 0, \quad R_1 = R_2 = R \qquad [9\text{-}38 \ (a)]$$

将式［9-38（a）］代入式（9-32），可得内力 F_{T1}

$$F_{T1} = \frac{1}{R\sin^2\alpha}\int_0^\alpha (-q\cos\alpha)R^2\sin\alpha d\alpha = -\frac{Rq}{2} \qquad [9\text{-}38 \ (b)]$$

将式［9-38（a）］和式［9-38（b）］代入式（9-9）可得内力 F_{T2}

$$F_{T2} = Rq_3 - F_{T1} = -Rq + \frac{Rq}{2} = -\frac{Rq}{2} \qquad [9\text{-}38 \ (c)]$$

将内力 F_{T1}，q_3 代入式（9-37）可得

$$u = C_1\sin\alpha + \frac{\sin\alpha}{Et}\iint\left[\frac{2R^2 + 2R^2\mu}{R\sin\alpha}F_{T1} - \frac{(R^2 + \mu R^2)}{\sin\alpha}q_3\right]d\alpha = C_1\sin\alpha \qquad [9\text{-}38 \ (d)]$$

位移边界条件为

$$u\big|_{\alpha=\alpha_0} = 0 \qquad [9\text{-}38 \ (e)]$$

将式［9-38（d）］代入式［9-38（e）］可得 $C_1 = 0$，即壳体的经向位移 $u = 0$。

由式（9-16）的第二式可得法向位移

$$\begin{aligned}
w &= \frac{R_2}{Et}(F_{T2} - \mu F_{T1}) - \frac{1}{\sin\alpha}\frac{\partial v}{\partial\beta} - u\cot\alpha \\
&= \frac{R}{Et}(F_{T2} - \mu F_{T1}) \\
&= -\frac{(1-\mu)}{2Et}qR^2 \qquad [9\text{-}38 \ (f)]
\end{aligned}$$

例9-2　如图9-5所示盛满液体（密度为 ρ）的圆锥形容器，圆锥顶角为 φ，试按无矩理论计算此壳的内力。

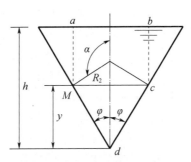

图9-5　盛满液体的圆锥形容器

解：根据锥壳的受力形式可以看出，此问题为轴对称问题。锥壳除了锥顶附近外，中面其余各处均是平滑的，所受到的液体压力是连续分布的，且锥壳在边界处不受法向约束和转动约束，可按照无矩理论近似计算。

对于此锥壳，α 角为常量，不能起坐标的作用，更无法对它进行积分。对锥壳中面上的任一点 M，改用 y 为它的坐标，由图9-5可见，经线和纬线方向的曲率半径为

$$R_1 = \infty \,, \quad R_2 = \frac{y}{\cos\varphi}\tan\varphi = \frac{y\sin\varphi}{\cos^2\varphi} \qquad [9\text{-}39（a）]$$

计算内力 F_{T1} 时，为避免对 α 积分，我们不用式（9-32），而用式（9-36）。为此，先求 Mc 以下部分壳体所受荷载的合力（注意此部分合力 F 应为 $Mabcd$ 部分液体的重力）。

$$F = \rho g\left[\pi\left(y\tan\varphi\right)^2(h-y) + \frac{1}{3}\pi\left(y\tan\varphi\right)^2 y\right] = \rho g\pi y^2\tan^2\varphi\left(h - \frac{2}{3}y\right) \qquad [9\text{-}39（b）]$$

将［9-39（b）］代入式（9-36）中，并注意到 $\sin\alpha = \cos\varphi$，可得内力 F_{T1}

$$F_{T1} = \frac{F}{2\pi R_2\sin^2\alpha} = \frac{\rho g\pi y^2\tan^2\varphi\left(h - \dfrac{2}{3}y\right)}{2\pi\dfrac{y\sin\varphi}{\cos^2\varphi}\cos^2\varphi} = \frac{\rho g\sin\varphi}{2\cos^2\varphi}y\left(hy - \frac{2}{3}y^2\right) \qquad [9\text{-}39（c）]$$

将式［9-39（c）］代入式（9-9），并注意 $R_1 = \infty$，$q_3 = \rho g(h-y)$，可得

$$F_{T2} = R_2 q_3 - \frac{R_2}{R_1}F_{T1} = R_2\rho g(h-y) = \rho g\frac{\sin\varphi}{\cos^2\varphi}(hy - y^2) \qquad [9\text{-}39（d）]$$

为了求出中面上的最大内力，可对 F_{T1}，F_{T2} 求极值

令 $\dfrac{\mathrm{d}F_{T1}}{dy} = 0$，得 $y = \dfrac{3}{4}h$，则 $(F_{T1})_{\max} = \dfrac{3}{16}\rho gh^2\dfrac{\sin\varphi}{\cos^2\varphi}$

令 $\dfrac{\mathrm{d}F_{T2}}{dy} = 0$，得 $y = \dfrac{h}{2}$，则 $(F_{T2})_{\max} = \dfrac{\rho gh^2}{4}\dfrac{\sin\varphi}{\cos^2\varphi}$

需要注意的是，以上结果是按照无矩理论得出的，没有考虑中面内的弯曲内力。但是在锥壳的尖顶附近，中面的斜率发生了很大改变，必然会产生很大的弯曲内力。

9.4 旋转壳在非轴对称荷载下的无矩理论

在 9.2 节中，得出了旋转壳在无矩理论下受一般荷载时的静力平衡方程，即方程式（9-8）。由于问题是静定的，理论上来讲，通过此方程组可以求出壳体的 z 中面内力 F_{T1}，F_{T2} 及 F_{T12}。求解旋转壳在非轴对称荷载时的内力和变形的过程是：先根据方程式（9-8）的第三式，将 F_{T2} 用 F_{T1} 表达，然后代入式（9-8）的前两式，得到仅含 F_{T1} 和 F_{T12} 的两个微分方程式。在求解 F_{T1} 和 F_{T12} 时，通常是将外荷载 q_1，q_2 和 q_3 写成三角级数形式，同时将内力 F_{T1} 和 F_{T12} 也写成三角级数形式，通过对比等式左右两边的系数，可以确定出级数的各项系数，从而求出内力。内力求出后，再通过物理方程式可求出应变分量，并进一步确定出壳体的位移。

上述一般解法较为复杂，本节将通过一个简单的例题来说明旋转壳在荷载非轴对称时的解法。

例 9-3 如图 9-6 所示的锥形壳，壳体的顶点 A 处受一个集中力 F，试按无矩理论计算此壳的内力。

解： 对于此锥壳，α 角为常量，$R_1 = \infty$。若沿任意一根经线的顶点 A 取坐标 s，则有

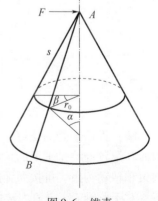

图 9-6　锥壳

$$r_0 = s\cos\alpha, \quad R_2 = \frac{r_0}{\sin\alpha} = s\cot\alpha \qquad [9\text{-}40\,(a)]$$

由式（9-2）知

$$R_1 \mathrm{d}\alpha = \mathrm{d}s \qquad [9\text{-}40\,(b)]$$

因壳体上无分布外荷载，故

$$q_1 = q_2 = q_3 = 0 \qquad [9\text{-}40\,(c)]$$

将式 [9-40（a）]、式 [9-40（b）]、式 [9-40（c）] 代入无矩理论的静力平衡方程式 (9-8) 可得

$$\left.\begin{array}{l} \dfrac{\partial F_{T1}}{\partial s} + \dfrac{1}{s}(F_{T1} - F_{T2}) + \dfrac{1}{s\cos\alpha}\dfrac{\partial F_{T12}}{\partial \beta} = 0 \\[3mm] \dfrac{1}{s\cos\alpha}\dfrac{\partial F_{T2}}{\partial \beta} + \dfrac{2}{s}F_{T12} + \dfrac{\partial F_{T12}}{\partial s} = 0 \\[3mm] F_{T2} = 0 \end{array}\right\} \qquad [9\text{-}40\,(d)]$$

或

$$\left.\begin{array}{l} \dfrac{\partial F_{T1}}{\partial s} + \dfrac{F_{T1}}{s} + \dfrac{1}{s\cos\alpha}\dfrac{\partial F_{T12}}{\partial \beta} = 0 \\[3mm] \dfrac{2}{s}F_{T12} + \dfrac{\partial F_{T12}}{\partial s} = 0 \end{array}\right\} \qquad [9\text{-}40\,(e)]$$

为求解式 [9-40（e）]，可先求得满足式 [9-40（e）] 的第二式的解为

$$F_{T12} = \frac{C_1}{s^2}\sin\beta \qquad [9\text{-}40\,(f)]$$

式中，C_1 为任意常数。再将式 [9-40（f）] 代入式 [9-40（e）] 中的第一式，得

$$\frac{\partial F_{T1}}{\partial s} + \frac{F_{T1}}{s} + \frac{C_1}{s^3\cos\alpha}\cos\beta = 0 \qquad [9\text{-}40\,(g)]$$

可求得式 [9-40（g）] 的解为

$$F_{T1} = \frac{C_2}{s}\cos\beta + \frac{C_1}{s^2\cos\alpha}\cos\beta \qquad [9\text{-}40\,(h)]$$

式中，C_2 为任意常数。

由所得的内力解式 [9-40（f）]、式 [9-40（h）] 可以看出，在一般情况下，为使壳体顶端（$s=0$）处的内力为有限值，常数 C_1，C_2 必须为零。但是在壳顶受集中力的情况下，这两个常数不一定都为零。

从整个壳体看，在集中力 F 作用下，壳体处于整体弯曲状态，在垂直于轴线的截面中应有 F_{T1} 以保证与 F 平衡。此时，可假设 $C_1 = 0$，$C_2 \neq 0$，即

$$F_{T12} = 0, \quad F_{T1} = \frac{C_2}{s}\cos\beta \qquad [9\text{-}40\,(i)]$$

由式 [9-40（i）] 可看出，F_{T1} 是关于 β 对称的。β 的初始点可取在力 F 与轴线所形成的对称面上。考虑对称面内的力的平衡（图9-7），有

$$F = \int_0^{2\pi} F_{T1}\cos\alpha\cos\beta\, r_0 \mathrm{d}\beta = \frac{C_2}{s}\int_0^{2\pi}\cos\alpha\cos\beta s\cos\alpha\mathrm{d}\beta = C_2\cos^2\alpha\int_0^{2\pi}\cos^2\beta\mathrm{d}\beta = C_2\pi\cos^2\alpha$$

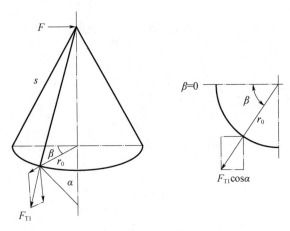

图 9-7 锥壳的平衡

可得

$$C_2 = \frac{F}{\pi \cos^2\alpha}$$

将 C_2 代入式 [9-40（i）]，得

$$F_{T1} = \frac{F\cos\beta}{\pi s \cos^2\alpha} \qquad\qquad [9\text{-}40（j）]$$

由式 [9-40（j）] 可以看出，在壳体轴线方向的平衡是满足的。

9.5 球壳的轴对称弯曲

球壳的轴对称弯曲问题在工程上较为常见，比如化工用的球形压力容器，球形屋盖等，本节仅讨论球壳的轴对称弯曲问题。

对于球壳有

$$R_1 = R_2 = R, \ k_1 = k_2 = \frac{1}{R}, \ A = R, \ B = R\sin\alpha$$

在轴对称情况下荷载为

$$q_1 = q_1(\alpha), \ q_2 = 0, \ q_3 = q_3(\alpha)$$

内力 $F_{T12} = M_{12} = F_{S2} = 0$，而且内力 F_{T1}，F_{T2}，M_1，M_2，F_{S1} 都不随 β 变化。则此时薄壳的平衡方程（6-33）中的第二和第四式成为恒等式，而其余三个方程可简化为

$$\left.\begin{array}{l}
\dfrac{\mathrm{d}}{\mathrm{d}\alpha}(F_{T1}\sin\alpha) - F_{T2}\cos\alpha + F_{S1}\sin\alpha + q_1 R\sin\alpha = 0 \\[3mm]
\dfrac{\mathrm{d}}{\mathrm{d}\alpha}(F_{S1}\sin\alpha) - (F_{T1} + F_{T2})\sin\alpha + q_3 R\sin\alpha = 0 \\[3mm]
\dfrac{\mathrm{d}}{\mathrm{d}\alpha}(M_1\sin\alpha) - M_2\cos\alpha - F_{S1} R\sin\alpha = 0
\end{array}\right\} \qquad (9\text{-}41)$$

为简化计算求解，这里用科尔库诺夫的几何方程 [6-27（c）]。在方程 [6-27（c）] 中令 $k_1 = k_2 = \dfrac{1}{R}$，$A = R$，$B = R\sin\alpha$，并且在轴对称情况下有 $v = 0$，而且 u 和 w 不随 β 变化，则几何方程简化为

$$\varepsilon_1 = \frac{1}{R}\left(\frac{\mathrm{d}u}{\mathrm{d}\alpha} + w\right), \ \ \varepsilon_2 = \frac{1}{R}(u\cot\alpha + w), \ \ \varepsilon_{12} = 0$$

$$\chi_1 = -\frac{1}{R^2}\frac{\mathrm{d}}{\mathrm{d}\alpha}\left(\frac{\mathrm{d}w}{\mathrm{d}\alpha} - u\right), \ \ \chi_2 = -\frac{\cot\alpha}{R^2}\left(\frac{\mathrm{d}w}{\mathrm{d}\alpha} - u\right), \ \ \chi_{12} = 0 \tag{9-42}$$

将式（9-42）中 $\varepsilon_{12} = 0$ 和 $\chi_{12} = 0$ 代入薄壳的物理方程（6-30）中，可得第三及第六成为恒等式，即

$$F_{\mathrm{T}12} = \frac{Et}{2(1+\mu)}\varepsilon_{12} \equiv 0$$

$$M_{12} = M_{21} = (1-\mu)D\chi_{12} \equiv 0$$

只剩下

$$F_{\mathrm{T}1} = \frac{Et}{1-\mu^2}(\varepsilon_1 + \mu\varepsilon_2), \ \ F_{\mathrm{T}2} = \frac{Et}{1-\mu^2}(\varepsilon_2 + \mu\varepsilon_1)$$

$$M_1 = D(\chi_1 + \mu\chi_2), \ \ M_2 = D(\chi_2 + \mu\chi_1) \tag{9-43}$$

将式（9-42）代入式（9-43）中，消去形变 ε_1、ε_2、χ_1、χ_2，得出球壳轴对称弯曲问题的弹性方程为

$$\left.\begin{array}{l} \dfrac{\mathrm{d}u}{\mathrm{d}\alpha} + w = \dfrac{R}{Et}(F_{\mathrm{T}1} - \mu F_{\mathrm{T}2}) \\[2mm] u\cot\alpha + w = \dfrac{R}{Et}(F_{\mathrm{T}2} - \mu F_{\mathrm{T}1}) \\[2mm] M_1 = \dfrac{D}{R^2}\left[\dfrac{\mathrm{d}}{\mathrm{d}\alpha}\left(u - \dfrac{\mathrm{d}w}{\mathrm{d}\alpha}\right) + \mu\left(u - \dfrac{\mathrm{d}w}{\mathrm{d}\alpha}\right)\cot\alpha\right] \\[2mm] M_2 = \dfrac{D}{R^2}\left[\left(u - \dfrac{\mathrm{d}w}{\mathrm{d}\alpha}\right)\cot\alpha + \mu\dfrac{\mathrm{d}}{\mathrm{d}\alpha}\left(u - \dfrac{\mathrm{d}w}{\mathrm{d}\alpha}\right)\right] \end{array}\right\} \tag{9-44}$$

求解球壳的轴对称弯曲问题，就是在边界条件下联立求解微分方程组（9-41）和方程组（9-44）中的五个内力函数 $F_{\mathrm{T}1}$、$F_{\mathrm{T}2}$、M_1、M_2、$F_{\mathrm{S}1}$ 和两个位移函数 u 和 w。

现在利用赖斯纳的力-位移混合法来求解球壳的轴对称弯曲问题。第一个基本未知函数取为横向剪力 $F_{\mathrm{S}1}$，第二个基本未知函数取为中面法线绕 β 坐标线的转角 φ（即 $\dfrac{\partial u_1}{\partial \gamma}$）。由方程（6-24）的第一式，转角 φ 为

$$\varphi = \frac{\partial u_1}{\partial \gamma} = k_1 u - \frac{1}{A}\frac{\partial w}{\partial \alpha} = \frac{1}{R}\left(u - \frac{\mathrm{d}w}{\mathrm{d}\alpha}\right) \tag{9-45}$$

将式（9-45）代入式（9-44）的后两式，得到用 φ 表示的内力 M_1，M_2：

$$\left.\begin{array}{l} M_1 = \dfrac{D}{R}\left(\dfrac{\mathrm{d}\varphi}{\mathrm{d}\alpha} + \mu\varphi\cot\alpha\right) \\[2mm] M_2 = \dfrac{D}{R}\left(\varphi\cot\alpha + \mu\dfrac{\mathrm{d}\varphi}{\mathrm{d}\alpha}\right) \end{array}\right\} \tag{9-46}$$

为了用 $F_{\mathrm{S}1}$ 表示内力 $F_{\mathrm{T}1}$ 和 $F_{\mathrm{T}2}$，首先由方程（9-41）的第一式解出 $F_{\mathrm{T}2}$，得到

$$F_{\mathrm{T}2} = \frac{1}{\cos\alpha}\frac{\mathrm{d}}{\mathrm{d}\alpha}(F_{\mathrm{T}1}\sin\alpha) + F_{\mathrm{S}1}\tan\alpha + q_1 R\tan\alpha \tag{9-47}$$

将式（9-47）代入方程（9-41）中的第二式，两边同乘以 $-\cos\alpha$，方程（9-41）变为

$$\left[\sin\alpha\frac{\mathrm{d}}{\mathrm{d}\alpha}(F_{T1}\sin\alpha)+(F_{T1}\sin\alpha)\cos\alpha\right]-\left[\cos\alpha\frac{\mathrm{d}}{\mathrm{d}\alpha}(F_{S1}\sin\alpha)-(F_{S1}\sin\alpha)\sin\alpha\right]$$

$$=R(q_3\cos\alpha-q_3\sin\alpha)\sin\alpha \tag{9-48}$$

假定球壳顶部无孔洞，将式（9-48）对 α 积分，α 从 0 到 α，得

$$\left[\sin\alpha(F_{T1}\sin\alpha)-\cos\alpha(F_{S1}\sin\alpha)\right]_0^\alpha=R\int_0^\alpha(q_3\cos\alpha-q_1\sin\alpha)\sin\alpha\mathrm{d}\alpha$$

化简上式得

$$F_{T1}\sin^2\alpha-F_{S1}\sin\alpha\cos\alpha=R\int_0^\alpha(q_3\cos\alpha-q_1\sin\alpha)\sin\alpha\mathrm{d}\alpha$$

整理上式，将 F_{T1} 用 F_{S1} 表示为

$$F_{T1}=F_{S1}\cot\alpha+\frac{R}{\sin^2\alpha}\int_0^\alpha(q_3\cos\alpha-q_1\sin\alpha)\sin\alpha\mathrm{d}\alpha \tag{9-49}$$

将式（9-49）代入式（9-47），即可将 F_{T2} 用 F_{S1} 表示为

$$F_{T2}=\frac{\mathrm{d}F_{S1}}{\mathrm{d}\alpha}+q_3R-\frac{R}{\sin^2\alpha}\int_0^\alpha(q_3\cos\alpha-q_1\sin\alpha)\sin\alpha\mathrm{d}\alpha \tag{9-50}$$

为了导出 F_{S1} 和 φ 的微分方程，首先将式（9-46）代入式（9-41）中的第三式，得出

$$\frac{\mathrm{d}^2\varphi}{\mathrm{d}\alpha^2}+\frac{\mathrm{d}\varphi}{\mathrm{d}\alpha}\cot\alpha-\varphi(\cot^2\alpha+\mu)-\frac{R^2}{D}F_{S1}=0 \tag{9-51}$$

其次，将弹性方程（9-44）前两式相减，消去 w 得出

$$\frac{\mathrm{d}u}{\mathrm{d}\alpha}-u\cot\alpha=\frac{R}{Et}(1+\mu)(F_{T1}-F_{T2}) \tag{9-52}$$

并将式（9-44）中的第二式对 α 求导，得出

$$\frac{\mathrm{d}u}{\mathrm{d}\alpha}\cot\alpha-u\csc^2\alpha+\frac{\mathrm{d}w}{\mathrm{d}\alpha}=\frac{R}{Et}\frac{\mathrm{d}}{\mathrm{d}\alpha}(F_{T2}-\mu F_{T1}) \tag{9-53}$$

从式（9-52）及式（9-49）中消去 $\dfrac{\mathrm{d}u}{\mathrm{d}\alpha}$，得出

$$u-\frac{\mathrm{d}w}{\mathrm{d}\alpha}=\frac{R}{Et}\left[(1+\mu)(F_{T1}-F_{T2})\cot\alpha-\frac{\mathrm{d}}{\mathrm{d}\alpha}(F_{T1}-\mu F_{T2})\right]$$

再将式（9-45）、式（9-49）、式（9-50）代入上式，即得

$$\frac{\mathrm{d}^2F_{S1}}{\mathrm{d}\alpha^2}+\frac{\mathrm{d}F_{S1}}{\mathrm{d}\alpha}\cot\alpha-F_{S1}(\cot^2\alpha-\mu)+Et\varphi+R\left[(1+\mu)q_1+\frac{\mathrm{d}q_3}{\mathrm{d}\alpha}\right]=0 \tag{9-54}$$

方程（9-51）和方程（9-54）就是混合法得到的基本微分方程。在边界条件下，由这两个微分方程求解出 F_{S1} 和 φ，进一步可求出内力 F_{T1}、F_{T2}、M_1、M_2 和位移 u、w。

例 9-4 如图 9-8 所示球壳，受自成平衡的轴对称边界力 F 和 M 作用，试分析其弯曲内力。

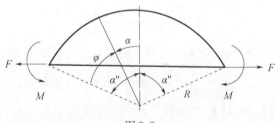

图 9-8

解：根据此球壳的受力形式可以看出，此问题为轴对称问题。球壳中面是平滑的，所受荷载不是连续分布的，不满足无矩理论的条件，故不能按无矩理论的公式简化计算，所以此问题属于轴对称荷载下有矩理论的问题。用赖斯纳的力－位移法来求解。

（1）一般方法

此球壳上没有分布荷载，故 $q_1 = 0$，$q_3 = 0$，所以式（9-49）及式（9-50）可简化为

$$F_{T1} = F_{S1}\cot\alpha, \quad F_{T2} = \frac{dF_{S1}}{d\alpha} \tag{9-55}$$

微分方程（9-54）简化为

$$\frac{d^2 F_{S1}}{d\alpha^2} + \frac{dF_{S1}}{d\alpha}\cot\alpha - F_{S1}(\cot^2\alpha - \mu) = -Et\varphi \tag{9-56（a）}$$

微分方程（9-51）可写成相似的形式

$$\frac{d^2\varphi}{d\alpha^2} + \frac{d\varphi}{d\alpha}\cot\alpha - \varphi(\cot^2\alpha + \mu) = \frac{R^2}{D}F_{S1} \tag{9-56（b）}$$

将式［9-56（a）］中的 φ 代入式［9-56（b）］，或将式［9-56（b）］中的 F_{S1} 代入式［9-56（a）］），得出 F_{S1} 或 φ 的四阶常微分方程，可以在边界条件下求解 F_{S1} 或 φ，然后再求出内力 F_{T1}、F_{T2}、M_1、M_2。

这样得出的解答，可以表示成为无穷级数的形式，但是对于工程上常见的薄壳，级数收敛很慢，不便应用。

（2）简化方法

通过上述级数解答结果，可以得出如下结论（此处推导较为复杂，本节不详细列出，详见参考文献［23］）。即 F_{S1} 和 φ 有如下的特征

$$F_{S1} \ll \frac{dF_{S1}}{d\alpha} \ll \frac{d^2 F_{S1}}{d\alpha^2} \qquad \varphi \ll \frac{d\varphi}{d\alpha} \ll \frac{d^2\varphi}{d\alpha^2}$$

于是，可以在式［9-56（a）］、式［9-56（b）］中略去小量 F_{S1}、$\frac{dF_{S1}}{d\alpha}$、φ、$\frac{d\varphi}{d\alpha}$，则式［9-56（a）］、式［9-56（b）］简化为

$$\frac{d^2 F_{S1}}{d\alpha^2} = -Et\varphi, \quad \frac{d^2\varphi}{d\alpha^2} = \frac{R^2}{D}F_{S1} \tag{9-57}$$

从式（9-57）两式中消去 φ，得

$$\frac{d^4 F_{S1}}{d\alpha^4} + \frac{EtR^2}{D}F_{S1} = 0 \tag{9-58（a）}$$

引入无因次的常数

$$m = \left(\frac{EtR^2}{4D}\right)^{1/4} = \left[3(1-\mu^2)\frac{R^2}{t^2}\right]^{1/4} \tag{9-58（b）}$$

从式［9-58（b）］可以得出 m 是远大于 1 的数字，式［9-58（a）］可变换为

$$\frac{d^4 F_{S1}}{d\alpha^4} + 4m^4 F_{S1} = 0 \tag{9-58（c）}$$

微分方程［9-58（c）］的解可取为

$$F_{S1} = e^{m\alpha}(c_1\cos m\alpha + c_2\sin m\alpha) + e^{-m\alpha}(c_3\cos m\alpha + c_4\sin m\alpha) \qquad [9\text{-}58\,(\text{d})]$$

式中，c_1、c_2、c_3、c_4 是任意常数，m 为较大的数字，而 F_{S1} 是局部性的（它随着 α 的减小而减小），可见 $c_3 = c_4 = 0$，而 ［9-58（d）］可简化为

$$F_{S1} = e^{m\alpha}(c_1\cos m\alpha + c_2\sin m\alpha) \qquad [9\text{-}58\,(\text{e})]$$

式 ［9-58（e）］中，常数 c_1 和 c_2 需由 $\alpha = \alpha''$ 处的边界条件确定。在讨论边界条件时，为进一步简化解答，引入 $\psi = \alpha'' - \alpha$，将 α 角用 ψ 角代替后，并采用新的常数 C_1 和 C_2，式 ［9-58（e）］可变为

$$F_{S1} = e^{-m\psi}(C_1\cos m\psi + C_2\sin m\psi) \qquad (9\text{-}59)$$

再根据式 (9-57) 的第一式，可得出 φ 的表达式为

$$\varphi = -\frac{1}{Et}\frac{d^2 F_{S1}}{d\alpha^2} = -\frac{1}{Et}\frac{d^2 F_{S1}}{d\psi^2} = -\frac{2m^2}{Et}e^{-m\psi}(C_1\sin m\psi - C_2\cos m\psi) \qquad (9\text{-}60)$$

在式 (9-46) 中，注意 $\varphi \ll \dfrac{d\varphi}{d\alpha}$，将式 (9-60) 代入式 (9-46) 求得

$$
\begin{aligned}
M_1 &= \frac{D}{R}\frac{d\varphi}{d\alpha} = -\frac{D}{R}\frac{d\varphi}{d\psi} \\
&= \frac{2m^3 D}{EtR}e^{-m\psi}[(C_1 + C_2)\cos m\psi + (C_2 - C_1)\sin m\psi] \\
&= \frac{R}{2m}e^{-m\psi}[(C_1 + C_2)\cos m\psi + (C_2 - C_1)\sin m\psi] \qquad [9\text{-}61\,(\text{a})]
\end{aligned}
$$

$$M_2 = \frac{D}{R}\mu\frac{d\varphi}{d\alpha} = \mu M_1 \qquad [9\text{-}61\,(\text{b})]$$

现在由边界条件求 C_1 和 C_2。图 9-7 所示的边界条件是

$$(M_1)_{\psi=0} = M, \quad (F_{S1})_{\psi=0} = F\sin\alpha'' \qquad [9\text{-}62\,(\text{a})]$$

将式 ［9-61（a）］及式 (9-59) 代入式 (9-62)，得

$$\frac{R}{2m}(C_1 + C_2) = M, \quad C_1 = F\sin\alpha'' \qquad [9\text{-}62\,(\text{b})]$$

也就是

$$C_1 = F\sin\alpha'', \quad C_2 = 2M\frac{m}{R} - F\sin\alpha'' \qquad [9\text{-}62\,(\text{c})]$$

将求出的式 ［9-62（c）］代入式 (9-59)、式 (9-60)、式 ［9-61（a）］、式 ［9-61（b）］四式得

$$F_{S1} = e^{-m\psi}\left[F\sin\alpha''(\cos m\psi - \sin m\psi) + 2M\frac{m}{R}\sin m\psi\right] \qquad [9\text{-}63\,(\text{a})]$$

$$\varphi = -\frac{2m^2}{Et}e^{-m\psi}\left[F\sin\alpha''(\cos m\psi + \sin m\psi) - 2M\frac{m}{R}\cos m\psi\right] \qquad [9\text{-}63\,(\text{b})]$$

$$M_1 = e^{-m\psi}\left[-F\frac{R}{m}\sin\alpha''\sin m\psi + M(\cos m\psi + \sin m\psi)\right] \qquad [9\text{-}63\,(\text{c})]$$

$$M_2 = \mu M_1 = \mu e^{-m\psi}\left[-F\frac{R}{m}\sin\alpha''\sin m\psi + M(\cos m\psi + \sin m\psi)\right] \qquad [9\text{-}63\,(\text{d})]$$

将式 ［9-63（a）］代入式 (9-55)，可求出 F_{T1} 和 F_{T2}

$$F_{T1} = F_{S1}\cot\alpha = e^{-m\psi}\left[F\sin\alpha''(\cos m\psi - \sin m\psi) + 2M\frac{m}{R}\sin m\psi\right]\cot\alpha \qquad [9\text{-}63\,(\text{e})]$$

$$F_{T2} = \frac{dF_{S1}}{d\alpha} = -\frac{dF_{S1}}{d\psi} = e^{-m\psi}\left[2Fm\sin\alpha''\cos m\psi - 2M\frac{m^2}{R}(\cos m\psi - \sin m\psi)\right] \quad [9\text{-}63\ (f)]$$

为了利用表 8-1 简化数值计算，将以上各内力可按照式（8-19）所示的特殊函 f_1 至 f_4 表示为

$$\left.\begin{aligned}
F_{T1} &= \left[F\sin\alpha''f_3(m\psi) + 2M\frac{m}{R}f_2(m\psi)\right]\cot\alpha \\[2mm]
F_{T2} &= 2Fm\sin\alpha''f_4(m\psi) - 2M\frac{m^2}{R}f_3(m\psi) \\[2mm]
M_1 &= -F\frac{R}{m}\sin\alpha''f_2(m\psi) + Mf_1(m\psi) \\[2mm]
M_2 &= \mu M_1 \\[2mm]
F_{S1} &= P\sin\alpha''f_3(m\psi) + 2M\frac{m}{R}f_2(m\psi)
\end{aligned}\right\} \quad (9\text{-}64)$$

这样就很容易由 F 和 M 求得内力。

在计算实际问题时，必须首先算出 M 和 F，而 M 和 F 须根据薄壳在它们作用方向的位移条件来确定。薄壳在 M 作用方向的位移是边界条件处的转角，即

$$\varphi_0 = (\varphi)_{\psi=0}$$

由式 [9-63（b）] 可得

$$\varphi_0 = -\frac{2m^2\sin\alpha''}{Et}F + \frac{4m^3}{EtR}M \quad [9\text{-}65\ (a)]$$

薄壳在 F 作用方向的位移，是边界半径的改变，即

$$\delta_0 = R\sin\alpha''(\varepsilon_2)_{\psi=0} = R\sin\alpha''\left(\frac{F_{T2} - \mu F_{T1}}{Et}\right)_{\psi=0} \quad [9\text{-}65\ (b)]$$

将 F_{T1} 及 F_{T2} 代入式 [9-65（b）]，得

$$\delta_0 = \frac{FR\sin\alpha''}{Et}(2m\sin\alpha'' - \mu\cos\alpha'') - \frac{2Mm^2}{Et}\sin\alpha'' \quad [9\text{-}65\ (c)]$$

由于 m 较大，而 $\sin\alpha''$ 不会很小，$\mu\cos\alpha''$ 与 $2m\sin\alpha''$ 相比，可以略去不计。因此，式 [9-65（c）] 可以简写为

$$\delta_0 = \frac{2mR\sin^2\alpha''}{Et}F - \frac{2m^2\sin\alpha''}{Et}M \quad [9\text{-}65\ (d)]$$

联立式 [9-65（a）] 和式 [9-65（d）]，即可求出 M 和 F。从而进一步由式（9-64）求出球壳轴对称弯曲时的内力。

9.6　球壳的简化计算

例9-5　设有一边界固定的球壳，半径为 R，受均布压力 q_0，如图9-9所示，求中面内力和位移。

解： 这一问题中，球壳的无矩内力可以通过如下方法求出：

将 $q_1 = 0$，$q_3 = -q_0$，$R_1 = R_2 = R$ 代入式（9-32）得

$$F_{T1} = \frac{1}{R_2\sin^2\alpha}\int_0^\alpha (q_3\cos\alpha - q_1\sin\alpha)R_1R_2\sin\alpha d\alpha$$

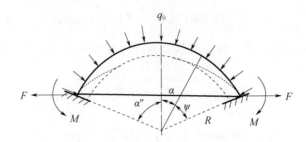

图 9-9　边界固定的球壳

中，并利用柯达齐条件式（9-4），得

$$
\begin{aligned}
F_{T1} &= \frac{-q_0}{R_2\sin^2\alpha}\int_0^\alpha R_1 R_2\cos\alpha\sin\alpha\,\mathrm{d}\alpha \\
&= \frac{-q_0}{R_2\sin^2\alpha}\int_0^\alpha R_2\sin\alpha\,\mathrm{d}(R_2\sin\alpha) \\
&= \frac{-q_0}{R_2\sin^2\alpha}\frac{(R_2\sin\alpha)^2}{2} \\
&= \frac{-q_0 R}{2}
\end{aligned}
$$

[9-66（a）]

并由式（9-9）得

$$
F_{T2} = -q_0 R - F_{T1} = -\frac{q_0 R}{2}
\tag*{[9-66（b）]}
$$

即此球壳的无矩内力为

$$
\left.
\begin{aligned}
&F_{T1} = -\frac{q_0 R}{2},\ F_{T2} = -\frac{q_0 R}{2} \\
&M_1 = 0,\ M_2 = 0,\ F_{S1} = 0
\end{aligned}
\right\}
\tag*{[9-66（c）]}
$$

由式（9-37）可求出相应的中面位移 u

$$
u = C_1\sin\alpha + \frac{\sin\alpha}{Et}\iint\left[\frac{2(1+\mu)R}{\sin\alpha}\left(-\frac{q_0 R}{2}\right) + \frac{(1+\mu)R^2 q_0}{\sin\alpha}\right]\mathrm{d}\alpha = C_1\sin\alpha
$$

由边界条件 $(u)_{\alpha=\alpha''}=0$ 可得出 $C_1 = 0$，因此有

$$
u = 0
\tag*{[9-67（a）]}
$$

将式 [9-66（a）] 及式 [9-66（b）] 代入式（9-16）中的第一式，得中面法向位移为

$$
w = -\frac{(1-\mu)q_0 R^2}{2Et}
\tag*{[9-67（b）]}
$$

由式 [9-67（a）] 和式 [9-67（b）] 可见，在无矩状态下，此球壳中面在经线方向的位移 u 为零，而法向位移 w 为常量，弹性曲面如图 9-9 中的虚线所示。

由式（9-45）及式（9-67）可得边界处的转角为

$$
\varphi_0 = (\varphi)_{\psi=0} = \frac{1}{R}\left(u - \frac{\mathrm{d}w}{\mathrm{d}\alpha}\right)_{\psi=0} = 0
\tag*{[9-68（a）]}
$$

而边界半径的改变为

$$\delta_0 = w\sin\alpha'' = -\frac{(1-\mu)q_0 R^2}{2Et}\sin\alpha'' \qquad [9\text{-}68\ (b)]$$

以上结果是由无矩理论得出的结果，而实际上，由于边界固定，边界处将发生弯矩 M 及水平反力 F。这个 M 和 F，结合荷载 q_0 的作用，应使边界处总的 φ_0 和 δ_0 都成为零，而边界处的弹性曲面如图 9-9 的点线所示。按照式 [9-65 (a)] 和式 [9-65 (d)]，以及式 [9-68 (a)] 和式 [9-68 (b)]，上述条件可写为

$$\varphi_0 = 0: \qquad -\frac{2m^2\sin\alpha''}{Et}F + \frac{4m^3}{EtR}M = 0$$

$$\delta_0 = 0: \qquad \frac{2m\sin^2\alpha''}{Et}F - \frac{2m^2\sin\alpha''}{Et}M - \frac{(1-\mu)q_0 R^2}{2Et}\sin\alpha'' = 0$$

求解 F 及 M，得

$$F = \frac{(1-\mu)q_0 R}{2m\sin\alpha''}, \quad M = \frac{(1-\mu)q_0 R^2}{4m^2} \qquad (9\text{-}69)$$

然后将式 (9-69) 代入式 (9-64)，得出边界约束引起的附加内力，即所谓边缘效应，然后附加于式 [9-66 (c)] 所示的无矩内力，可得总的内力为

$$
\left.
\begin{aligned}
F_{T1} &= -\frac{q_0 R}{2}\Big[1 - \frac{(1-\mu)}{m}f_4(m\psi)\cot\alpha\Big] \\
F_{T2} &= -\frac{q_0 R}{2}\big[1 - (1-\mu)f_1(m\psi)\big] \\
M_1 &= -\frac{q_0 R^2(1-\mu)}{4m^2}f_3(m\psi) \\
M_2 &= \mu M_1 \\
F_{S1} &= \frac{q_0 R(1-\mu)}{2m}f_4(m\psi)
\end{aligned}
\right\} \qquad (9\text{-}70)
$$

利用表 8-1，极易由这些表达式求得球壳的内力。

习题

9-1 圆球面屋顶，每单位面积受铅直荷载 q_0，并在环顶 AB 的每单位长度上受铅直荷载 F，如图 9-10 所示，用支承环 CD 垫承在圆墙顶上。试求无矩内力。

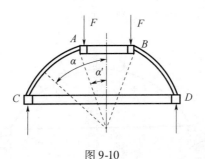

图 9-10

答案：$F_{T1} = -q_0 R \dfrac{\cos\alpha' - \cos\alpha}{\sin^2\alpha} - F\dfrac{\sin\alpha'}{\sin^2\alpha}$，$F_{T2} = q_0 R\left(\dfrac{\cos\alpha' - \cos\alpha}{\sin^2\alpha} - \cos\alpha\right) + F\dfrac{\sin\alpha'}{\sin^2\alpha}$

9-2 如图 9-11 所示的圆锥形顶盖，每单位面积的自重为 q_0，试求无矩内力。

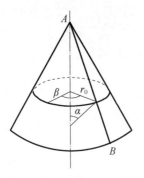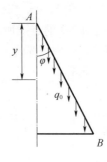

图 9-11

答案：$F_{T1} = -\dfrac{q_0 y}{2\cos^2\varphi}$，$F_{T2} = -q_0 y \tan^2\varphi$

9-3 若圆锥形顶盖，除了每单位面积的自重 q_0 外，还在顶点处受一铅直向下的集中荷载 F，如图 9-12 所示，试求无矩内力。

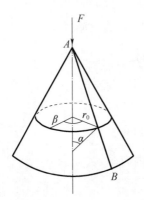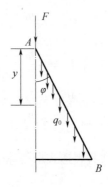

图 9-12

答案：$F_{T1} = -\dfrac{q_0 y}{2\cos^2\varphi} - \dfrac{F}{2\pi y \sin\varphi}$，$F_{T2} = -q_0 y \tan^2\varphi$

9-4 图 9-13 所示球壳，周边铰支，受均布压力，试求球壳的内力。（提示：此问题可看作由 q_0 引起的无矩解与边缘效应解叠加而成。）

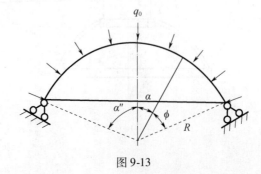

图 9-13

答案：$F = -\dfrac{(1-\mu)q_0 R}{4m\sin\alpha''}$, $M = 0$

$$F_{T1} = -\frac{q_0 R}{2}\Big[1 - \frac{(1-\mu)}{m}f_4(m\psi)\cot\alpha\Big]$$

$$F_{T2} = -\frac{q_0 R}{2}\big[1 - (1-\mu)f_1(m\psi)\big]$$

$$M_1 = -\frac{q_0 R^2(1-\mu)}{4m^2}f_3(m\psi)$$

$$M_2 = \mu M_1$$

$$F_{S1} = \frac{q_0 R(1-\mu)}{2m}f_4(m\psi)$$

人物篇 9

郑晓静

郑晓静，浙江乐清人，1958 年出生于湖北武汉市，力学家，中国科学院院士。

1978 年，郑晓静考入华中工学院（华中科技大学）力学系学习，1982 获得本科学位后继续在华中工学院力学系攻读硕士学位。同年，兰州大学力学系叶开沅教授应华中工学院之邀在力学系任兼职研究生导师，郑晓静在大学毕业后就这样成为叶开沅教授的硕士研究生。

1910 年，冯·卡门建立了圆薄板大挠度方程，当时的冯·卡门方程，吸引了世界各国的力学家和数学家去求解，我国著名学者钱学森、钱伟长及叶开沅等都对问题的求解做出了重要贡献，但他们的工作主要是近似解析求解。

叶开沅为郑晓静的硕士论文选择了这一研究主题——中心集中力作用的圆薄板大挠度非线性问题级数求解的定量计算。由于该问题具有奇异性，无法采用均布荷载情形的幂级数求解，且各种解的收敛性问题一直没有在理论上得到解决。于是，郑晓静决定先研究中心集中力作用的圆薄板大挠度非线性问题级数求解的定量计算，然后来开展收敛性证明这一棘手问题的研究，在当时，对这类非线性问题的解极少有收敛性的研究。

1984 年 4 月，郑晓静的硕士论文研究了圆薄板大挠度非线性问题级数求解的定量计算，同时在收敛性的研究方面取得了突破性进展，为了解决冯·卡门方程圆板问题，郑晓静于 1985 年 3 月来到兰州大学成为叶开沅的博士研究生，此后，在叶开沅先生的指导下，给出了圆薄板受中心集中力作用的大挠度问题精确解，还给出了以钱伟长先生为代表的一批学者提出的近似解法的收敛性证明，以及相关遗留问题，并将研究论文发表在《中国科学》杂志上，郑晓静的这一研究对非线性圆薄板方程精确求解以及近似求解方法的收敛性等问题做出了具有终结性意义的工作，完美地解决了冯·卡门圆薄板大挠度方程的问题。郑晓静博士论文答辩时，钱伟长先生专门来到兰州大学主持答辩，钱伟长对论文的评价为是"国内外少见的优秀工作""已处国内外领先地位，是五十年来该课题最完备的一项研究"，1988 年，郑晓静因此研究而获得中国科协首届"青年科技奖"。1992年，郑晓静还因这一博士学位论文成果被国家教委与国务院学位委员会联合授予"做出突出贡献的中国博士学位获得者"称号。

郑晓静在圆板大挠度研究上取得卓越的成绩，并未能让她停下不断探索的脚步，很快她选定了新的研究方向：电磁固体力学。通过努力，郑晓静与周又和在电磁固体力学领域取得了一系列实质性进展，如磁力的表征、力-磁-电-热多场多重非线性耦合问题建模和求解方法，以及材料本构关系等，得到国际学术界的认可，相关的研究论文，获得由 IEEE 超导委员会授予的最佳论文奖，这是我国学者首次获该项奖励。

20世纪90年代，我国西北部沙尘暴进入一个相对的高发期，沙漠化、沙尘暴直接危害着中国北方的经济社会发展和人们的生命安全，造成巨大的人员伤亡和财产损失。

作为一名有责任心的学者，郑晓静深信，科学研究重要的是面向国家重大需求，做能解决实际问题的研究，就这样郑晓静开始了完全陌生的风沙环境力学的研究。

针对沙漠化和沙尘暴，郑晓静带领团队从野外测量和风洞实验、理论建模和计算模拟等方面对风沙运动及其影响进行了从微观至宏观的系统研究。积累了被国际上称为"独一无二"的基础数据，在这一工作基础上，她还提出切实可行并显著降低成本的固沙优化方案，得以推广示范。看到研究成果被国家采纳并付诸实施，郑晓静内心备感充实。此项研究被曾庆存院士评价为"将原有的风沙物理学理论体系向更为合理和准确的方向大大推进了一步"。

2013年，郑晓静在发展中国家科学院第24次院士大会上应邀作了题为"风成沙丘场演化及其扩展速度预测的跨尺度定量模拟"的大会报告，引起了与会学者的浓厚兴趣，发展中国家科学院总部的公共服务部在其网页上进行了专题报道。

郑晓静为中国力学研究在国际上的影响力做出重要贡献，把国家的需要与个人的命运和研究联系起来，努力攻克科学难题，为中国的科学事业做出了卓越贡献。

参考文献

[1] 武际可. 力学杂谈史 [M]. 北京：高等教育出版社，2009.

[2] 钱伟长，郑哲敏. 20 世纪中国知名科学家学术成就概览：力学卷第 3 分册 [M]. 北京：科学出版社，2015.

[3] 钱伟长，郑哲敏. 20 世纪中国知名科学家学术成就概览：力学卷第 2 分册 [M]. 北京：科学出版社，2015.

[4] 钱伟长，郑哲敏. 20 世纪中国知名科学家学术成就概览：力学卷第 1 分册 [M]. 北京：科学出版社，2015.

[5] 张维，符松，章光华. 普朗特纪念报告译文集一部哥廷根学派的力学发展史 [M]. 北京：清华大学出版社，2013.

[6] 武际可. 力学史 [M]. 重庆：重庆出版社，2000.

[7] 刘人怀. 板壳力学 [M]. 北京：机械工业出版社，1990.

[8] 王俊民，唐寿高，江理平. 板壳力学复习与解题指导 [M]. 上海：同济大学出版社，2007.

[9] 何福保，沈亚鹏. 板壳理论 [M]. 西安：西安交通大学出版社，1993.

[10] 成祥生. 应用板壳理论 [M]. 济南：山东科学技术出版社，1989.

[11] 薛大为. 板壳理论 [M]. 北京：北京工业学院出版社，1988.

[12] 黄克智，夏之熙，薛明德，等. 板壳理论 [M]. 北京：清华大学出版社，1987.

[13] 刘鸿文. 板壳理论 [M]. 杭州：浙江大学出版社，1987.

[14] 吴连元. 板壳理论 [M]. 上海：上海交通大学出版社，1989.

[15] 韩强，黄小清，宁建国. 高等板壳理论 [M]. 北京：科学出版社，2002.

[16] 曹志远. 板壳振动理论 [M]. 北京：中国铁道出版社，1989.

[17] 吴连元. 板壳稳定性理论 [M]. 武汉：华中理工大学出版社，1996.

[18] 钱伟长. 弹性板壳的内禀理论 [D]. 上海：上海大学出版社，2012.

[19] 孙锁泰. 各向异性板壳理论 [M]. 南京：东南大学出版社，1993.

[20] 史·铁木辛柯，常振楫. 材料力学史 [M]. 上海：上海科学出版社，1961.

[21] 徐芝纶. 弹性力学 [M]. 5 版. 北京：高等教育出版社，2016.

[22] 陈铁云，陈伯真. 弹性薄壳力学 [M]. 武汉：华中工学院出版社，1983.

[23] 史·铁木辛柯，沃诺斯基. 板壳理论 [M]. 北京：科学出版社，1977.

[24] M. K. HUANG, H. D. CONWAY. Bending of Uniformly Load Rectangular Plateswith Two Adjacent Edges Clampedand the Others Either Simply Supportedor Free [J]. Journal of Applied Mechanics，1952（19）451-460.

[25] 罗祖道，李思简. 各向异性材料力学 [M]. 上海：上海交通大学出版社，1994.

[26] 王春玲，季泽华. 一种可适用于正交异性矩形薄板弯曲稳定振动的双重正交傅里

叶级数通解［J］. 应用力学学报，2010，27（3）：616-621.

［27］李璐. 正交各向异性矩形薄板的弯曲、振动和屈曲［D］. 西安：西安建筑科技大学，2007.

［28］王悦帆，张海峰，王彦宗. 对称边界条件正交各向异性板的屈曲分析［J］. 四川建筑，2010（3）.

［29］黄义，黄会荣，何芳社. 弹性壳的线性理论［M］. 北京：科学出版社，2007.

［30］黄义，何芳社. 弹性壳的线性理论［M］. 北京：科学出版社，2005.

［31］张福范. 弹性薄板［M］. 北京：科学出版社，1984.

［32］严宗达. 结构力学中的富里叶级数解法［M］. 天津：天津大学出版社，1989.

［33］罗祖道，李思简. 各向异性材料力学［M］. 上海：上海交通大学出版社，1994.

［34］徐芝纶. 弹性力学：下册［M］. 北京：高等教育出版社，2006.

［35］王悦帆，张海峰，王彦宗. 对称边界条件正交各向异性板的屈曲分析［J］. 四川建筑，2010（03）.

［36］叶开沅. 力学发展简史［M］. 北京：知识出版社，1987.

［37］中国科学技术协会. 中国科学技术专家传略工程技术编力学卷1［M］. 北京：中国科学技术出版社，1993.

［38］方明伦. 钱伟长教授九十华诞纪念文集［M］. 上海：上海大学出版社，2003.

［39］刘锋. 胡海昌院士传记［M］. 北京：中国宇航出版社，2018.

［40］王希诚，武金瑛，古俊峰. 科学殿堂的力学之光：第五届全国力学史与方法论学术研讨会文集［M］. 大连：大连理工大学出版社，2011.

［41］钱伟长. 奇异摄动理论及其在力学中的应用［M］. 北京：科学出版社，1981.

［42］钱伟长. 钱伟长科学论文选集［M］. 福州：福建教育出版社，1989.

［43］江来，肖芬. 钱学森［M］. 北京：中国少年儿童出版社，2005.

［44］胡士弘. 钱学森［M］. 北京：中国青年出版社，1997.

［45］涂元季. 钱学森［M］. 贵阳：贵州人民出版社，2004.

［46］钱学森. 王寿云. 钱学森文集1938—1956［M］. 北京：科学出版社，1991.

［47］胡海昌. 胡海昌院士文集［M］. 北京：中国宇航出版社，2008.

［48］符拉索夫. 材料力学、结构力学与弹性力学中的若干问题［M］. 胡海昌，译. 北京：中国科学院，1954.

［49］詹涅里杰作. 理论及应用力学：第2册苏联厚板与薄板力学工作概述［M］. 胡海昌，译. 北京：中国科学院，1953.

［50］胡海昌. 弹性力学的变分原理及其应用［M］. 北京：科学出版社，2016.

［51］曹志远，杨升田. 厚板动力学理论及其应用［M］. 北京：科学出版社，1983.

［52］孙博华. 壳体简史［J］. 力学与实践，2013，35（5）：104-107.

［53］孙博华. 环壳百年忆张维［J］. 力学与实践，2013（3）：94-97.

［54］孙博华. 细环壳钱伟长方程的精确解［J］. 力学与实践，2016，38（5）. 567-569.

［55］张若京，张维. 承受非对称荷载圆环壳的完全渐近解［J］. 中国科学：A辑，1995，25（6），614-619.

［56］孙博华，黄义．经典锥壳理论的新进展［J］．力学进展，1989，19（4）：497-519.

［57］黄义，孙博华．锥壳一般弯曲振动和屈曲位移型统一方程和应用［J］．固体力学学报．1992，13（1）：80-87.

［58］SUN B H, ZHANG W, YEH K Y, et al. The exact displacement solution of paraboloiclal shallow shell of revolution made of linear elastic materials［J］. Int. J. of Solid and Structures. 1996，33（16）：2299-2308.

［59］SUN B H. Closed form solution of axisymmetric slender elastic toroidal shells［J］. ASCE Journal of Engineering Mechanics. 2010，136（10）：1281-1288.

［60］张福范．连续矩形板在板平面内有张力或压力与垂直于板面的荷重共同作用的及在弹性地基上的连续板［J］．力学学报，1958，2（3）.

［61］余寿文，黄克智．考虑剪切变形的正交各向异性弹性平板近似理论［J］．力学学报，1963（4）.

［62］叶开沅．边缘荷载下环形薄板的大挠度问题［J］．物理学报，1953，9（2）：110-129；Acta Scientia Sinica，1953，Ⅱ（2）：127-144.

［63］钱伟长，叶开沅．圆薄板大挠度问题［J］．物理学报，1954，10（3）：209-238；Acta Scientia Sinica，1954，Ⅲ（4）：405-436.

［64］钱伟长，林鸿荪，胡海昌，等．弹性圆薄板大挠度问题［M］．北京：科学出版社，1954.

［65］CHIEN W. Z. YEH K. Y. On the large deflection of rectangular plate［J］. Proc. Ninth Inter. Congr. Appl. Mech. Blussiar. 1957：403-412.

［66］叶开沅．柔韧构件研究在中国的进展［J］．力学进展，1983，13（2）：125-134.

［67］叶开沅，郑晓静，周又和．集中荷载下圆板卡门方程精确解的解析公式［J］. International Journal of Nonlinear Mechanics. 1989，24（6）：551-560.

［68］胡海昌．在均布及中心集中荷载作用下圆板的大挠度问题［J］．物理学报，1954，10（4）：383-392.

［69］胡海昌．弹性力学的变分原理及其应用［M］．北京：科学出版社，1981.

［70］胡海昌．弹性力学中一类新的边界积分方程［J］．中国科学：A辑，1986，11：1170-1174.

［71］胡海昌．弹性力学广义变分原理在求近似解中的正确应用［J］．中国科学：A辑，1989，11：1159-1166.

［72］胡海昌．论弹性体力学和受范性体力学中的一般变分原理［J］．物理学报，1954，10（3）：259-289.

［73］郑晓静，王萍．力学与沙尘暴［M］．北京：高等教育出版社，2011.

［74］周又和，郑晓静．电磁固体结构力学［M］．北京：科学出版社，1999.

［75］郑晓静．圆薄板大挠度理论及应用［M］．长春：吉林科学技术出版社，1990.

［76］郑晓静，周又和，王省哲．力学方法论与现代科技：第三届全国力学史与方法论学术研讨会论文集［M］．兰州：兰州大学出版社，2007.

［77］郑晓静．关于极端力学［J］．力学学报，2019.